用科學瞭解
麵包的「為什麼？」
全彩圖解版

從材料到製程，
深入剖析製作上的各種盲點
233個Q&A破解所有疑惑

大境文化

前言

距今約10年前，曾執筆寫了針對在家自製麵包的書籍，以初學者爲對象，爲了對應各種「如何更加上手。」「在製作麵包的過程中失敗，怎麼都無法順利完成。」「不知道失敗的原因。」…等聲浪，因而增加麵包的食譜配方，回覆解答這些在製作麵包過程中，容易產生的疑問，再回顧時就發現變成了類似Q&A的形態。

本書再進一步，從習慣了麵包的製作者，以至於本校學生般，以專業爲目標的麵包製作初學者爲對象，編寫了這本以麵包製作科學爲主題的入門書籍。

由『用科學瞭解麵包的「爲什麼」?』這個標題，大家會有什麼樣的想法呢？應該會有「科學？看起來好像很困難。」「製作麵包時這是必要的嗎？」「麵包和科學的關係？這個問題從來沒有注意過 ...。」等等的想法吧。

雖然不至於說「麵包是用科學來完成的」，但是幾乎所有與麵包製作相關的事，都可以用科學來說明。「科學」，翻開字典查詢，可以得到的定義是：「藉由觀察和實驗等經驗過程，被實證出來的法則與系統知識。並且，是被區分成個別專門分野的學問總稱(摘錄)」。正如本書中著重的焦點「麵包的爲什麼？」，希望儘量簡潔易懂地，將麵包製作的科學傳遞給各位讀者們，目的在於希望大家能加深關於麵包製作的理解，也期許能讓大家活用在平日的麵包製作上。

提到「簡潔易懂」，可能會有一些大家至今從沒看過或聽說的字彙或圖表。共同作者木村万紀子小姐，以調理科學的視角，將麵包從製作至材料特徵等各式內容，用科學且易於理解地的方法下了一番工夫進行解說。

本書是由7個章節的Q&A所構成。若有關於麵包製作的疑問時，請翻開本書查看吧。無論是由哪個部分開始閱讀，或是僅翻閱部分章節也沒關係。當然從「Chapter 1 想更瞭解的麵包大小事／麵包的小知識」開始閱讀，至最終章的「Chapter 7 TEST BAKING」；或是先搜尋自己想要瞭解的Q&A，先閱讀該部分也沒關係。若是藉著瞭解肉眼看不到的麵包內，到底發生什麼事？應該可以更加感受到至今沒有覺察到，麵包製作的魅力吧。那麼透過研究科學，並運用在麵包製作上，就可以讓麵包風味一點一點地不同於以往。

但是，即使依照原理、正確的科學方法來製作麵包，也未必就一定能烘焙出美味的麵包。在麵包製作上比什麼都重要的，就是製作出能讓食用者覺得「美味！」的麵包，這才是不能忘記的目標，這也是麵包製作上困難但又充滿樂趣之處。重視經由不斷重覆製作中獲得的經驗，加上麵包製作的科學知識，希望大家務必加以執行。

若本書在各位進行麵包製作時能有所助益，將是我最大的榮幸。

最後，對於將原本照片中難以表達的麵包及麵團狀態，以極佳的照片呈現出的エレファント・タカ先生，以及給予我機會執筆本書的柴田書店和編輯佐藤順子小姐、井上美希小姐，在此深深地致上感謝之意。而在TEST BAKING的章節中，從事前的檢驗至拍照時各種麵團的管理、校正製作的工作人員，沒有諸位的協助，無法完成本書的攝影。另外，深切地感謝著手整理全部原稿校正及照片，辻静雄料理教育研究所的近藤乃里子小姐。

2022年1月

梶原慶春

Contents

Chapter 1
想更瞭解的麵包大小事
麵包的小知識

Chapter 2
在開始
製作麵包前

Chapter 3

製作麵包的基本材料

麵粉

酵母（麵包酵母）

鹽

雞蛋

Chapter 6

麵包的製程

用製程追究構造的變化

準備工作

壓平排氣

分割・滾圓

中間發酵

整型

最後發酵

烘焙完成

Chapter 7

TEST BAKING

Chapter 1

想更瞭解的麵包大小事

麵包的小知識

Q01 麵包的Crust與Crumb，指的是哪個部分？

＝表層外皮與柔軟內側

A　Crust是帶有烘烤色澤的表層部分，Crumb是麵包內側含有氣泡的柔軟部分。

所謂的Crust是麵包外側的表皮，舉例來說就是相當於吐司稱爲麵包邊的部分。而所謂的Crumb，就是麵包中芯，白且柔軟的部分。

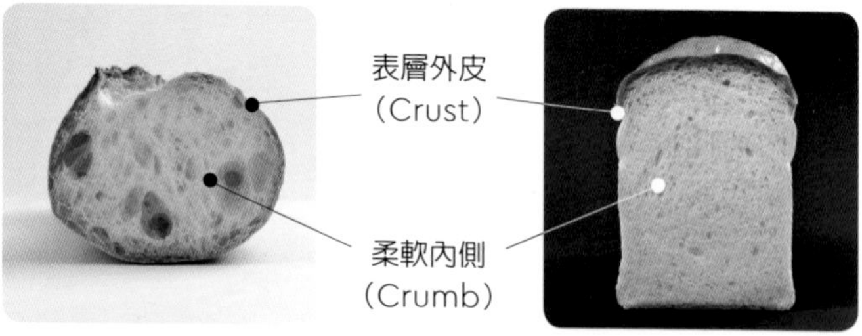

Q02 稱為LEAN類和RICH類、硬質和軟質，究竟指的是什麼樣的麵包？

＝麵包的類型（LEAN、RICH、HARD、SOFT）

A　以基本材料製作的是LEAN類，使用較多副材料的稱為RICH類；硬質或是軟質是以表層外皮的硬度來決定。

LEAN是「單純、無脂肪」的意思，指的是麵團配方僅使用基本材料（小麥、YEAST＜麵包酵母＞、鹽、水），或是指類似的麵團。相對於此，RICH是「豐富、濃郁」的意思，基本材料中添加了較多的副材料（砂糖、油脂、雞蛋、乳製品等）配方的麵團。

用於麵包上的HARD，指的就是硬質表層外皮的麵包。大多是LEAN類配方的麵包，也稱爲硬質。相反的，SOFT指的是表層外皮和內側都柔軟的麵包。大多是RICH類配方，也稱爲軟質麵包。

例如，法國麵包是LEAN類、硬質麵包的代表；布里歐則可以說是RICH類、軟質麵包的代表。

Q03 分切麵包使用波浪刀刃的麵包專用刀，會比較順利嗎？
＝分切麵包的刀

A 只要好切，無論刀子的種類。

表層外皮堅硬的硬質麵包，雖說以波浪刀刃可以比較容易分切表層外皮，但柔軟內側部分並沒有特別需要波浪刀刃的必要。若是鋒利、容易分切，即使不是波浪刀刃也無妨。

通常，分切麵包時會大動作地滑動刀刃，但有時對於柔軟的麵包，略小動作地分切可以切得更漂亮。根據麵包的種類和硬度來區分刀刃的動作及力道，會更適合。

Q04 最早誕生的麵包，是什麼形狀？
＝發酵麵包的起始

A 據說是沒有膨脹、扁平硬質的成品。

人類最早食用的麵包，據說是沒有膨脹起來、形狀扁平的硬麵包。

終於在一個偶然間，試著烘烤了一個放置後膨脹起來的麵團，發現與以往烘烤的硬麵包截然不同，柔軟美味也更容易消化。於是思考出可以安定地製作出膨脹麵包的方法。這個方法，就是使用「麵種」製作，進而連結至現今的作法。

起初，麵團被認爲是偶然膨脹的，但膨脹的來源是存在於自然界，被稱爲酵母（麵包酵母）的微生物。現在全世界的麵包，在製作時不可或缺的材料就是麵包酵母。

今日，世界各地的麵包，雖然也有不使用麵包酵母來製作的種類，但大多使用小麥以外的穀物，或是以不含麵筋的小麥來製作，大多也像古時一般，呈現薄而平的形狀。

參考⇒Q57, 58

Q05 麵包傳入日本大約是什麼時候？
＝發酵麵包的傳入

A 據說是在1500年代，始於南蠻貿易的契機。

雖然有各種說法，但發酵麵包傳入日本，是在1500年因葡萄牙人漂流至日本，展開南蠻貿易而開始。

因爲葡萄牙人的貿易商或是基督教傳教士，將西方的麵包食用文化傳入日本，葡萄牙語的pan（pão），就轉爲日文固定使用了。

江戶時代後期，長崎已有麵包店的存在，出售給滯留在當地的荷蘭人，現在仍留有當時荷蘭通事（口譯）的備忘錄。

Q06 法國麵包有哪些種類？
＝法國麵包的種類

A 有各種大小樣式，不同名稱代表各別的形狀。

在日本雖然很多時候會籠統稱爲法國麵包，但其實有很多種類。在法國，這些日本也慣常看到的長棍、巴塔…，各有其特定名稱、地區來販售。雖然是以相同的麵團製作而成，但會依形狀、大小而各有不同名稱。

名稱	意思	形狀
Parisien	巴黎人、巴黎的	比Baguette的麵團量更多、更粗
Baguette	棒、杖	法國最普遍且受歡迎的種類
Bâtard	中間的	較Baguette更粗且短
Ficelle	細繩	較Baguette細且短
Ēpi	（麥）穗	模擬（麥）穗形狀
Boule	球	圓形有大有小
Champignon	蘑菇	模擬蘑菇的形狀

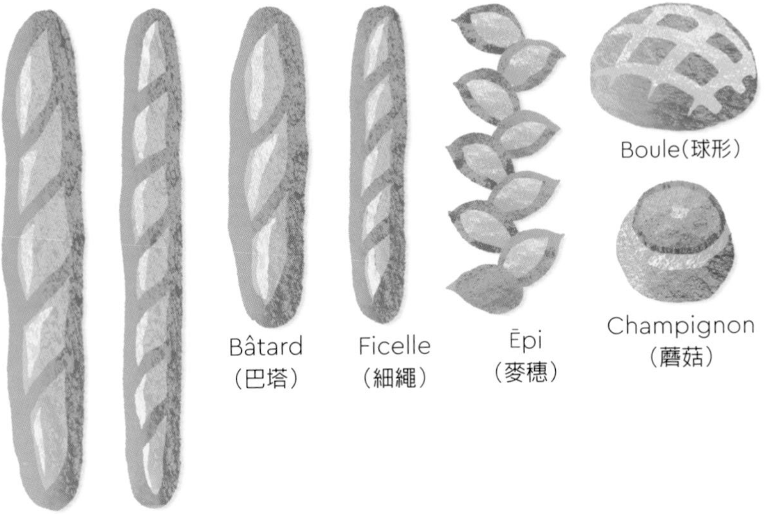

Q 07 曾經看過白色的麵包，要如何才能烘焙出雪白的麵包呢？

＝不呈現烘烤色澤的烘焙方法

A 調低烘焙溫度的烘烤。

調低烘焙溫度(140℃以下)，只要能防止胺羰反應(amino-carbonyl reaction)(梅納反應)或焦糖化反應，造成表層外皮的呈色，就能烘焙出白色的麵包。

例如，蒸麵包的表面呈現白色，這是因爲麵包是在不會產生梅納反應的100℃以下，加熱而成。烘烤麵包時，烤箱溫度在140℃以內，不會烤出烘烤色澤。但若是較平常烘焙的溫度更低時，烘烤的時間也會隨之拉長，麵團中的水分蒸發量也會變多，烘烤出的麵包更容易變硬。

此外，麵團配方中也有必須注意之處。控制容易使麵包呈色的材料(砂糖、乳製品等)的用量，也是方法之一。 參考⇒Q98, 132

Q 08

布里歐有哪些種類呢?
＝布里歐的種類

A

依其形狀而命名，即使是相同配方的麵團，也會產生不同的口感。

誕生在法國諾曼第的布里歐，使用大量雞蛋和奶油揉和製作的RICH類（高糖油成分）麵包，依其形狀而有各式各樣的名稱。

名稱	特徵
僧侶布里歐 brioche à tête **（帶有圓頭的布里歐）**	像達磨形狀的布里歐。本體部分柔軟潤澤，頭部則經過充分的烘烤而散發香氣並且酥脆
拿鐵魯布里歐 brioches de Nanterre （拿鐵魯的布里歐）	巴黎近郊的城市，冠以拿鐵魯（Nanterre）名稱的布里歐。放入拿鐵魯模型（上半部寬廣、高度較低的磅蛋糕模）製成山形吐司般形狀的成品。內側潤澤且柔軟，表面確實烘烤至散發香氣且酥脆
慕斯林布里歐 brioche mousseline （纖薄織物般的布里歐）	放入慕斯林模製成長圓柱狀的麵包。內側有縱向拉長的氣泡，嚼感極佳。表面經過充分烘烤地散發香氣且酥脆

Q 09

麵包或丹麥麵包上擺放的水果表面大都有刷塗包覆，是什麼呢?
＝果醬、鏡面果膠、翻糖（fondant）

A

透明的是果醬、鏡面果膠，白色的是翻糖。

透明的是果醬或鏡面果膠（呈現光澤用的糕點製作材料）。刷塗這些的主要目的，是爲了呈現光澤並防止乾燥。

泛白的是翻糖。糖漿熬煮後攪拌，使砂糖再次結晶化的糕點材料。

●鏡面果膠

nappage在法語中是「覆蓋」的意思。使用杏桃或覆盆子等水果作爲原料，或是以糖類或膠化劑等製成，有需添加水分後加熱再使用的類型，也有毋需加熱加水直接使用的種類。

●果醬

相較於鏡面果膠，果醬價格較高，雖然也用於使成品散發光澤並防止乾燥，但認眞而言，更會用在著重於突顯風味上。雖然無論水果種類都可以使用，但一般常用的是杏桃果醬。使用時會先加熱，待產生流動性，趁熱用刷子刷塗。依果醬的硬度（黏度），在加熱時會適度添加水分，用以調節。

●翻糖（fondant）

翻糖與果醬和鏡面果膠不同，並不用於防止乾燥，而是爲了添加甜味並增加美麗外觀時使用。有原本就具流動性，可以直接使用的製品，也有些固態狀產品，需要添加糖漿，隔水加熱至人體肌膚溫度，待產生極佳的流動性後使用。

鏡面果膠（加熱型）、果醬

果醬或鏡面果膠，若必要時可添加水分調節硬度，加熱後趁熱刷塗在表面

翻糖（加熱型）

固態的翻糖，需添加糖漿，隔水加熱後使用

Q10 想要製作中間孔洞較少的甜餡麵包或咖哩麵包，該怎麼做才好呢?
＝防止麵包中間孔洞的方法

A 儘量減少填餡的水分。

甜餡麵包中形成孔洞，是因爲烘焙時餡料水分因熱而蒸發，填餡撐起的上方麵團，就成爲孔洞狀態。不僅是甜餡麵包，包入食材的包餡類型的菓子麵包或咖哩麵包等，填餡水分越多就越容易形成孔洞。

防止這個狀況的方法，就是儘可能減少填餡內的水分。以方便作業的角度而言，也可以說填餡含水量相對較少時，會更不易散開而且更方便整合。

此外，填餡麵包在包妥餡料後，會從麵團上方按壓，使其平坦，只要這個時候用手指按壓中央部分（所謂的作出「臍眼」），孔洞也同樣不易形成。

Q11 咖哩麵包油炸時，咖哩會漏出。該怎麼防止呢?
＝炸麵包的注意重點

A 請務必完全緊閉麵團的接口處。

咖哩麵包等包裹餡料的麵包，在油炸過程中會有餡料流出造成炸油噴濺的危險，這個狀況原於麵團膨脹，接口處裂開造成。

爲避免產生這個情況，包入餡料後，確實緊實閉合接口處非常重要。填餡的咖哩一旦沾在麵團邊緣，接口處會無法完全緊密黏合，因此必須多加注意。此外，閉合接口時，麵團之間也必須確實抓取按壓使其黏合。

包入餡料時，一旦過於勉強按壓填入，會使麵團部分變薄或是開口，這些也是油炸過程中，造成餡料流出的原因。

Q12

用於製作油炸用的麵包粉，有適合或不適合的麵包嗎？

＝適合麵包粉的麵包

A

一旦將甜麵包用在麵包粉時，可能會使油炸色過重，容易燒焦。

從麵包開始製作麵包粉，糖分較多的麵包在油炸時會因爲太容易上色，所以避開使用會比較好。麵包粉採用法國麵包或配方簡單的吐司等比較適合。

市售的麵包粉，分爲新鮮麵包粉和乾燥麵包粉，粗細也各有不同。新鮮麵包粉，是將原料的麵包直接粉碎而來，相較於乾燥麵包粉，其中的含水量較多，一旦油炸後會產生酥脆又柔軟的口感。

乾燥麵包粉，則是將粉碎的麵包粉乾燥而成（水分14%以下），具爽脆口感。沾裹粗麵包粉時是硬脆的口感；使用細麵包粉時，口感會較爲柔和一點。

Q13

義式麵包的玫瑰麵包，如何製作？

＝玫瑰麵包的製作方法

A

**折疊麵團、以專用模型按壓，
就能烘焙出具有大孔洞特徵與形狀的麵包了。**

Rosetta是義大利麵包，意思是「小玫瑰」，正如其名有著玫瑰的形狀，特徵是中央具有大孔洞。

用獨特的製作方法，以蛋白質含量少的麵粉、進行較弱的攪拌，再以滾輪延展折疊至麵筋組織被破壞（變脆弱）前，不斷地重覆摺疊。待發酵後，以擀麵棍擀壓，再以專用壓模按壓出六角形，進行最後發酵。藉由這樣的製作方法，如同**p.10「製作出孔洞時」⑤**後半的說明一般，是大氣泡相互連結產生的現象，就能烘烤出玫瑰麵包中央所形成獨特的大孔洞。

玫瑰麵包

玫瑰麵包的壓模和切模

Q14 皮塔麵包為什麼會形成中空呢?
=中空的皮塔麵包

A 麵筋結合較弱的麵團薄薄擀壓後烘烤，就能做出中空的麵包。

所謂的皮塔 Pita，主要是中東地區食用，烘烤成薄型的麵包之一，據說已經有數千年的歷史了。因爲中間中空，因此英文也稱爲口袋麵包 Pocket bread。主要是以麵粉、水、酵母(麵包酵母)、鹽、液態油脂製作。

麵團輕輕揉和後使其發酵，薄薄地擀壓成圓片狀，放入高溫烤箱中短時間完成烘烤。如此就會像氣球般大大地膨脹起來，形成內部中空的麵包了。

用手撕開，蘸取泥狀醬汁食用、或是對半切開在中空口袋處填裝蔬菜、肉類或豆類等食材，像三明治般享用。

製作出孔洞時

①略硬的麵團不要過於揉和

麵筋組織不充足，利用較弱的連結，弱化包覆麵包酵母釋放出二氧化碳的薄膜。

②略短的發酵時間

避免麵筋組織被強化地縮短發酵時間。但因為仍需要麵包酵母釋放的二氧化碳，因此必須使其發酵。

③整型時用擀麵棍薄薄地擀壓

藉由薄薄地擀壓，使烘焙時麵包的表面(上面、底部)快速定型，待中心溫度升至高溫時，就會在麵包內形成中空。

④不進行最後發酵或是用短時間完成

最後發酵的時間一旦過長，麵筋組織的結合變強，也會不容易形成中空。

⑤以高溫烤箱烘烤

因為是薄麵團，烘烤時內部會快速傳熱，氣泡內的氣體也會立即開始膨脹，並蒸發水分。再者，藉由高溫烘烤使表面定型，利用氣體的膨脹升高內部壓力，大氣泡會因壓力差而吸收小氣泡，形成更大的氣泡。並且因持續加熱，使大氣泡相互結合，最後在內部形成大的孔洞。

Q15 吐司分為山形吐司和方形吐司，有什麼不同嗎？
＝山形吐司和方形吐司的差異

A 特徵是山形吐司鬆軟膨脹易咀嚼，方形吐司潤澤略有嚼感。

吐司分爲以模型無加蓋烘烤的山形吐司，和加蓋烘烤出來的方型吐司。即便使用相同的麵團，分割成相同重量、相同形狀烘焙，但最後發酵的程度與烘烤時是否有加蓋，就能烤出不同特徵的麵包。

麵包不僅是發酵的時候，連烘焙時也會膨脹（烤焙彈性＜oven spring＞）。山形吐司因爲最後發酵而膨脹充滿模型烘焙而成，沒有加蓋使得麵團得以向上膨脹完成烘烤。因此內側柔軟部分的氣泡成爲縱向長形，食用時是鬆軟、容易咬斷咀嚼的麵包。

另一方面，方形吐司最後發酵時，約膨脹至模型的8分程度就停止，並加蓋烘烤。因此烘烤時，柔軟內側的氣泡無法完全向上延伸而變成圓形（⇒**Q210, 215**）。並且因加蓋烘烤，減少了水分的蒸發，因此相較於山形吐司，烘烤出的麵包體會留下較多的水分，成爲潤澤且具嚼感的麵包。

這些特徵一旦再次加熱烘烤麵包後，會變得更加明顯。山形吐司會變得酥脆、嚼感極佳的輕食口感；方形吐司烤熱後，加熱烘烤面會硬脆，中間潤澤柔軟。

Q16 鄉村麵包的表面都沾裹著粉末，為什麼呢？
＝鄉村麵包手粉

A 原本是為了避免麵團沾黏在發酵籃上所使用的麵粉。

鄉村麵團柔軟，整型後麵團也容易坍軟而難以保持形狀，因此發酵時會使用籃子（發酵籃）（⇒**Q180**）。此時，爲防止柔軟的麵團附著在發酵籃內而撒上麵粉。這個麵粉在進行烘焙時，會留在麵團表面，以此狀態完成烘焙也會存留在麵包上。

鄉村麵包烘烤前，會在麵團表面劃入割紋，因存留的麵粉使得割紋變得更加明顯，也成爲麵包的裝飾。

Q17 可頌麵團和糕點的派皮麵團兩者都一樣有層次，到底有什麼不同呢？

＝有無發酵的折疊麵團

A 折疊麵團有無發酵，會形成完全不同的口感。

可頌和糕點的派皮麵團，無論哪一種都是以折疊奶油等油脂製成，因此油脂層和麵團層之間的相互層疊狀態都相同，最大的不同之處在於發酵與否而已。

可頌是發酵後的麵團，因此能烘烤出發酵麵團膨鬆柔軟的層次。另一方面，派皮麵團因爲沒有進行發酵，所以麵團是酥脆的薄薄層次。

這種情況，實際比較可頌麵團和糕點派皮麵團，就可以充分理解。可頌和派皮麵團的折疊次數也不同，但爲了能更簡單瞭解層次狀態，兩者皆進行3次三折疊作爲比較。並且可頌在進行折疊前的麵團階段（發酵）和烘焙前（最後發酵）都適度地進行發酵。

外觀

切面

可頌麵團（左），麵團膨鬆脹大起來。派皮麵團（右）薄且脆地可以看見層疊，每個層次都清晰可見。

Chapter 2

在開始製作麵包前

麵包製作的流程

製作麵包的流程簡單而言，有以下的步驟。這個流程雖然符合多數的麵包，但其中也有必須經過更複雜工序和步驟的種類，實際上麵包的作法非常多樣化。

1. 攪拌	「揉和」材料製作麵團
2. 發酵	使麵團「膨脹（使其發酵）」
壓平排氣	按壓麵團「排出氣體」※也有毋需進行的種類
3. 分割	配合目的重量（大小）地「分切」麵團
4. 滾圓	「滾圓」麵團
5. 中間發酵	「靜置」完成滾圓的麵團
6. 整型	配合目的「整理形狀」
7. 最後發酵	使完成形狀的麵團「膨脹（使其發酵）」
8. 烘焙	「烘烤」膨脹的麵團

製作麵包的工具

製作麵包的工具，從適合家庭製作到專業使用，有各種各樣的工具。專業使用的以大型機器居多，因此有些不適合家庭製作享受 DIY 樂趣時使用。

在此，介紹給大家剛開始接觸麵包的初學者，最低限度齊備會比較方便的工具。

●烤箱是必備！

在家製作麵包，一定要有的是烤箱。是麵團變身爲食物「麵包」，烘焙作業上不可或缺的存在。關於揉和麵團、發酵時使用的工具，有些只要多下點工夫就可以不需要齊備，但只有烤箱是必要且不可欠缺。當然也有使用小烤箱或平底鍋等就能烘烤的麵包，但這樣很難廣泛地製作各種麵包。

順道一提，家用烤箱有很多附有發酵功能，若有就很方便，但即使沒有這個功能也還是能製作。

家用烤箱

●準備工作需要的器具

提到準備工作時使用的工具，首先是測量材料的秤。麵包製作的材料中，使用量最多的是麵粉，用量最少的是鹽或酵母(麵包酵母)。必須是能同時測量這兩者的秤，因此建議最大計量可達1～2kg，微量材料能測量至0.1g單位的電子秤(⇒ Q170)。

當然，也請預備好測量材料、發酵麵團時必須使用的缽盆、容器，混拌材料的攪拌器、刮刀等。

其次必要的是測量水溫、麵團溫度的溫度計。爲避免製作的失敗，調節水溫、發酵器內的溫度，測量並記錄麵團溫度，都非常重要。

秤(電子秤)

缽盆

發酵容器

攪拌器、刮刀

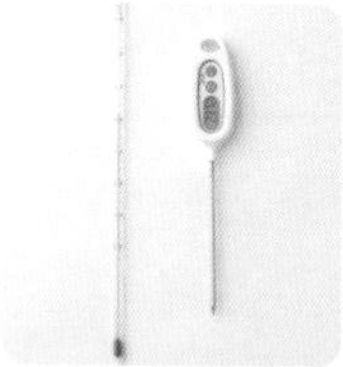
溫度計

●製作麵團，最初用手揉和

桌上型攪拌機

用手揉和製作麵團時，是以手作爲工具，因此沒有其他特別需要。但也有用手揉和難以製作的麵包，因此待習慣麵包製程，想要挑戰各種麵包時，也可以將揉和麵團用的工具準備好。

雖然推薦桌上型攪拌機和家用麵包機（攪拌完成時，可以取出麵團的類型），但麵團用量並不多時，食物調理機（對應麵團製作的類型）也可以。另外，因應使用需求也有可以替換配件的產品。

●發酵最重要的是溫度和濕度

若有兼具發酵機能的烤箱或小型發酵器（折疊式等），就非常方便，但若沒有這樣專門的機器時，也可以利用身邊的物品使麵團順利發酵。

在發酵時，最重要的就是適度的溫度和濕度。請試著以能保持這2個需求地下點工夫。例如，在附蓋的瀝水籃內倒入少量熱水來使用，或是將裝有熱水的容器放入保麗龍箱或收納箱等，可以藉此取代發酵器（⇒ **Q195**）。

若室溫就是最適合的溫度時，也可以直接放置發酵。無論哪種方法，都必須注意避免乾燥，以溫度計進行溫度管理是必要的。

家用發酵器
（日本ニーダー株式会社）

附蓋的瀝水籃

●分割的必要工具

發酵的麵團，基本上是使用刮板、切刀（scraper）按壓分切。另外，測量分割後的麵團也需要量秤。

分割的麵團，若在中間發酵時需要移動，則會在放在板子（塑膠或壓克力製成的也可以）上。也能用烤盤或冷卻架（⇒ **Q18**）等來取代。

將麵團放在板子上時，爲避免沾黏會使用手粉，或是舖放布巾（帆布＜ canvas ＞、絨毛較少的麻或綿等材質）。

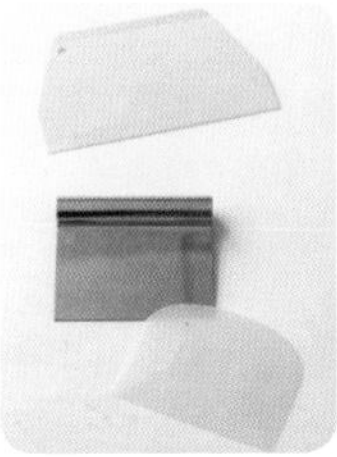
刮板、切刀（scraper）

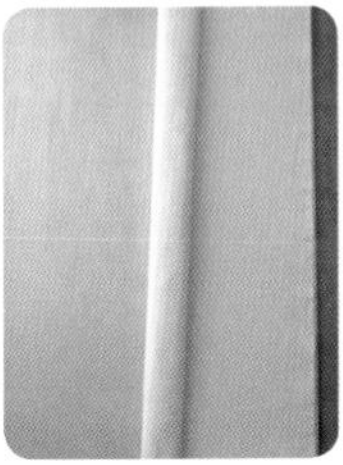
板子、布

●整型的必要工具

麵包整型時必要的工具，會因製作的麵包而各有不同。主要的工具，如奶油卷或吐司整型時不可或缺的擀麵棍，因爲必須用擀麵棍確實按壓出麵團中的氣體。

吐司等使用模型完成烘焙的麵包，就必須有相應的模型。

劃切割蚊時，可以使用剪刀或小刀。完成整型的麵包，雖然也有例外，但基本上都會擺放在烤盤上進行最後發酵。

擀麵棍

吐司模

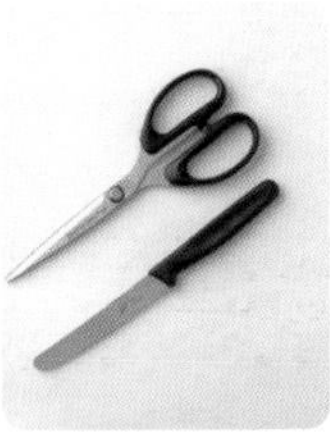
剪刀、小刀

●烘焙前使用的工具

完成烘焙的麵包表面雖然有線條或割紋，但這些都是在放入烘焙前，才用刀子或剃刀片劃入（割紋）以形成的紋樣。大多會出現在法國麵包等硬質類的麵包上。一旦劃入割紋，不但有設計般的美感，也更能呈現良好的膨脹狀態（⇒**Q225～227**）。

此外，也會在放入烤箱前在麵團上噴撒水霧、刷塗蛋液。像這樣濡濕麵團表面，可以延遲表面的烘烤硬度。結果就是拉長麵團膨脹的時間，使麵包體積更加膨大（⇒ **Q220**）。因此噴霧器或毛刷等，也必須準備。

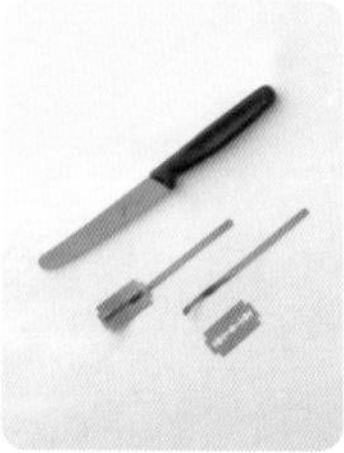
刀子、剃刀片

噴霧器

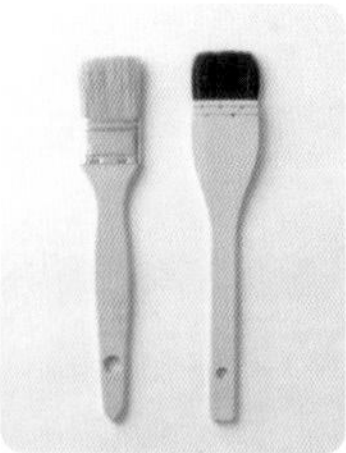
毛刷

●完成烘烤的麵包放置於冷卻架上

剛完成烘烤的麵包，會將飽含在麵包中的水分轉爲水蒸氣釋放出來。因此，直接放置在工作檯上，麵包會因水分而濡濕，所以至冷卻爲止，會先放置在冷卻架上（冷卻用網架）。

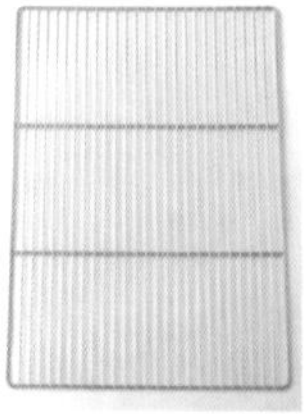
冷卻架

製作麵包的材料

爲了製作美味的麵包，需要使用到各種材料。基本的材料有下述4種。就是麵包製作時必須的「4種基本材料」。

本來不是「小麥粉（麵粉）」而是「穀物粉」才更正確，但看遍世界穀物中，最常使用的穀物就是「小麥」，因此本書使用的是「小麥的粉末」也就是「麵粉」。當然也有很多使用小麥以外的穀物製成的麵包。

基本材料外，還有賦予麵包各式特色個性的材料，稱爲「副材料」。副材料雖然有衆多種類，但鎖定本書經常使用的下述4種，這些就稱爲「4種副材料」。

副材料主要作用是「賦予麵包甜味、濃郁及風味」、「使體積膨脹」、「呈現良好色澤」、「提高營養價值」等4大任務。

4種基本材料

- 小麥粉
- 酵母（麵包酵母）
- 鹽
- 水

4種副材料

- 砂糖
- 油脂
- 雞蛋
- 乳製品

Chapter 3

製作麵包的基本材料

小麥粉

Q 18 小麥以外的麥類中有哪些種類?
=麥的種類

A **大麥、裸麥、燕麥等是主要種類。**

麥屬於禾本科植物，小麥、大麥、裸麥、燕麥等的總稱。

其中可說是麵包製作上最重要的麥類就是小麥，是世界上大部分麵包的原料。以食物而言，小麥的歷史很古老，在麵包出現之前，就被當作主食地烹煮或烘烤食用。即使是現在，與玉米、稻米，同樣是全世界最廣為栽植的穀類之一。

因小麥在低溫下不易栽植，因此以北歐為中心的寒冷地區，裸麥佔有重要地位，麵包不僅使用小麥，很多時候，會混合裸麥或只用裸麥來製作。相較於小麥製作的麵包，使用較多裸麥的麵包顏色會略黑，所以也被稱為黑麵包，特徵是具有獨特的香氣和酸味。

此外，大麥和小麥一樣，具有悠久歷史，雖然也曾被當作主食，但是現在較少直接食用，而是作為啤酒、麥芽飲料、麥茶的原料，而廣為所知。

燕麥也稱為烏麥，在日本雖然大家不熟悉，但在世界各地被加工為燕麥片、粥（porridge）等，廣為食用。

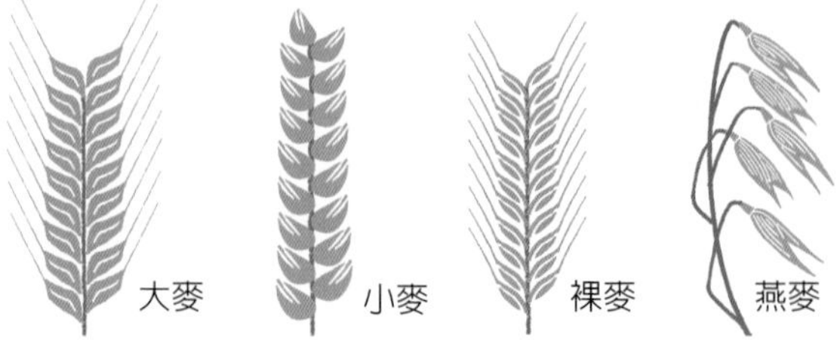

Q19 小麥是什麼時候、從什麼地方傳入日本的呢？
＝小麥的起源及傳播

A 彌生時代，從中國、朝鮮半島傳入日本。

小麥的歷史非常古老，根據考古學及遺傳學的研究，起源據說是從中亞到中東附近地區。至於之後如何廣泛傳到世界各地，衆說紛紜，但在西元前一萬年左右，似乎在世界各地就已經開始食用自然生長的小麥了。

農耕文化的發源地，在被稱爲「肥沃月灣」（現在的伊拉克、敘利亞、黎巴嫩）地區，以底格里斯河和幼發拉底河包圍的美索不達米亞爲中心，向外擴展爲一彎新月形狀。這個地區，在西元前8,000年左右就開始小麥的栽種。

西元前6,000～5,000年左右，小麥從美索不達米亞地區傳至包含埃及的地中海沿岸。西元前4,000年左右，北上歐洲、從土耳其傳至多瑙河流域及萊茵河盆地，在西元前3,000～2,000年左右，據說已傳到了其他歐洲全區及伊朗高地。

之後，西元前2,000年左右，也傳入中國、印度，在日本彌生時代，經由中國及朝鮮半島傳入，連同稻米一同栽種。

現在成爲日本主要小麥輸入國，像是美國、加拿大、澳洲的小麥栽種歷史，令人意外的並不算久，大約是在十七～十八世紀從歐洲傳入。

Q20 用於麵包的麵粉，是碾磨麥粒的哪個部分呢？
＝麥粒的構造及成分

A 是碾磨小麥的胚乳部分。

將收成的小麥脫殼，去除外殼後，麥粒會呈蛋形或橢圓形狀，並從上至下出現很深的溝槽。被「外殼」包裹的內部，大部分就是「胚乳」。在下部有僅佔整顆麥粒2%的「胚芽」。

麵粉就是研磨胚乳而成的粉類。胚乳主要成分是醣類（主要是澱粉）與蛋白質，在麥粒的中芯與外殼附近成分比例、性質都各不相同。因為外殼有較多灰分（礦物質⇒**Q29**），所以胚乳也是越靠近外殼灰分越多，中芯部分灰分較少。胚芽內含有種籽發芽所需要的維生素、礦物質、脂肪等的營養，會用於具有營養效果的保健食品中，也會添加在麵包配方中。

麵粉，也有不去除外殼及胚芽，使用整顆麥粒碾磨成粉的「全麥麵粉」（⇒**Q44**）。

麥粒的切面圖

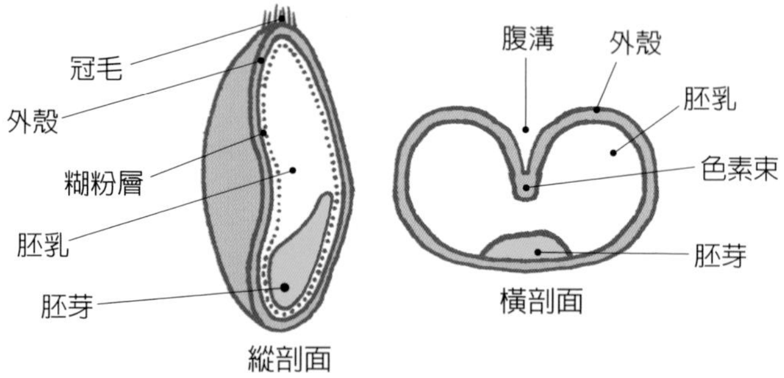

麥粒的結構

胚乳	約佔麥粒的83% 這個部分成為麵粉。主成份為醣類（主要是澱粉）、蛋白質
外殼	約佔麥粒的15% 礦物質、纖維質多，在製粉作業中與胚乳分離成為「麩皮」。主要被利用作為飼料或肥料，但有一部分會成為食品原料。糊粉層雖是胚乳的一部分，但在製作麵粉時會與外殼一起被去除
胚芽	約佔麥粒的2% 均衡富含醣類、蛋白質、脂肪、各種維生素及礦物質。在製粉作業中會被分離出來。烤焙過的胚芽可以添加到麵包配方中、或是做成健康食品等

●麥粒的成分

雖然會因爲品種及栽種條件等而有所不同，在此介紹一般的成分含量。

麥粒的主要成分含量

（可食部分每100g的公克數）

	碳水化合物	蛋白質	灰分	水分
軟質小麥（進口）	75.2	10.1	1.4	10.0
硬質小麥（進口）	69.4	13.0	1.6	13.0
普通小麥（國產）	72.1	10.8	1.6	12.5

（摘自『日本食品標準成分表（八訂）』文部科學省科學技術、學術審議會）

Q21 米飯是米粒狀態食用，但為何小麥會製成粉類食用呢？
＝小麥製成粉食用的理由

A 因為無法像稻米那樣能夠乾淨地削除外殼，而製成粉狀。

稻米除去稻穀後，就成爲糙米。因爲糙米覆蓋著薄皮（果皮或種皮）用指甲很容易可以剝離，再者因胚乳堅硬的特徵，所以稻米可以用相互摩擦的方法來去除米糠層（果皮、種皮以及在其下方的糊粉層）來精製白米。

另一方面，去除外殼的麥粒上有一條很深的縱向溝槽，外皮會掉入溝槽裡（⇒**Q20**）。因此，就算從外側削去外殼，也很難清除得乾淨。

因此，不採用像稻米般去除外殼（精製白米）直接食用的方法，而是想出製作成粉類，除去外穀的食用方法，並廣爲使用。

提升麵包製作性的製粉法

過去的麵粉製作方法，是用石臼碾磨麥粒製成粉類後，過篩至某個程度除去外殼。但是，一旦用石臼碾磨，外殼也會成為粉狀而通過網篩的網目，因此無論如何，麵粉中總是會混入許多外殼。這樣的麵粉，麵包製作性也會變差。

在製粉方法發達的現代，為避免外殼混入以完成純白的麵粉，會依下述的方法製粉。

首先，將麥粒浸泡在少許水中稍加靜置，如此麥粒的中芯部分會變軟容易形成粉狀，越靠近外殼的部分越硬而緊實。因此，在碾碎麥粒時，外殼和靠近外殼的部分，會被粗略地碾成大塊，不容易通過篩網。這稱為調質。

用滾輪機碾磨麥粒後過篩，以風力除去外殼，從多外殼的粉類，到成為以中芯部分為主的粉類，可以區分成幾個項目。碾碎⇒過篩⇒用風力除去外殼，這樣的工序重複幾次，就能製作出各種從外殼多到外殼少，且純度高的粉類了。

一旦像這樣將粉類區分成幾十種之後，可以依用途進行製作調合。

收集接近中芯部位製成的麵粉，因含較少的灰分（礦物質），顏色較白；含靠近外殼部位較多的麵粉，灰分也越多，顏色就會略呈茶色。

1. 調質　在小麥中加入少量的水稍加靜置，會更容易碾磨

▼

2. 碾磨　用滾輪機碾磨（大片碎裂）麥粒，再進行粉碎（細磨成粉狀）

▼

3. 過篩・除去外殼　將粉碎的小麥過篩（使用各種不同網目的網篩），再利用風力除去外殼

▼

4. 粉碎・除去外殼　過篩後的小麥再次放入滾輪機碾壓後過篩，盡量去除外殼。重複數次作業

Q22 小麥分成春小麥、冬小麥，其中有何不同？
＝春小麥與冬小麥

A 播種時期、栽種時期、收穫量等不同。

春天播種秋天收穫的品種叫春小麥，而秋天播種經過冬天，隔年夏天收穫的品種叫冬小麥。也稱爲春播小麥、秋播小麥。

世界各地所栽種的小麥多爲冬小麥。冬小麥因爲比春小麥的培育期間長，可以收穫更大量。春小麥的收穫量爲冬小麥的2/3左右。

雖然相較於冬小麥，春小麥的收穫量較少，但是麵包製作性優異，能製作出膨鬆柔軟麵包的，就是春小麥。這是因爲春小麥裡所含的蛋白質（尤其是醇溶蛋白gliadin），黏性與彈性較強，容易做出適合麵包性質及狀態的麵筋組織（⇒**Q34**）。但近年來品種改良及研究等技術進步，也培育出麵包製作性優良的冬小麥，兩種小麥都能使用在麵包製作。

也有像日本這樣，同時栽種春小麥及冬小麥兩種的國家，但製作麵包用的麵粉主要進口地的加拿大、美國北部，因爲冬季嚴寒，所以僅能栽種春小麥。其他像是歐洲、中國北部、部分俄羅斯，也都有無法栽種冬小麥的地區。

Q23 麥粒的顏色不同，為什麼？
＝依麥粒的顏色分類

A 品種不同外皮的顏色會不一樣。

小麥也會依外皮的顏色做分類，外皮呈紅色或褐色的是「赤小麥」；呈淡黃色或接近白色的稱爲「白小麥」。外皮的顏色是依品種而決定，一般來說傾向於－硬質小麥中多爲赤小麥，軟質小麥則以白小麥爲多。

但是即使同爲赤小麥的品種，也會因產地及栽種條件，而培育出深褐色到帶有淡黃色的淺褐色等，各種顏色的小麥。在美國深色的是「黑色 dark」，淺色的稱作「黃色 yellow」。相較於黃色，黑色內含的蛋白質量有比較多的傾向，因此較容易產生麵筋。

進口小麥可用名稱來瞭解其生長及特性？

從國外進口的原料小麥名稱中，有很多會放入其小麥的產地及特性。
以特性組合成為名稱的例子列舉如下。
並非所有的小麥都如此命名，且市售的許多麵粉，也幾乎沒有標示原料小麥的名稱，但是在製作點心及麵包的材料專賣店裡所販售的麵粉，有的會標示原料小麥的名稱，成為選擇商品的指標。

常被放入小麥名稱的產地及特性

產地	美國（或是 American）、加拿大（或是 Canadian）等
顏色	紅色（赤小麥）、白色（白小麥）、琥珀色（白小麥當中也有蛋白質含量高，看似琥珀色的）等
硬度	硬質（硬質小麥）、軟質（軟質小麥）
栽種時期	冬天（冬小麥）、春天（春小麥）

小麥的名稱

Canada Western Red Spring

加拿大西部產，赤小麥、春小麥。蛋白質含量多，是麵包製作性優良的小麥之一，在日本是高筋麵粉的原料。

Western White

（美國）西部產，白小麥。蛋白質含量少，在日本作為低筋麵粉的原料。

Q 24 低筋麵粉和高筋麵粉的差異在於？
＝依蛋白質含量來分類麵粉

A **在日本是依麵粉中所含的蛋白質量來分類。**

低筋麵粉和高筋麵粉，其澱粉及蛋白質等的成分含量會有所不同。市售麵粉主要成分，以澱粉爲主體的碳水化合物（醣類及食物纖維的合計）爲70～78%、水分爲14～15%、蛋白質爲6.5～13%，脂肪約爲2%、灰分（礦物質）爲0.3～0.6%。

在日本，麵粉主要是以蛋白質的含有量來分類。根據麵粉所含有的蛋白質量多寡，依序分類爲：高筋麵粉、準高筋麵粉、中筋麵粉、低筋麵粉，每種的蛋白質含量都會作爲營養成分標示之一，記載在包裝上。

麵粉的成分中，蛋白質的量並沒有那麼多，但麵粉卻用蛋白質的含量來分類，那是因爲麵粉與水混合或揉和時，麵粉的蛋白質會產生具有黏性和彈性的「麵筋」，這個特性對於麵包、麵條、點心等的麵粉製品會產生很大的影響（⇒ Q34）。

麵粉的種類與蛋白質含有量的參考

麵粉的種類	蛋白質含量
高筋麵粉	11.5 ～ 13.0%
準高筋麵粉	10.5 ～ 12.0%
中筋麵粉	8.0 ～ 10.5%
低筋麵粉	6.5 ～ 8.5%

Q25 低筋麵粉和高筋麵粉的蛋白質含量不同，為什麼？
=軟質小麥和硬質小麥

A 是因為作為原料的小麥，蛋白質含量不同。

小麥是根據麥粒的硬度，分類爲軟質小麥、硬質小麥、中間質小麥。雖然每個國家分類的方法不同，但在日本大部分就是這3種。

低筋麵粉是用軟質小麥，高筋麵粉是用硬質小麥來製作。

軟質小麥的蛋白質含量少，而且有不容易產生麵筋的特性。因此，以軟質小麥爲原料的低筋麵粉，就是具有這種特徵的麵粉。

另一方面，硬質小麥的蛋白質，較軟質小麥的含量多，具有能產生黏性及彈性的強力麵筋組織的性質，所以高筋麵粉也呈現如此的特性。

另外，即使是軟質小麥也有蛋白質含量多的，被稱爲中間質小麥，主要是作爲中筋麵粉的原料。

若要做更細的分類，硬質小麥中也有蛋白質含量略少，麵筋形成狀況略差的特性，被分類爲準硬質小麥，主要作爲準高筋麵粉的原料。

Q26 什麼樣的麵粉適合製作麵包呢？
＝適合製作麵包的麵粉種類

A 因為蛋白質含量多，能形成黏性及彈性強的麵筋組織，因此高筋麵粉很適合。

一提到麵包大家腦海中浮現的，不就是吐司般膨鬆柔軟且質地細緻的麵包嗎？麵包的質地，由柔軟內側（麵包內側）的切面，可以看到由許多細小空洞形成，稱爲「すだち sudachi」，是麵團經由發酵及烘烤而膨脹，在成爲麵包的過程中所產生的氣泡痕跡。

這些氣泡，主要是酵母（麵包酵母）的酒精發酵，產生二氧化碳所形成的氣泡，此外還有因酒精發酵，與二氧化碳同時產生的酒精、揉和時混入的空氣、麵團中的水分等，在烘焙時，氣化而成爲孔洞殘留下來。

酵母在麵團中製作出許多二氧化碳的微小氣泡，爲了不讓那些氣泡結合地使其膨脹，就形成了質地細緻的小氣泡。氣泡的周圍，被由蛋白質生成的麵筋組織包覆圍繞，就成了氣泡的薄膜。因發酵使氣泡膨脹時，薄膜平滑地薄薄延展，而且要承受得住因二氧化碳膨脹壓力的強度（不易破損），氣泡就能不破損地膨脹。

製作麵包的第一步，就是選擇容易形成具有這種特性的麵粉。因此，比起低筋麵粉及中筋麵粉，會較傾向蛋白質含量多，能產生較強黏性及彈性麵筋的高筋麵粉。

Q27 為什麼海綿蛋糕麵糊不使用高筋麵粉而以低筋麵粉製作呢？
＝適合海綿蛋糕麵糊的麵粉

A 海綿蛋糕麵糊是藉由打發雞蛋的氣泡而膨脹，因此不需要強力的麵筋組織。

海綿蛋糕麵糊是以低筋麵粉製作，若使用高筋麵粉製作時，會如何呢？

如次頁照片，麵糊不僅無法呈現體積，毫無蓬鬆感，反而成爲硬質地的成品。

這是因爲海綿蛋糕麵糊的膨脹機制，與麵包不同。

海綿蛋糕麵糊的膨脹，是利用打發雞蛋氣泡當中的空氣，藉由烘焙的熱膨脹、及材料中所含的部分水分，因烘焙而形成水蒸氣，使麵團由內側向外推壓延展。

海綿蛋糕麵糊，是由黏性及彈性較弱的麵筋組織作爲柔軟的骨架，適度地支撐膨脹，避免糊化（α 化）的澱粉主體坍塌地適度連接，以烘焙出食用時呈現柔軟具彈性的效果。

而另一方面，麵包的特徵是：在發酵作業中，利用酵母（麵包酵母）產生的二氧化碳使麵團膨脹。在麵團裡延展開的麵筋薄膜，伴隨著二氧化碳的產生，以比海綿蛋糕麵糊的膨脹更強的壓力，從內部按壓延展。正因爲麵筋組織具有黏性和彈性，薄膜才能不破損地柔軟延展，能保持住氣體又維持膨脹的形狀。因此，麵包需要強力的麵筋組織。換言之，低筋麵粉的麵筋組織無法保持氣體，也無法維持膨脹的形狀。

高筋麵粉比低筋麵粉能生成更多的麵筋組織，產生的麵筋組織有強力的黏性與彈性，因此一旦海綿蛋糕麵糊使用了高筋麵粉，因強力的麵筋組織，在膨脹時推壓雞蛋氣泡，會更加難以膨脹。

比較使用低筋麵粉與高筋麵粉製作的海綿蛋糕

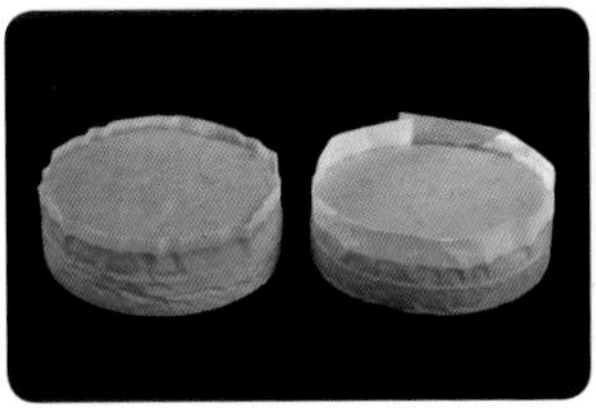

左邊是低筋麵粉，右邊是使用高筋麵粉製作的海綿蛋糕

＊配方是麵粉（使用低筋麵粉或高筋麵粉）90g、細砂糖90g、雞蛋150g、奶油30g。用直徑18cm的圓模，以180℃的烤箱烘烤30分鐘的成品來做比較

Q28 麵粉的「等級」是由什麼來區分？
＝依灰分含量來分類麵粉

A 灰分含量少的為一級麵粉，隨著含量增加而被分類為二級麵粉、三級麵粉、末級麵粉。

麵粉除了依蛋白質含量分類爲高筋麵粉、低筋麵粉，再依灰分（⇒ Q29）含量進行分類。灰分在小麥靠近外皮的部分，比中芯部位含量更多。

灰分少代表麵粉含有較多靠近中芯部位，等級越高，順序爲一級麵粉、二級麵粉、三級麵粉、末級麵粉。另外，等級不僅在於灰分的含量，也取決於麵粉綜合性的品質等。

一般市面上所販售的麵粉，是一級麵粉及二級麵粉。依等級的分類流通，雖然稱爲「高筋一級麵粉」（高筋麵粉的一級麵粉），但這個等級不會標示在包裝上，一般看不到。

三級麵粉大多是以小麥澱粉爲原料，被用於提高魚板等的魚漿製品黏著度，以及工廠糕點或加工食品的原料。另外，不僅用於食品，也會用於紙張、紙箱的黏著。

食品不使用的末級麵粉，無法提取出小麥澱粉，直接混入樹脂等做成漿糊，用於製造膠合板，作爲木板與木板之間的黏接劑。

麵粉的等級與灰分含有率

一級麵粉	0.3 ～ 0.4%
二級麵粉	0.5%左右
三級麵粉	1.0%左右
末級麵粉	2.0 ～ 3.0%左右

（摘自『小麥、麵粉的科學與商品知識』一般財團法人製粉振興会（篇））

Q 29 麵粉中含有的灰分是什麼呢？
＝麵粉的灰分

A 灰分幾乎就是礦物質。

烘焙材料商店中所販售的麵粉，在包裝上除了標示蛋白質含量，還加註灰分量的商品越來越多了。

雖然灰分這個名詞大家還不太熟悉，但就營養學來說，就是食品中所含的不可燃礦物質。當食品在高溫下燃燒時，蛋白質、碳水化合物、脂肪等會燃燒消失，但某些部分會殘留下來，這個殘留下的灰就相當於灰分。

灰分裡，含有礦物質的鈣、鎂、鈉、鉀、鐵、磷等，可以將灰分量視爲礦物質的量即可。

相較於灰分少的麵粉，灰分多的麵粉比較能強烈感受到小麥的風味。並且含較多灰分的麥粒外皮酵素也較多，製作麵包時會對麵團造成容易坍垮等影響。**Q31**中有詳細說明，灰分多的麵粉，也會影響到完成烘焙時麵包內部的顏色。

Q30 麵粉顏色有略帶白色和未漂白的原色，會因顏色不同而有什麼影響嗎？
＝麵粉顏色的不同

A 除了內含灰分量不同之外，也有原料小麥的外皮顏色等影響。

即使看起來都是白色的麵粉，但將幾種製品排放來比較，就能看出實際上有微妙的顏色差異。

產生顏色差異的主要原因之一，就是麵粉中所含的灰分量不同。灰分不僅會影響麵包的顏色，還會影響風味，因此追求喜好的味道時，也成了判斷的要素之一。

麵粉是碾磨小麥胚乳的部分製成，但胚乳在靠近外皮的部分灰分較多，越靠近中芯部位灰分越少。因此，集中靠近胚乳中芯部分製作出來的麵粉，灰分含量少顏色呈白色，靠近外皮部分製作出來的麵粉，灰分含量多，會呈現帶有一點茶色的暗沈白色。

那麼，若是以麵粉的營養成分記載的灰分含量數值，來判斷麵粉的顏色，其實也不盡然，因為小麥的種類也與顏色有關。

小麥雖然有根據外皮的顏色，稱為赤小麥、白小麥（⇒ Q23），但其實，外皮內側的胚乳，赤小麥的顏色也比較深。

一般來說，硬質小麥是赤小麥、軟質小麥是白小麥較多，若比較由硬質小麥製作的高筋麵粉和由軟質小麥製作的低筋麵粉時，相同灰分含量的麵粉，低筋麵粉的顏色會比高筋麵粉來得白。而且即使是同為高筋麵粉也會有所不同，無論小麥分類是深褐色的黑色、還是淺褐色的黃色，以黑色為原料的粉類，顏色會比較深濃。

小麥胚乳的切面

胚乳的中芯部位為白色，越往外側灰分含量越多，因此顏色越深

麥粒的顏色比較

白小麥（左）
赤小麥（右）

Q 31 以相同配方烘焙出的麵包，柔軟內側的白色程度不同，是什麼造成影響呢？

＝麵粉顏色對柔軟內側的影響

A 受到麵包材料，麵粉的顏色所影響。

雖然麵粉的顏色會因麵粉內所含的灰分量，及麥粒外皮的顏色而有所不同，但這也會影響到烘烤完成麵包柔軟內側（麵包內側白色柔軟部分）的顏色。

但是，麵粉僅用肉眼很難判斷顏色。那是因爲麵粉的顆粒越小，光的分散反射看起來就越像白色。因此，想要判斷麵粉本身的顏色時，會將麵粉以水浸濕來判斷，這種方法稱爲目視測試（Pecker test）。

目視測試，麵粉表面浸泡了適度的水分後，光的分散反射會消失，就能清楚知道麵粉本身的顏色。

但是，麵包烘焙完成時的最後顏色，還會因爲麵粉以外的其他材料顏色所影響，所以目視測試（Pecker test），請視爲選擇麵粉的參考標準之一。

利用目視測試（Pecker test）比較２種麵粉的顏色

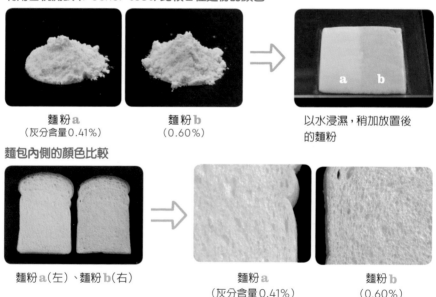

麵粉 a（灰分含量0.41%）　麵粉 b（0.60%）　以水浸濕，稍加放置後的麵粉

麵包內側的顏色比較

麵粉 a（左）、麵粉 b（右）　麵粉 a（灰分含量0.41%）　麵粉 b（0.60%）

上述的實驗，是爲了比較灰分含量不同時麵粉的顏色差異，因此使用的是蛋白質含量相同，灰分含量不同的麵粉。

看到目視測試(Pecker test)的結果，浸水之前幾乎是無法分辨的2種麵粉，浸泡水分稍加放置後，灰分含量多的麵粉b的顏色就比a的暗沈，呈現淡茶色。而且，還能確認到有細小的黑色顆粒(靠近小麥外皮的部分)。

比較只更換麵粉的種類，用相同配方烘烤出來的2個麵包切面，雖然沒有像使用目視測試(Pecker test)那樣，顏色有明顯差異，但是使用灰分量多的麵粉b製作的麵包，柔軟內側的顏色呈略暗沈的茶色。

參考⇒p.294・295「TEST BAKING3・4 麵粉的灰分含量①・②」

目視測試(Pecker test)是如何進行的呢？

所謂目視測試，是為了判斷麵粉的顏色而進行，將麵粉浸泡水分後做比較的簡易測試。想要讓柔軟內側烘烤成白色時，或是想要呈現特定的顏色時，可以用目視測試(Pecker test)來確認麵粉的顏色。

目視測試的步驟

① 將麵粉適量地放在玻璃或塑膠板上。旁邊以相同分量放上想比較的麵粉，以專用抹刀從上方用力按壓麵粉。

② 連同板子一起輕輕浸入水中泡10～20秒，再輕輕拉起板子。

③ 剛浸水尚未均勻擴散在粉中，因此稍待一下再確認、比較粉類的顏色。

Q32 收成小麥的品質好壞，會影響到麵粉嗎？

=小麥品質對於麵粉成品的影響

A 作為產品的麵粉，會調整為始終相同的品質。

製粉公司所製造的麵粉，會配合其產品的特徵混合多種小麥來製作，所以每一年該產品所制定的蛋白質量或灰分量等成分、麵筋及澱粉的性質、特徵等不會有很大的變動。

但近年來，特別是國產小麥，「yumechikara(ゆめちから)」、「kitanokaori キタノカオリ」、「春戀(春よ恋)」、「minaminokaori ミナミノカオリ」等，僅用單一品種製粉的麵粉越來越多。

小麥是農作物，因此無法保證每年收穫都完全相同，因產地不同，也會有收成好或差的時候。但是，基本上該品種所具有的特徵，不會有太大的改變，所以即使是使用不同收穫年份的麵粉，麵包的膨脹及口味，也不會有太大的差異。

但有時會進行品種改良，以培育出更好的小麥，因此只能在實際製作麵包時再行判別。

小麥製成麵粉時，需要「熟成」？

小麥要製作成麵粉，需要2個階段的「熟成（aging）」。首先，是製成粉狀前在麥粒階段的熟成。然後，將完成熟成的麥粒碾磨成粉，成為麵粉狀態後的熟成。

麥粒的熟成

稻米是新米好吃，但是小麥若是收穫後馬上製成麵粉做成麵包，麵團會沾黏，膨脹不良。

收穫後的小麥，細胞組織還活著，會在細胞內活躍地呼吸，酵素類的活性也高，小麥的脂肪、蛋白質、醣類等的成分會產生變化，並且富含許多使麵團軟化的物質（還原性物質）。隨著時間的推移，酵素的活性會穩定，還原性物質減少。酵素類中有各種物質，但與做成麵粉後製成麵包有相關的酵素反應，是熟成中作為麵筋來源的蛋白質變化，使麵包的製作性變好。另外，還有澱粉酶的酵素會分解澱粉，糊精（dextrin）與麥芽糖增加，能讓酵母（麵包酵母）的發酵順利進行（**⇒Q65**）。

然而，並非各種酵素都一定會成為麵粉製品上令人欣喜的作用。因此，收穫後放置一段時間，綜合性觀察後，在考慮包含麵包製作性的二次加工特性下，來進行熟成。

另外，日本用來製作粉類的小麥幾乎都是進口，因此從生產國收穫後運達日本，會經過好幾個月。這段期間，會推進氧化使小麥呈現穩定的狀態。至於國內產的小麥，會放入筒倉（保管麥粒的倉庫）保管，在等待製粉的時間進行熟成。

麥粒製成粉後的熟成

即使在麥粒的狀態進行了熟成，製成粉後若不進行幾天的熟成，使麵筋結構變化的物質作用，那麼製成的麵團會容易坍垮。

並且，在麵粉的製作過程中，吸出去除網篩無法過濾的外皮（純化）、送入空氣使麵粉隨著氣流搬運（空氣搬運）的步驟等，經由這些過程，麵粉的粒子與空氣接觸產生氧化，成為狀態穩定的麵粉。

無論哪種熟成，都是在製粉公司的管理之下，市售的麵粉並不需要進行熟成。而且，一般來說製粉公司製成的麵粉賞味期限會設定在6～12個月。

Q33 為保持麵粉的品質，該如何保存才好呢？
＝麵粉的保存方法

A 放入密封容器裡，保存在低溫、低濕的場所。

因爲麵粉是細微粉末狀，具有容易吸收濕氣、氣味的特性。濕氣多就容易長蟲，還必須注意發霉。

購入後爲防止蟲的入侵，必須放入密封容器，或是連同麵粉袋放入夾鏈袋等，避免熱氣聚集，保存在低溫、濕度低的場所。開封後，若短期間內可以使用完畢，放在陰涼、濕度低的地方即可，儘可能放入冷藏室或冷凍保存會更好。

總之，儘量早點用完也是製作好吃麵包的重要事項。

Q34 在麵粉中加水揉和，為什麼會出現黏性呢？
＝產生麵筋的機制

A 那是因為麵粉中所含的蛋白質，變化成麵筋。

麵粉加水揉和，會產生有黏性的麵團，再持續揉和時，會產生按壓回彈般的彈力，當麵團變得柔軟，拉扯時可以被薄薄地延展。這是因爲麵粉中含有的蛋白質，變成有黏性及彈力，稱爲麵筋的物質，其特性會大大影響麵團的性質及狀態。

那麼，所謂麵筋到底是什麼樣的物質呢？

就是醇溶蛋白（gliadin）和麥穀蛋白（glutenins）2種蛋白質，當麵粉與水充分揉和，這些蛋白質就變化成麵筋。麵筋是纖維纏繞成網狀的結構，越揉和麵團，網狀結構就更緊密。如此一來，黏性和彈性變強，就成了橡膠般具有延伸性質的物質。

麵筋是小麥特有的，稻米、大豆等其他穀物，即使含有蛋白質也無法產生麵筋。

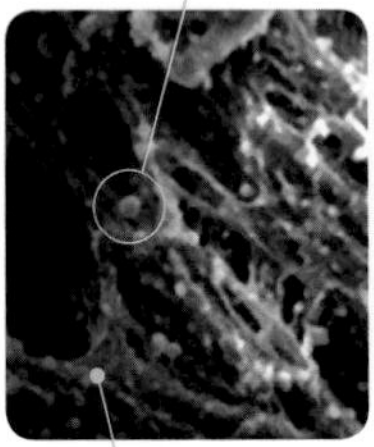

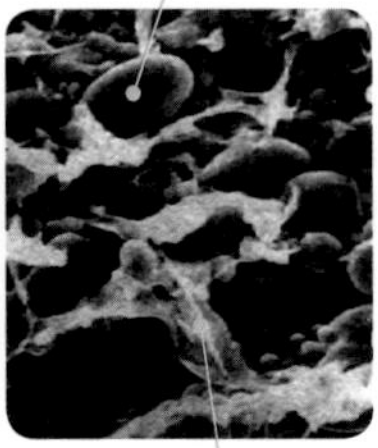

左：麵團中成纖維狀的小麥麵筋（使用掃描型電子顯微鏡）（長尾，1998）。白色球狀物是未被分離殘留的澱粉

右：麵粉麵團中的麵筋組織和澱粉（使用掃描型電子顯微鏡）（長尾，1989）

～更詳盡！～麵筋組織的結構

與製作出麵筋相關的醇溶蛋白（gliadin）、麥穀蛋白（glutenins）2種蛋白質，是如何生成麵筋組織的呢？再深入研究看看吧。麵筋組織是離子鍵、疏水鍵、氫鍵、S-S結合（雙硫鍵）等，各式各樣的結合相互作用而產生的。其中，在攪拌時形成的S-S結合，形成橋接狀（架橋）構造，麵筋組織的網狀構造就會更緊密。

麵筋組織的一級結構，是多種氨基酸有規則地以二次元（平面的）排列。二級結構中，是與部分結合，成為螺旋狀或片狀的結構。三級結構，是由醇溶蛋白（gliadin）衍生的氨基酸之一的半胱胺酸（L-cystein）有關，成為螺旋狀或片狀的構造相互重疊、交纏，複雜化成三次元。

再更進一步說明，半胱胺酸（L-cystein），是分子中具有SH基的部分。藉由攪拌麵團，一旦與空氣中的氧氣接觸，SH基大約會減少一半，但剩下的SH基仍會作用。SH基接觸到麵筋組織內的SS基時，會與SS基一邊的S結合形成新的SS基，這就稱為橋接（架橋）。藉由麵筋組織的部分與部分架橋連結，原本平面的麵筋組織，變得更加複雜扭曲（殘留的S會成為SH基）。

在攪拌作業中，麵團重複切斷、連結地重覆被揉和。麵團被切斷時麵筋組織的結構也會暫時崩壞，但是麵團重新連結後，再被揉和時又會恢復，重覆作業下，麵筋組織因而被強化。

Q35 為什麼製作麵包時需要麵粉的麵筋組織呢？

＝製作麵包時麵筋組織的作用

A 因為麵筋組織是支撐膨脹麵團的骨架。

在麵包製作步驟中，麵筋有下列2大作用。可說是沒有麵筋，就無法製作膨鬆麵包，非常重要的存在。

●是麵團膨脹的關鍵

麵團充分揉和時，麵筋組織會在麵團中擴散，漸次形成層狀薄膜，澱粉顆粒會被吸入薄膜內側。這個麵筋薄膜不但有彈力還能延展，宛如橡皮氣球般能滑順地膨脹起來。像這樣麵團可被薄薄地延展，就能做出膨脹變大的麵包。

在麵包製作步驟中，麵包膨脹變大的時間點，就是發酵和烘焙時。

發酵時，酵母（麵包酵母）產生二氧化碳形成氣泡，麵團整體膨脹起來。麵筋組織的薄膜會包覆因二氧化碳而生成的氣泡，並同時交錯地延伸，避免二氧化碳外漏地保持在麵團中。隨著二氧化碳的產生量增加，麵筋薄膜由內側推壓擴展，平順地延展出去。（⇒p.214·215「發酵～麵團裡面會發生什麼呢？～」）。

烘焙的後半、發酵，及烘焙前半所產生氣泡中的二氧化碳、酒精、揉和時混入的空氣氣泡，和麵團中部分水分，會因烤箱的熱而蒸發、膨脹，使麵筋薄膜延伸展開。最後在溫度達到75℃左右時，麵筋的蛋白質會凝固。

●成為麵團的架構

麵筋組織因熱度凝固而成了支撐麵包的骨架，即使二氧化碳釋出，麵團也不會坍垮。

順道一提，相對於麵筋組織成爲麵包骨架，佔麵粉成分大部分的澱粉，成爲膨鬆脹大後的麵包主體，藉由這些相互作用，麵包的組織就成形了。

參考 ⇒p.253·257「何謂烘焙完成？」

試著比較低筋麵粉和高筋麵粉的麵筋量？

低筋麵粉（蛋白質含量7.7%）與高筋麵粉（蛋白質含量11.8%），進行各別麵團中取出麵筋的簡單實驗。

① 麵粉100g加水55g，確實揉和製作麵團。

② 在裝滿水的缽盆中揉和麵團，洗去澱粉。

※因為麵筋是由網狀結構連接而成，所以在水中搓洗麵團也會殘留，但澱粉會流出至水中，但不會溶解在水中而會擴散，搓揉麵團時水會呈現白色混濁狀，就是因為澱粉浮游其中。

③ 換幾次水，當水不再呈現白色混濁時，殘留下的物質就是麵筋。

※麩就是以這個麵筋為主要原料製作出來的。

藉由實驗提取出的麵筋量，高筋麵粉的量較多，拉開延展麵筋組織時，可得知高筋麵粉的麵筋組織有彈力且不易斷裂。

另外，用烤箱加熱乾燥提取出的麵筋，高筋麵粉的麵筋較會向上伸展膨脹。因此可得知，高筋麵粉的麵筋黏性及彈性強，製作麵包時對麵團膨脹很有幫助。

高筋麵粉的麵團及麵筋

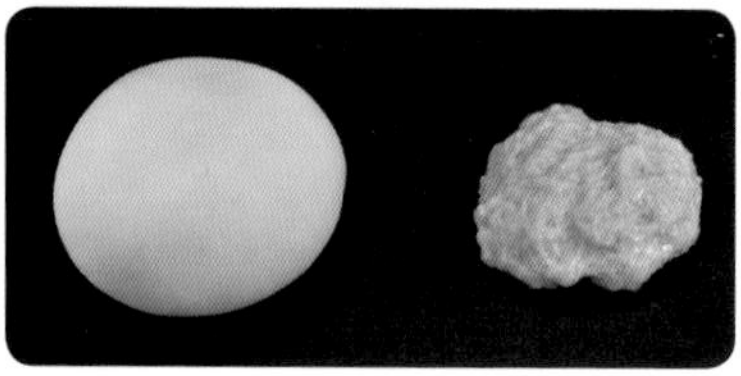

高筋麵粉的麵團（左），和從等量麵團提取出的麵筋（右）

濕麵筋（wet gluten）量的比較

低筋麵粉的濕麵筋29g（左）、
高筋麵粉的濕麵筋37g（右）

加熱乾燥後的麵筋量比較

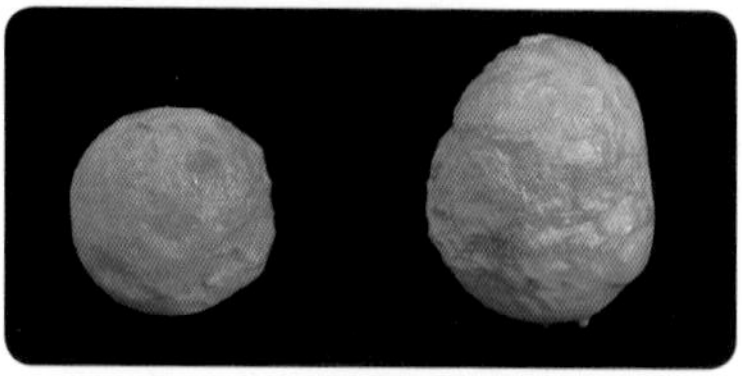

加熱乾燥後的低筋麵粉麵筋9g（左）、
加熱乾燥後的高筋麵粉麵筋12g（右）

※上方照片中的濕麵筋，分別用烤箱（上火220℃、下火180℃）烘烤30分後進行比較

參考⇒p.290・291「TEST BAKING 1 麵粉的麵筋量與特性」

Q36 為什麼麵包會形成膨鬆柔軟的口感呢？
＝澱粉的糊化

A 因麵粉中所含的澱粉糊化，製造出膨鬆柔軟麵包的架構。

澱粉佔了麵粉70～78%的主要成分。澱粉透過水與熱產生「糊化（α化）」，擔任製作麵包膨鬆柔軟組織的工作。那麼，所謂「糊化」的現象，到底是如何變化而產生的呢？

小麥澱粉，以「澄粉」的名稱在市面上販售。使用這種澄粉實驗，藉以觀察麵粉中所含澱粉的加熱變化。讓我們觀察小麥粉中所含澱粉的受熱變化，雖然這是小麥澱粉在水分比實際麵包製作成分更多的狀態下發生的變化，但有助於想像澱粉在加熱時吸收水分，產生糊化。

澱粉，以顆粒的狀態存在於麵粉中，澱粉的顆粒內存在直鏈澱粉（amylose）和支鏈澱粉（amylopectin）2種分子，結合後分別成爲束狀。這樣的架構具規則性，而且非常緊密，水分無法滲透。因此，即使在水裡放入小麥澱粉混合，澱粉也不會在水中溶解，只是擴散而已（實驗照片 A、B 及顯微鏡照片 a）。

要在消化上、口味上都成爲適合食用的狀態，必須在澱粉吸收水分後的狀態下加熱糊化。沒有糊化狀態的澱粉，無法用澱粉酶（amylase）分解，人類無法消化。

糊化時澱粉與水必須一起加熱，超過60℃時，熱能會部分性地切斷緊密結構的連結，使結構鬆弛後，水分就能進入。也就是在麵粉的直鏈澱粉（amylose）和支鏈澱粉（amylopectin）的束狀之間有水分子進入。然後，隨著持續的加熱，那些束狀會以展開狀態分散在水中，水分子的流動性變小，漸漸就出現黏性（實驗照片 C 及顯微鏡照片 b）。溫度一旦上升，澱粉粒子會不斷吸收水分而膨脹，至溫度達到85℃時，會變化成具透明感，像漿糊般具黏性的物質（實驗照片 D 及顯微鏡照片 c）。這種現象就稱爲「糊化」。

小麥澱粉糊化的樣子

在量杯內的實驗

小麥澱粉10g加入90g水中混合進行

加熱前

在水中加入小麥澱粉充分混拌，在水中擴散（照片 A）。因為澱粉不溶於水，因此經過一段時間後會沈澱（照片 B）

60℃～

加熱超過60°C時，開始出現黏性

85℃～

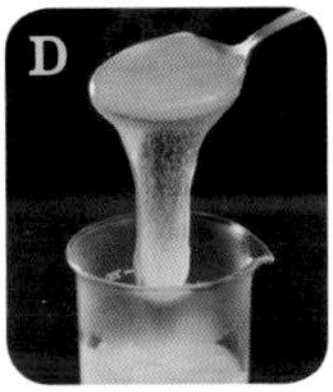

到達85°C後就變成透明，糊狀般地出現黏性，這就是澱粉的糊化

顯微鏡下看到的澱粉狀態

麵粉：水＝100：70的比例混合的麵團，從麵團分離出來的澱粉粒（使用掃描型電子顯微鏡）（長尾，1989）

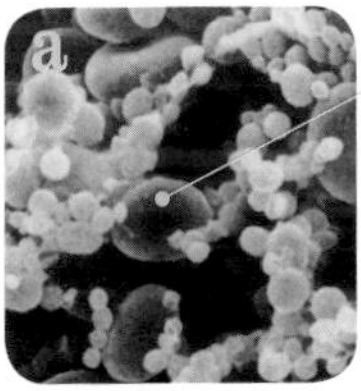

生澱粉

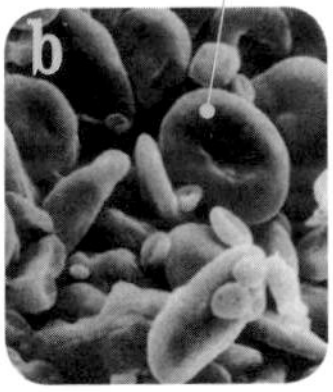

由加熱到75°C的麵團中拍攝的澱粉

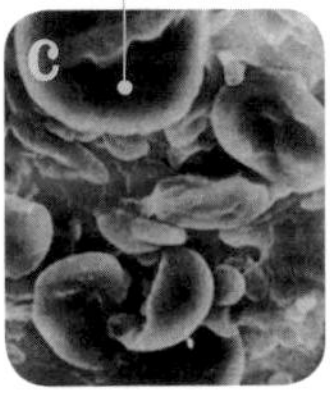

從加熱到85°C的麵團中拍攝的澱粉

如實驗所示，大量的水中加入小麥澱粉加熱後，因糊化需要充足的水分，因此吸收水分的澱粉粒會膨脹崩壞，直鏈澱粉（amylose）和支鏈澱粉（amylopectin）會延伸至全部的液體中，產生黏性。

但在麵團內因爲麵筋組織也需要水分，以製作麵團時的適當水量，不足以使澱粉完全糊化。因此，會在水分不足的狀態下直接進行糊化，如此一來，粒子不會膨脹濕潤到崩壞，如同顯微鏡照片 a ～ c 般，持續保持顆粒形狀。然後，連同變性凝固的麵筋組織，一起擔負起支撐麵包組織的作用。

Q37 受損澱粉是什麼呢？
＝受損澱粉的特性

A 是製作麵粉時產生結構崩壞的澱粉。受損澱粉因為吸水性高，因此過多時麵團容易坍垮。

受損澱粉，是指使用滾輪機製作粉類時，因壓力及摩擦熱而傷及澱粉，成爲結構不完整的澱粉。麵粉的澱粉幾乎是無損傷的澱粉（健全澱粉），僅有全體量約4%是受損澱粉。

這種受損澱粉的含量多寡，會左右麵粉製作出來的麵團性質。健全的澱粉不會吸收水份，但受損澱粉因緊密的結構損壞，即使是常溫下也會吸收水分。

並且，受損澱粉還有容易接收酵素反應的特徵。攪拌時加入水後，受損澱粉立刻會被澱粉酶的酵素分解爲麥芽糖。酵母（麵包酵母）就利用這個麥芽糖，從發酵初期順利地進入酒精發酵（⇒**Q65**）。

但若是受損澱粉過多，麵團的黏性及彈力會降低，造成坍垮，完成烘焙的麵包柔軟內側變得凌亂等，會損及麵包的製作性。

Q38 為了避免乾燥的密封，但翌日麵包仍會變硬是為什麼呢？
＝小麥澱粉的老化

A 因為澱粉排出水分子，老化。

爲了不讓麵包乾燥而密封，隔天卻還是變硬了。

剛完成烘焙麵包的柔軟內側之所以會膨脹鬆軟，是因爲麵粉中所含的澱粉，和水一起加熱後「糊化（α化）」（⇒**Q36**）。

麵粉的澱粉和水一起加熱超過60℃，熱能就會部分性切斷澱粉緊密的結構鏈結，變得結構鬆散，水就容易滲入。因此，水分子就進入澱粉粒中的直鏈澱粉（amylose）和支鏈澱粉（amylopectin）束狀間，之後繼續加熱，澱粉在束狀擴散這期間，成爲關閉水分子的狀態後糊化，在水充分的狀態下出現黏性，對麵包而言透過糊化能製作出鬆軟的口感。

鬆軟的麵包會隨著時間放久變硬，是因爲澱粉隨著時間經過，「老化（進行β化）」了。以米飯來說，這就跟剛煮好的飯放到隔天會變硬的現象一樣。

有關澱粉的老化，來詳細說明一下。

●澱粉的老化

糊化後變軟、出現黏性的澱粉，隨著時間的經過變硬、沒有黏性。

這個原因，是因爲糊化後澱粉的直鏈澱粉（amylose）和支鏈澱粉（amylopectin），想要回到生澱粉時那樣的正確規則排列，而將滲入那些鬆散結構空隙的水分子排出。於是，澱粉粒們就會合起來。

但如同烤好的麵包無法回復到生麵團，糊化的澱粉無法完全回到原本生澱粉的結構，如下圖所示，僅一部分轉到緊密的狀態。這就是澱粉的「老化」。

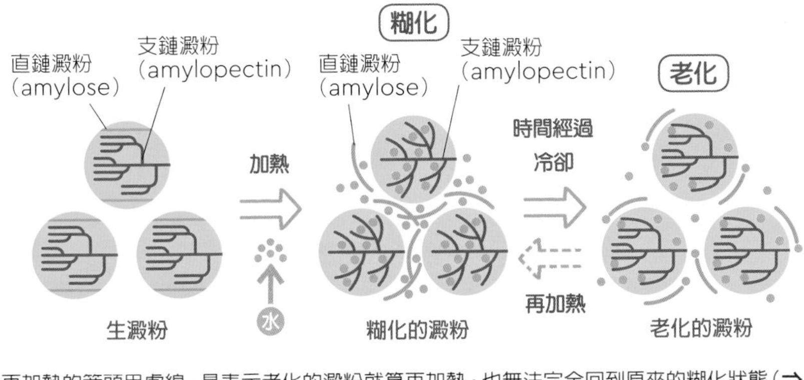

※再加熱的箭頭用虛線，是表示老化的澱粉就算再加熱，也無法完全回到原來的糊化狀態（⇒**Q39**）

●推進澱粉老化的條件

澱粉的老化，在符合溫度0～5℃、水分量30～60%的條件下，特別容易進行。

麵包的水分用量，法國麵包約30%、吐司約35%，所以麵包原本就是容易老化的類型物質。如果放在0～5℃的冷藏室裡保存，會更加快速老化變硬。

Q39 變硬的麵包一旦重新烘烤就能回復柔軟，為什麼？
=老化澱粉加熱後的變化

A 那是因為老化的澱粉，可藉由加熱回復糊化的狀態。

麵包完成烘焙經過一段時間，雖然澱粉會老化（β 化）變硬，但放入烤麵包機等重新烤過後，雖不及剛完成烘烤的程度，仍然會再次變得膨鬆柔軟。

如**Q38**的說明，麵包完成烘焙時，澱粉呈現將水分子封鎖在直鏈澱粉（amylose）和支鏈澱粉（amylopectin）束狀間的糊化（α 化）狀態。之後隨著時間推移，麵包變硬是因爲澱粉老化，將原先封鎖在直鏈澱粉和支鏈澱粉鬆弛結構間的水分排出。

老化的澱粉，一旦加熱就能回復糊化的狀態。原因是直鏈澱粉和支鏈澱粉的束狀間隙，會因爲加熱再次鬆弛，回到封鎖水分子的狀態。但再次加熱的麵包無法像老化前的糊化，水分子全部回到原位，因此也無法全然像老化前一般膨鬆，但是能回復原來的柔軟度。

Q40 依麵包的種類來挑選麵粉比較好嗎？請問選擇麵粉時的重點。
=麵粉的蛋白質含量

A 蛋白質含量多的麵粉適合鬆軟的麵包，蛋白質較少的麵粉則適合硬式麵包。

想像麵包的烘焙完成狀態來選擇麵粉是基本。做什麼樣口味（味道、口感、入口即化等）的麵包，或是想做出什麼程度的膨脹體積（充分膨脹、略抑制膨脹等），想像成品地選擇麵粉很重要。

在日本的麵粉，依據蛋白質含量多寡分類爲高筋麵粉、準高筋麵粉、中筋麵粉、低筋麵粉。一般蛋白質含量多的高筋麵粉，適合製作體積膨脹的吐司、菓子（糕點）麵包等的軟質麵包；蛋白質含量少的準高筋麵粉、中筋麵粉等，則適合想抑制膨脹的鄉村麵包或長棍麵包等硬質麵包。

另外，用可頌、丹麥類折疊麵團製作的麵包，主要使用準高筋麵粉及中筋麵粉，也可以使用法國麵包專用粉（⇒**Q42**）。折疊麵團，若使用高筋麵粉製作，會使麵團過硬，無法做出期待中鬆軟酥脆的口感。

如此選擇適合製作的麵團，所需的蛋白質含量和特性的麵粉非常重要。

例如，山形吐司使用高筋麵粉充分攪拌，製作出良好延展性的麵團，就能烘烤出具體積又有輕盈口感的麵包。但是，若用低筋麵粉或中筋麵粉替代高筋麵粉時，因形成的麵筋量較少，因此麵團延展性變差，無法保持住經由發酵所生成的二氧化碳，因而也無法呈現出體積，口感也會因此而變得沈重。

不僅是蛋白質含量，同時會因形成何種性質的麵筋組織，而影響完成的麵包。選擇麵粉時，可以實際用各種麵粉來烘烤，視完成狀態再決定要使用何種麵粉比較好。

使用高筋麵粉、中筋麵粉和低筋麵粉製作的麵包比較

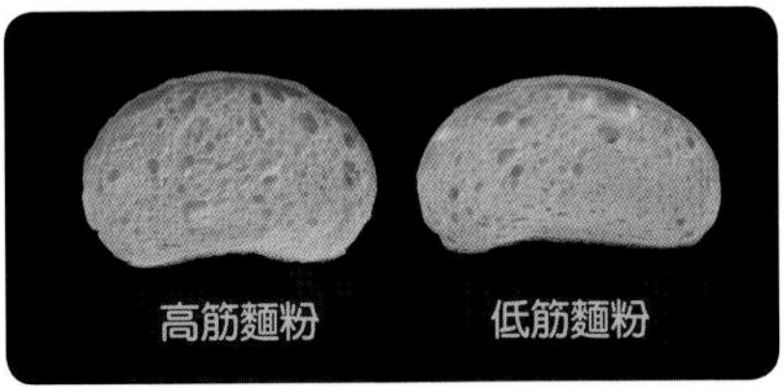

高筋麵粉（左）：麵包的體積大，具高度。柔軟內側的氣泡整體大且氣勢十足地向上延展
低筋麵粉（右）：體積小，感覺有點坍垮。柔軟內側的氣泡有部分較大，但整體而言紮實緊縮，體積較小

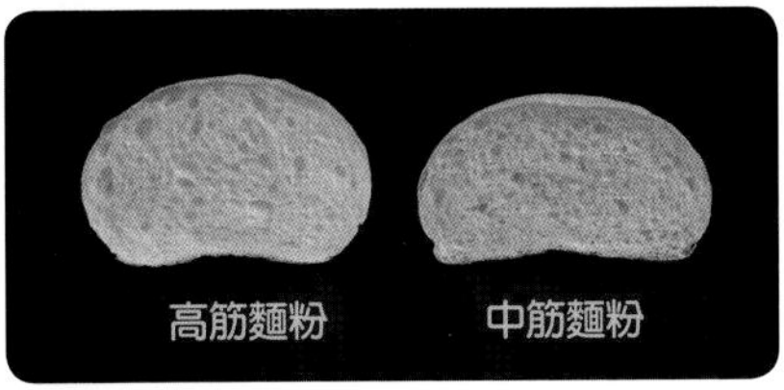

高筋麵粉（左）：同左
中筋麵粉（右）：體積受到抑制，稍有坍垮。柔軟內側的氣泡整體而言均勻且小

※基本的配方（⇒p.289），使用高筋麵粉、中筋麵粉、低筋麵粉製作出的麵包比較

參考⇒p.292・293「TEST BAKING 2 麵粉的蛋白質含量」

Q41 想要Q彈或是酥脆口感的麵包，都有適合的麵粉嗎？
＝麵粉的特性及口感

A Q彈麵包適合用高筋麵粉、酥脆的麵包適合用準高筋麵粉。

麵包的口感會產生差異的最大要素，就是麵粉當中所含的蛋白質含量及性質（⇒**Q26, 40**）。想做出Q彈口感的麵包，適合富含蛋白質的高筋麵粉。另一方面，要製作具酥脆感的麵包，比起高筋麵粉，蛋白質含量略少的準高筋麵粉即可。

但是，試著實際製作麵包時，不僅麵粉本身的性質，與其他材料的搭配組合、製作方法、攪拌等都會影響到口感，因此綜合性考量是必要的。

例如，想做出Q彈口感時，用蛋白質含量多的高筋麵粉配合液態油脂，採用直接法（壓平排氣，⇒**Q147**）製作。而想做出酥脆口感，則使用準高筋麵粉，油脂搭配酥油，採用直接法（無壓平排氣）製作（⇒**Q111, 114, 115**）。

Q42 法國麵包專用粉有什麼樣的特徵呢？

＝法國麵包專用粉

A 比起高筋麵粉，蛋白質含量少，適合法國麵包製作。

法國麵包專用粉是日本的製粉公司，爲了製作好吃的法國麵包而研究開發出來的麵粉。對於作爲原料的小麥種類、碾磨方式及混合等都很講究，爲了能製作出嚼感良好、美味的法國麵包而研發。

製作法國麵包，若使用蛋白質含量多的高筋麵粉，柔軟內側會過度縱向延展，味道感覺淡薄，表層外皮的嚼感也會變差。

法國麵包專用粉的蛋白質含量與準高筋麵粉類似，但有的接近高筋麵粉，有的接近低筋麵粉，各家製粉公司有各式各樣的法國麵包專用粉，因此考量該選擇什麼樣的麵粉才能製作出想要的法國麵包，再選擇適合的粉類非常重要。

另外，除了法國麵包專用粉之外，製粉公司還會考慮小麥的特徵，研發出適合某些麵包的麵粉，因此有販售「～麵包用」「適合～的麵粉」這樣的商品。

Q43 麵團的手粉使用的都是高筋麵粉，為什麼？

＝麵粉的粒子

A 因為高筋麵粉不容易結塊，能夠均勻分散。

所謂手粉，是爲了避免麵團沾黏在工作檯上，預先撒在工作檯或麵團上的麵粉。

手粉會使用高筋麵粉，並不是因爲麵包的材料是高筋麵粉。製作糕點，要擀壓低筋麵粉的麵團時，手粉也是使用高筋麵粉。那是因爲，相較於低筋麵粉，高筋麵粉較不容易結塊而且可以平均分散。

這個差異，是因麵粉粒子的大小。比較高筋麵粉跟低筋麵粉的粒子，高筋麵粉比較大，像低筋麵粉般粒子小、附著性高，所以低筋麵粉相互之間容易黏著、結塊。

高筋麵粉比低筋麵粉粒子大，是受了原料小麥的性質影響。高筋麵粉的原料是硬質小麥，如字面上的意思顆粒較硬；另一方面，低筋麵粉是由顆粒柔軟的軟質小麥製作（⇒Q25）。軟質小麥柔軟，因此用指尖施力就會破碎成粉狀，但硬質小麥就算用相同的力量也不會捏破。

因此，在製粉過程中透過滾輪機碾磨成粉末時，不易破碎的硬質小麥會碾磨成粒子大又粗的粉末；易碎的軟質小麥就成為細緻的粉末，結果就是容易附著且結塊。

比較撒在工作檯上的高筋麵粉和低筋麵粉

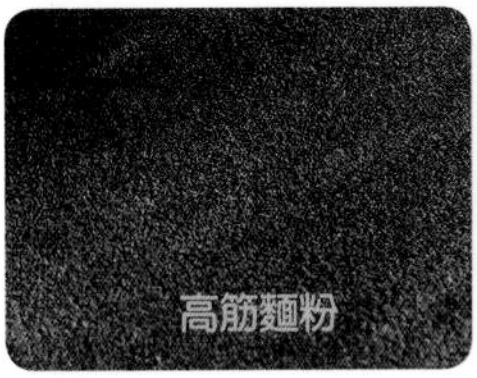

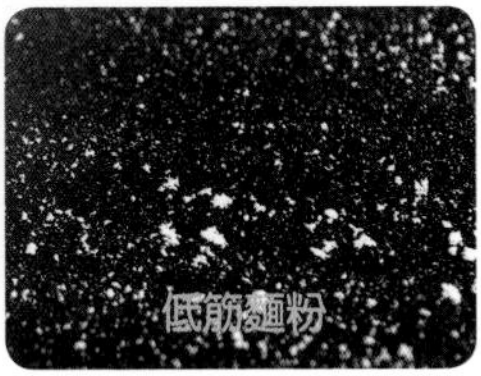

高筋麵粉會薄薄平均地散開在廣泛範圍中，但低筋麵粉則到處有結塊

Q44 全麥麵粉是指什麼樣的粉？
=全麥麵粉的特徵

A 是整顆穀物直接碾磨製成的粉類。

整顆穀物粒直接碾磨的粉就是全麥麵粉，連外皮、胚芽部分也都全包含在內（⇒Q20）。除了小麥之外，還有裸麥等的全麥粉，但在麵包製作時提到的全麥麵粉，一般指的就是小麥的全麥麵粉。

小麥的全麥麵粉也被稱為Graham flour，其由來是在十九世紀美國的Sylvester Graham博士，注意到全麥麵粉的營養成分，進而推廣使用全麥麵粉。當時的Graham flour並非用整顆麥粒碾磨，據說是先將外皮和胚芽、胚乳分開，胚乳如普通麵粉一樣碾磨，之後另外將外皮及胚芽粗略碾磨後，再混合而成。

隨著製粉技術提升，雖然可以製作出除去外皮及胚芽的白色麵粉，但由於過去只有全麥麵粉，因此法國的全穀麥麵包（Pain complet）、埃及的（Aish）等，以傳統全麥麵粉所製作的麵包，在世界各地仍相當多，人們在文化和習慣下食用這些麵包。但現在，喜歡全麥麵粉獨特風味的人也越來越多。

普通的麵粉在製粉工程中，會除去麥粒的外皮及胚芽的胚乳來製作，但全麥麵粉則全部包含在內。小麥的外皮及胚芽，富含食物纖維、維生素、礦物質，所以使用全麥麵粉可以攝取到這些營養素正是魅力所在。因此伴隨健康意識提升，選擇全麥麵粉麵包的人也與日俱增。

市售的全麥麵粉，有粗粒碾磨，顆粒清楚殘留的、也有細粒碾磨成粉末狀的。可以依想製作的麵包風味及口感來選擇粒度。

整個麥粒（左）
直接碾磨的小麥全麥麵粉（右）

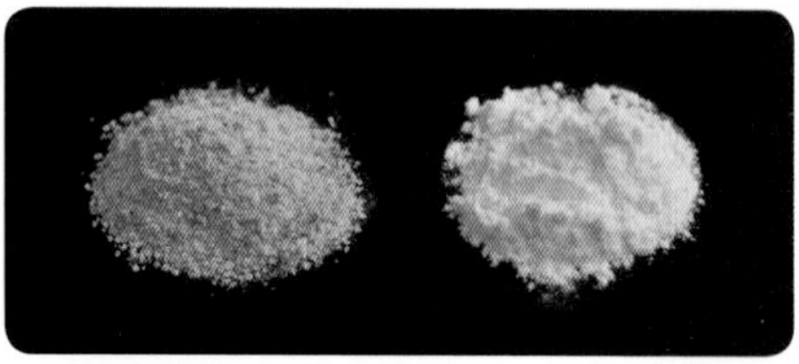

小麥全麥麵粉（左）與一般的麵粉（右）。麵粉僅用胚乳部分製成。

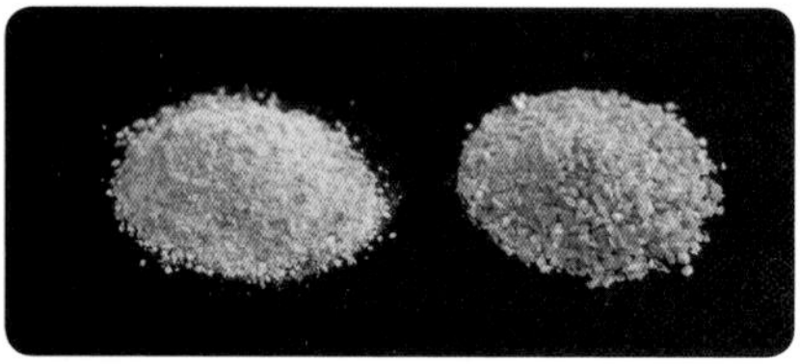

粗細不同的小麥全麥麵粉。
細碾磨（左）與粗碾磨（右）

小麥全麥麵粉（左）與裸麥全麥麵粉（右）。與小麥比較起來，裸麥粒帶著淺灰色，因此麵粉的顏色也會不同

Q 45 **在混拌全麥麵粉或雜穀時，需要注意什麼重點嗎？**
＝搭配全麥麵粉或雜穀類時的訣竅

A **搭配全麥麵粉時會與蛋白質含量多的高筋麵粉組合；搭配雜穀時會考量與堅果類相同的副材料來決定配方。**

也可以只用小麥全麥麵粉製作麵包。但是，全麥麵粉的外皮部分會阻礙麵筋組織的連結，而且難以呈現麵包的體積，容易變成粗糙乾燥的口感。

配方會因爲想呈現出多少全麥麵粉的特徵，而進行調整。例如，想使用全麥麵粉，但也想讓麵包呈現體積時，搭配的麵粉就必須下點工夫，選擇蛋白質含量多的高筋麵粉等。另外，因爲外皮會吸收許多水分，有必要增加配方用水量。

雜穀類的情況，和小麥全麥麵粉不同，不是替換一部分麵粉進行搭配，而是搭配果乾、堅果類，作爲副材料地加以考量。一旦增加配方量，麵包的膨脹會變差，食用口感也會變得沈重。根據想追求的口感，及想呈現什麼程度的雜穀風味，配方量也會隨之不同。

Q46 杜蘭小麥是什麼？可以用這樣的粉類製作麵包嗎？

＝杜蘭小麥的特徵

A 蛋白質含量非常多，主要是做義大利麵的原料，也會用來製作麵包。

低筋麵粉或高筋麵粉的原料－小麥，被分類爲普通小麥，但杜蘭小麥是稱爲二粒小麥，不同的種類，特徵是麥粒大且非常硬。因此，使用與一般麵粉不同的製粉方法，爲了不破壞澱粉及蛋白質組織，將胚乳部位做成粗粒的粉，再去除外皮後製作。像這樣取出的粉，稱爲「粗粒麥粉（semolina）」，杜蘭小麥的粗粒麥粉，就稱爲「杜蘭粗粒麥粉」。

杜蘭粗粒麥粉的外觀特徵，就是顆粒粗，相對於一般麵粉的乳白色或白色，則是呈現略帶淺黃的奶油色。這個顏色，是因爲胚乳裡面富含葉黃素（xanthophylls）的類胡蘿蔔素的色素。

特徵是蛋白質含量非常高，容易形成強力又具良好延展性的麵筋組織。在義大利活用此特徵生產許多義大利麵。北非及中東有稱作北非小麥（couscous）像是粟米粒狀的義大利麵，是傳統製作、食用的當地食材。

以杜蘭粗粒麥粉製作的麵包並非世界普及，但在這款粉類消費大的國家，也會與麵粉混合製作成麵包。在義大利、阿富汗、中東等國就是如此，義大利的Pane siciliano、阿富汗的Chapati，則是僅用杜蘭粗粒麥粉，或用杜蘭粗粒麥粉加上麵粉製作。

一粒麥、二粒麥、普通的小麥是何種分類？

小麥是禾本科小麥屬的1年生植物。小麥的穗軸上約有20個節，每個節上帶有小穗。根據小穗上結的穀粒數，分為一粒小麥（小穗上1粒）、二粒小麥（小穗上2粒）、普通小麥（小穗上3粒以上）。一粒小麥雜交育種生出二粒小麥，二粒小麥雜交育種就誕生了普通小麥。

目前，最廣泛栽種的是最進化的普通小麥之一的麵包小麥（普通小麥）。正如其名，是製作麵包最常使用的小麥，我們平常說的麵粉，就是這種麵包小麥製成的粉類。本書中單指的小麥，就是這種麵包小麥。

麵包小麥的蛋白質含量多，製作麵團時所產生的麵筋組織富含黏彈性（黏性和彈力），因此在二次加工性上十分優異。收穫量多，能適應各種環境，栽種出很多品種。

相對於此，一粒小麥除了小穗上結的麥粒少、收穫量少，栽種困難，世界上只有少數限定地區可以栽種。蛋白質含量少，二次加工性不良，因此不適合製作麵包。杜蘭小麥，是二粒小麥。蛋白質含量非常多，可以形成具有延展性（易於延展的程度）強力麵筋的特性，所以適合二次加工製作義大利麵等。

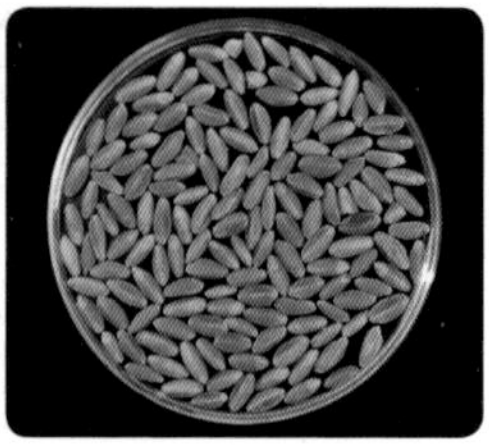

杜蘭小麥的顆粒

Q 47 斯卑爾特小麥（Triticum spelta）是什麼？？有什麼特徵？
＝斯卑爾特小麥的特徵

A 相當於麵包小麥原生種的古代穀物。因為不易產生具彈力的麵筋組織，所以麵團容易坍垮。

斯卑爾特小麥是普通小麥的一種，相當於麵包小麥（普通小麥）原生種的古代穀物。

因收穫率低，被硬殼包覆且外皮難以剝離，因而製粉良率不佳，因此經品種改良，被收穫率高且良率好的現在小麥所取代。

不過，斯卑爾特小麥具有獨特的風味及營養價值高，而且，因爲外殼很硬，不怕病蟲害，不太需要使用農藥就能栽種，這一點很符合現在的健康取向，近年來又再次受到注目。

蛋白質含量雖然跟高筋麵粉差不多，但因爲產生的麵筋不太具有彈性，因此麵團容易坍垮是缺點。

斯卑爾特小麥的麥粒

Q48 石臼碾磨粉是什麼？有什麼樣的特徵？
=石臼碾磨粉的特徵

A **就是用石臼碾磨的麵粉。比起碾磨機壓力及摩擦熱較少，因此風味及成分的變化少是其特徵。**

正如其名，是石臼碾磨的粉。通常，在將收穫的穀物製成粉時，要經過幾次金屬製滾筒間的快速旋轉，才能製成粉類。此時，因壓力及摩擦熱會損及澱粉（⇒**Q37**），小麥的風味及成分也多少會有變化。

相較之下，用石臼慢慢碾磨的粉類，因不容易受摩擦熱的影響，風味及成分的變化較小。

Q49 日本國產麵粉的產地在哪？日本國產小麥有什麼樣的特徵？
=日本國產小麥的產地及特徵

A **主要在北海道及九州等地栽種。**

日本所使用的小麥幾乎仰賴國外進口，但自給率也有提高的傾向，近年來日本國內也培育了不輸進口的高品質小麥。

日本國產小麥大半用在烏龍麵、素麵等日本麵條上，也開始少量使用在麵包製作。現在作爲麵包用的小麥需求多，因此正進行開發蛋白質含量多、適合麵包製作性的優良品種。生產量最多的是北海道，接著是福岡縣、佐賀縣。

現在日本國產的麵包用小麥中，受到好評的是稱爲「春戀（春よ恋）」的北海道產春小麥。蛋白質含量多且麵包製作性佳，可以製作出好吃的麵包。

另外，北海道開發的超高筋小麥品種「Yumechikara（ゆめちから）」也備受關注。Yumechikara（ゆめちから）也是蛋白質含量多的小麥，只用這種小麥製作麵包會有強烈的口感，但因混合性能優異，和蛋白質量少的其他麵粉混合後，能製作出口感良好的麵包。

其他還有適合栽種在溫暖氣候，西日本的品種－「Minaminokaori（ミナミノカオリ）」，在福岡縣、熊本縣、大分縣等地生產。

北海道產小麥的代表品種

ハルユタカ Haruyutaka	日本國內首次出現適合麵包的小麥。現在幾乎沒有栽種
春よ恋	Haruyutaka 的後續品種。收成比 Haruyutaka 多
キタノカオリ Kitanokaori	麵包製作性優異
はるきらり Harukirari	春よ恋的後續品種
ゆめちから Yumechikara	作為超高筋麵粉，近年來備受注目

Q50 日本國產小麥的高筋麵粉，蛋白質含量略少是為什麼？
＝日本國產小麥的蛋白質量

A 因為適合日本土壤的小麥，大半是蛋白質含量少的軟質小麥。

農作物適合該土地的氣候、土壤的品種，就會被持續栽種。以前日本國內所栽種的小麥，有大半部分是蛋白質含量少的軟質小麥，或是蛋白質含量略多的中間質小麥。

中間質小麥，具有最適合製作麵食的蛋白質含量和性質。日本各地能夠製作各式各樣麵類的食用文化背景，與可收穫的麵粉性質相關。

綜觀世界各地，蛋白質多且麵包製作性佳的小麥生產地，是在加拿大和美國北部。雖然小麥所含的蛋白質含量和性質，原本就來自於品種，但是會依氣候及土壤等產地的環境，肥料的施作方式…產生差異。例如，在加拿大栽種的高蛋白質含量小麥，即使拿到同樣寒冷氣候的北海道栽種，收穫的小麥蛋白質含量也會變少，無法栽種出同樣的小麥。

日本也進行了適合麵包的小麥品種改良，已經能生產出蛋白質含量多，且麵包製作性佳的麵粉了。其中像是「Yumechikara(ゆめちから)」「Minaminokaori(ミナミノカオリ)」等，相比於國外產小麥，是蛋白質含量毫不遜色的品種。

一般來說，日本國產小麥的蛋白質含量少於加拿大、美國產的，因此，會有麵包體積難以呈現的問題。但是，因爲具有深度的風味，和Q彈的口感等特徵，像「春戀(春よ恋)」、「Kitanokaori(キタノカオリ)」等，很多受歡迎的品種。

Q51 小麥胚芽麵包配方中的小麥胚芽是什麼？
=小麥胚芽及其營養效果

A 富含小麥發芽時必須的營養部分。

麥粒中胚乳約佔83%、外皮約佔15%，胚芽僅佔約2%(⇒Q20)。小麥的製粉過程中，胚芽會與外皮一起去除，僅有胚乳製作成粉類。

但胚芽是小麥在發芽時，根、葉成長的生命泉源，富含營養，除了有食物纖維、脂質等、還有鈣、維生素E、維生素B群等的維生素及礦物質。因此，在碾磨麥粒的製程中會使用網篩，取出胚芽的部分來製作產品。

這個小麥胚芽，營養價値高，再加上其獨特風味受歡迎，有時會添加在麵包中。製作小麥胚芽麵包時，和全麥麵粉一樣，要考慮到麵團中添加越多小麥胚芽，就越不容易膨脹地調整配方。

Q52 市售的小麥胚芽為何大多烘烤過？
=小麥胚芽的氧化

A 為了防止小麥胚芽所含的脂質氧化，都會烘焙後製成產品。

相當於小麥發芽部分的小麥胚芽中，含有許多酵素，像是分解蛋白質，阻礙麵筋形成的蛋白酶(protease)、或是分解澱粉的澱粉酶(amylase)等。並且，因胚芽裡含有很多脂質，容易氧化，內含的氧化酵素會更加促進氧化，因此生的胚芽很快變質。

小麥胚芽一經烤焙，可以藉由加熱阻止酵素的作用，還能添加香氣風味，因此市售多半是烤焙過的小麥胚芽。

Q 53 裸麥粉可以在麵粉中放入多少配方比例呢？
=裸麥粉與麵粉的混合比例

A 麵粉20%左右是最適量。

因爲裸麥沒有如小麥般形成麵筋的性質，因此無法保持酵母（麵包酵母）產生的二氧化碳，使麵團膨脹。因此，若只用裸麥來製作麵包，會變成體積小、柔軟內側紮實沈重的麵包。食用時柔軟內側的嚼感差，在口中像是沾黏般口感，並且會有裸麥特有的味道。

使用裸麥製作麵包時，大部分會與麵粉混合。這時，裸麥麵粉用量很少會超過麵粉，幾乎都是利用小麥麵筋組織的力道使麵包膨脹，再利用裸麥添加獨特的風味。可說是巧妙地運用2種麥類的特性進行麵包製作。

裸麥粉若佔配方比例的20%左右，使用酵母（麵包酵母）時，直接混拌至麵粉中不會有問題。麵團多少會有些沾黏，但可以和僅用麵粉製作麵包的作業相同地完成。

在世界各地使用裸麥製成的麵包很多，那些麵包是利用酸種（⇒Q159）使其膨脹，做成具有獨特風味的麵包。

Q 54 100%的裸麥麵包如何膨脹呢？
=利用酸種的發酵

A 使用酸種。

說到裸麥麵包，就會想到使用德國酸種製作的酸種裸麥麵包（rye sour bread）。即使是日本，提到裸麥麵包大部分的人印象中就是這種類型。特徵是柔軟、內側紮實的麵包，因添加了酸種而帶來了溫和的酸味。

這種酸味，是因爲附著在裸麥上的乳酸菌進行乳酸發酵等的影響，麵團的 pH 值下降而產生。pH 值若下降到4.5 ～ 5.0時，裸麥蛋白質的醇溶蛋白(gliadin)黏性會被抑制，二氧化碳的保持量增加。因此，無論是否只用不產生麵筋的裸麥來製作，都能形成具有彈性且口感好的柔軟內側，也能改善麵包的體積(⇒Q161)。

Q55 使用米粉取代麵粉時，會做出什麼樣特徵的麵包呢？

＝米粉麵包的配方比例

A 會做出比麵粉製的麵包更有Q黏口感，咬起來有嚼勁的麵包

米粉麵包，只使用米粉製作，以及麵粉和米粉併用製作。僅使用米粉製作時，烘焙完成的麵包沒有小麥獨特的風味、香氣，而是近似麻糬或糰子的香氣，口感Q黏、嚼感也不同於小麥麵包，嚼勁十足。但是，若只是單純地把麵粉置換成米粉，麵包也無法順利膨脹。這是因爲，小麥中含有形成麵筋組織的蛋白質，但米中並沒有，因此米粉無法製作出成爲麵包骨架的麵筋組織。

所以，使用米粉製作膨鬆柔軟的麵包時，爲了能保持住酵母(麵包酵母)產生的二氧化碳，必須補上麵筋組織。這裡添加的就是粉末狀的麵筋(活性麵筋(vital gluten))。

粉末狀的麵筋，是在原料的麵粉中加入水揉和後取出的新鮮麵筋，不加熱地乾燥製成。藉由加入水分，使其恢復黏性和彈性。

若目的是想要增加小麥所沒有的Q軟和潤澤感，並增添米香風味時，配方比例就不需全部改用米粉，而是將麵粉的20 ～ 30%替換成米粉即可。

Q56 想添加可可粉製作吐司麵包，但麵粉中要混入多少比例才是適量？

＝可可粉的影響

A 最多以10%左右為基準。

雖然會根據想呈現的可可風味程度而改變，但無論如何可可粉的分量請以相對於麵粉的10%左右作爲基準。

為了添加麵包風味而放入任何食材時，麵團的連結會變弱，有的反而會變強。可可粉因為含較多脂質，加入麵粉攪拌後，會延遲麵團的麵筋形成，使麵團容易坍垮。

當然視添加的量而不同，雖說並非一定會有很大的影響，但不止可可粉，對於添加的材料成分中是否含有影響麵包製作性的物質都必須注意。

並且，添加可可粉時，先用等量程度的水使其溶解成糊狀。在攪拌的過程中，與油脂加入的時間點一起放入，多下點工夫，就能避免麵筋延遲形成。

酵母
（麵包酵母）

Q 57 古代的麵包也像現代麵包般膨脹柔軟嗎？
＝發酵麵包的起源

A **最早是又薄又平，沒有發酵的麵包。**

古代的麵包製作，是將小麥等穀物製成粉後加水揉和，烘焙成薄且扁平的無發酵麵包。這樣製成的麵團稍加放置後，附著在穀物上的酵母或浮游在空氣中的酵母，在麵團中產生作用，膨脹變大。烘焙後作出了膨脹柔軟又美味的麵包，因此誕生了發酵麵包。

現在，也有以果實或穀物等爲原料，藉由附著在原料上的酵母，自行培養後用於麵包製作，雖然也有利用自製麵種（⇒Q155）的方法，但大部分會使用市售麵包用的酵母（麵包酵母）來製作。

市售的麵包酵母，是從存在於自然界多數的酵母中，主要是稱爲釀酒酵母（saccharomyces cerevisiae）的酵母中，選出麵包製作性能優良的酵母種類，以工業單純培養而成的。並且，新鮮麵包酵母1g大約存在著100億以上的酵母細胞。

市售麵包酵母除了新鮮的之外，還有各種類型的種類，但也都是從釀酒酵母（saccharomyces cerevisiae）中選出符合各種特性的酵母所製成。

Q 58 所謂酵母，是什麼樣的東西呢？
=何謂酵母

A 菌類的一種，是單細胞微生物。

酵母（麵包酵母）是製作麵包時不可欠缺的重要材料，但到底是什麼樣的物質呢？

酵母，屬於菌類的單細胞微生物。是肉眼幾乎無法確認的微小生物，只能使用顯微鏡才看得到。和動物、植物等同樣，細胞內的核（細胞核）帶有基因，雖是微生物，卻沒有運動性。雖是像植物那樣具有細胞壁及細胞膜，卻沒有光合能力，必須從外部取得營養分解吸收而生存。

在日本製作麵包時，以英文酵母（yeast）稱呼已經成爲一般慣常用法，但日文稱爲酵母，衆所週知酵母也是製造日本酒、葡萄酒、味噌和醬油等必要的存在。

酵母在自然界的所有地方，如花蜜、果實、樹液、空氣中，當然還有土裡、淡水、海水裡等廣泛生存著。而且，具有各種性質、特徵的酵母無所不在，不僅有對人類有益的、也有對人類有害的。

從這些多數的酵母中，選擇適合酒類、調味料等，各種場合適合的酵母來使用。

製造日本酒、葡萄酒時不可欠缺的酵母，與製作麵包時使用的酵母（Yeast麵包酵母）是同類夥伴的啤酒酵母（saccharomyces cerevisiae），日本酒、葡萄酒、麵包等都是藉由這種酵母，利用酒精發酵來製作。

其他也有各式各樣被使用在食品上的酵母，例如味噌或醬油主要使用的，是能在多鹽環境作用的酵母。

Q 59 市售酵母是以什麼為原料，如何被製作出來的？
=酵母的製造方法

A 在工廠裡培養適合麵包製作的酵母，再製成商品。

原本酵母這樣的生物無法以人工製作，但經由培養促進酵母本身的增殖作用，有效地增加酵母的方法，可以在工業上進行製造。

麵包製作時所使用的酵母，是從自然界的酵母中選出適合製作麵包的酵母，以工業性單純培養的單一種類，這就是製造販售的酵母（麵包酵母）。

雖然都被概括稱爲酵母，但配合各種用途的酵母，經由各酵母製造公司研究開發及販售。

經由培養酵母使其增殖時，必須給予營養來源，如來自甘蔗的糖蜜等的碳源、硫酸銨（ammonium sulfate）等的氮源、磷等的礦物質、泛酸（pantothenic acid）、生物素等的維生素類，送入大量氧氣，管理溫度、pH值等，完備能活躍地增殖環境。

培養好的酵母去除水分呈黏土狀的就是新鮮酵母，將培養好的酵母乾燥後，就是乾燥酵母。

Q 60 為什麼麵包會膨脹呢？
＝酵母的作用

A 酵母經由酒精發酵使麵包麵團膨脹。

因酵母（麵包酵母）的作用，使麵包膨脹。當然，僅有酵母的存在無法作成鬆軟的麵包。在適合的麵團和適當的環境下，酵母才能發揮作用。

酵母在麵包麵團中作用，麵粉及作爲副材料添加的砂糖等所含的糖會被分解吸收，並產生碳酸氣體（二氧化碳）和酒精。這種酵母的作用就稱爲酒精發酵。

利用酒精發酵使酵母產生的二氧化碳推壓擴展周圍的麵團，使麵團整體膨脹。此外，因爲酒精發酵所產生的酒精、及因胺基酸的代謝生成的有機酸，可以提高麵團的延展，並賦予麵包獨特的香氣及風味。食用完成烘焙的的麵包時，酒精會藉由烘焙蒸發，所以幾乎不會感覺到酒精的氣味。

順道一提，爲了使麵團確實保持住酵母產生的氣體，不但需要滑順能包覆氣體的延展，還需要足以支撐膨脹麵團的強度，而最後生成的，就是麵粉中所含的麵筋組織和澱粉。

那麼，爲何麵包會膨脹呢，就讓我們一起來仔細看看關於酒精發酵的機制吧。

參考⇒Q35, 36

Q 61 使麵包膨脹起來的酒精發酵，是如何生成的呢？
＝酒精發酵的機制

A 所謂酒精發酵，是酵母將糖分解為酒精和碳酸氣體（二氧化碳）得到能量的反應。

酵母（麵包酵母），是單細胞的微生物，藉由外部吸收糖類進行分解，獲取生存及增殖必要的能量存活下去。在氧氣充分的地方，將糖分解爲碳酸氣體（二氧化碳）和水，使其能進行獲取能量的「呼吸」。

在氧氣少的條件下，酵母雖無法呼吸，但可以利用別的機能，從糖類中獲得能量。副產物，就是產生酒精和二氧化碳。因此，我們將此稱爲「酒精發酵」。

無論是呼吸或是酒精發酵，都是爲了能取得作爲能量的ATP（三磷酸腺苷）這種物質的反應，但是相對於呼吸可以得到38個分子的ATP，酒精發酵卻只能得到2個分子，由此可知，我們知道呼吸較能獲得大的能量。呼吸活躍時，酵母會利用能量，重複增殖。

麵包麵團當中幾乎沒有氧氣。因此，酵母不是呼吸，而是以酒精發酵爲主。所以，就會因產生的二氧化碳而使麵團膨脹。

呼吸（在氧氣充足的環境下進行）

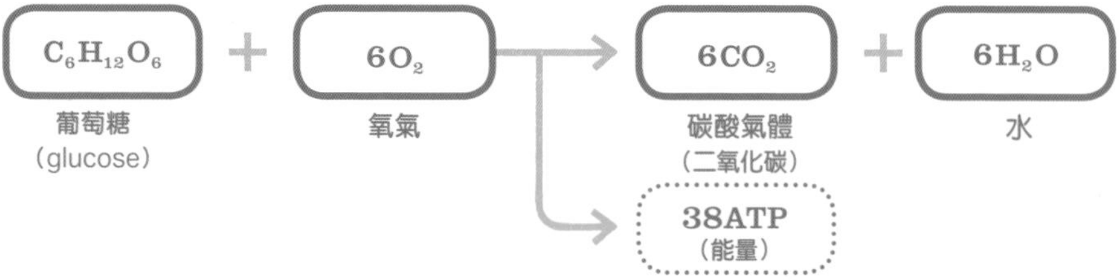

酒精發酵（在氧氣少的環境下進行）

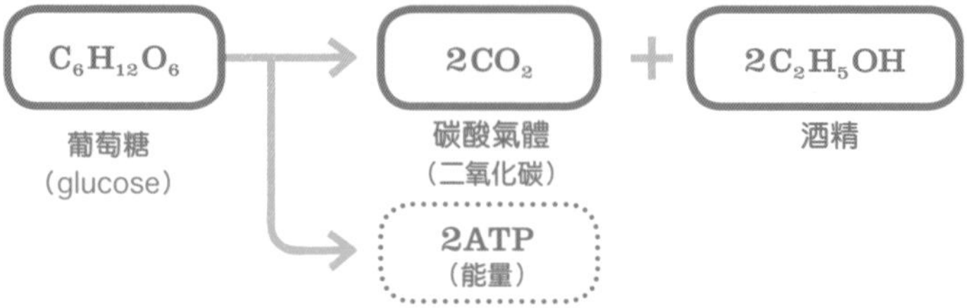

Q62 麵包和酒都同樣經過酒精發酵，為什麼會變成完全不同的食品呢？

＝酒精發酵的副產物用途不同

A 酒是利用酒精發酵時的酒精，麵包則是利用酒精發酵時的二氧化碳。

從古代開始，人類就會利用酒精發酵來製作食品。葡萄酒或日本酒等的酒類，以及麵包就是具代表性的食品。酒是在液體中，麵包則是在麵團裡，人爲地製造出氧氣稀少的狀況，藉由酵母作用產生酒精發酵，使用在食品製作上。

酒精發酵所產生的酒精和二氧化碳，以使用酒精爲主的是酒類的釀造，葡萄酒酵母、清酒酵母等，配合各別的酒類使用酵母。

二氧化碳，若融入液體，會成爲碳酸氣泡。氣泡酒（sparkling wine）就是活用這個特性。但是，即使飲用葡萄酒或日本酒，也感覺不到碳酸氣泡。

那是因爲，葡萄酒在長時間釀造下，二氧化碳會從木桶中汽化，日本酒則是在最後步驟因受熱（加熱），使二氧化碳汽化，因此實際在釀造時，也同樣產生了二氧化碳。

另一方面，以酒精發酵所產生的二氧化碳爲主，加以運用的是麵包製作。酵母（麵包酵母）所產生的二氧化碳會使麵團整體膨脹。而酒精能充分使麵團延展，並有助於賦予麵包獨特的香氣及風味。

麵包的情況，酒精雖然因烘焙而汽化，但仍隱約留下香氣。

Q63 想要使酵母的酒精發酵更加活躍時，該怎麼做才好呢？

＝適合酒精發酵的環境

A 給予水分、營養，並保持適當的溫度與pH值很重要。

爲使酵母（麵包酵母）在麵團中活躍地進行酒精發酵，必須齊備幾個條件。

●給予水分

麵包酵母是工業產品。到消費者手上至被使用前，必須保持品質、抑制發酵。因此會藉由脫水的步驟使其產品化。

即使脫水酵母也不會死亡地生存下去。不過度抑制活性，給予水分就能活性化。

●給予營養(糖)

作爲酵母的營養很重要的就是糖類。在麵包製作時，主要是來自麵粉中的澱粉。澱粉是由數百到數萬個葡萄糖結合而成，因此酵母將澱粉分解爲最小單位的葡萄糖後，利用在酒精發酵上。

另外，副材料添加砂糖時，酵母會將砂糖所含的蔗糖分解爲葡萄糖和果糖，兩者都會被運用。

●保持適當溫度

麵包酵母在40℃左右會產生最多的二氧化碳，越遠離這個適溫，活動力就越低。高溫若達到55℃以上時，就會在短時間內死亡滅絕，低溫則是在4℃以下會停止活動。

順道一提，低溫的情況與死亡滅絕不同，只是休眠，因此只要溫度上升就會再次活化。

溫度對麵團膨脹力的影響

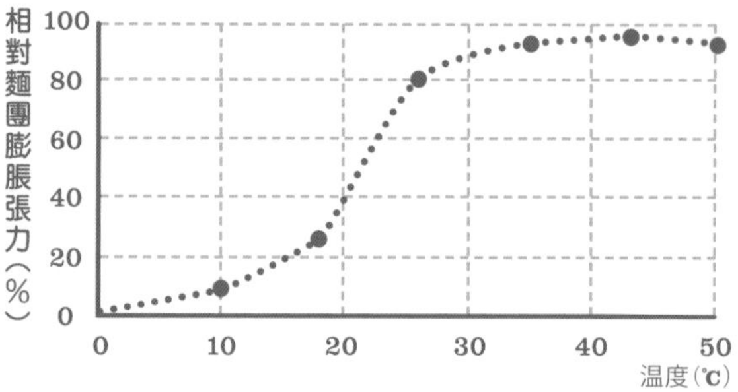

(資料提供：Oriental酵母工業株式会社)

●適當的 pH 值

pH 值約在4.5～5.5左右，是酵母活性化最適當的 pH 值。這個數值，會因酸性讓麵團的麵筋組織適度軟化容易延展，也是麵團容易膨脹的 pH 值。麵團的二氧化碳保持力，在 pH 值5.0～5.5時最大，若低於此則保持力就會急遽降低(**⇒Q91**)。

麵包麵團從攪拌至完成烘焙爲止，大約是保持在 pH 值5.0～6.5的範圍內。完成攪拌的麵團，雖然在 pH 值6.0左右，但開始發酵時 pH 值就會下降(**⇒Q197**)。

那是因為，麵團中的乳酸菌會因乳酸發酵從葡萄糖中製作出乳酸，使麵團的 pH 值下降。另外，雖然醋酸菌也會產作用，但這個 pH 值下的醋酸生成量較少，因此不會像乳酸般成為 pH 值下降的主要原因。

ph 值對麵團膨脹力的影響

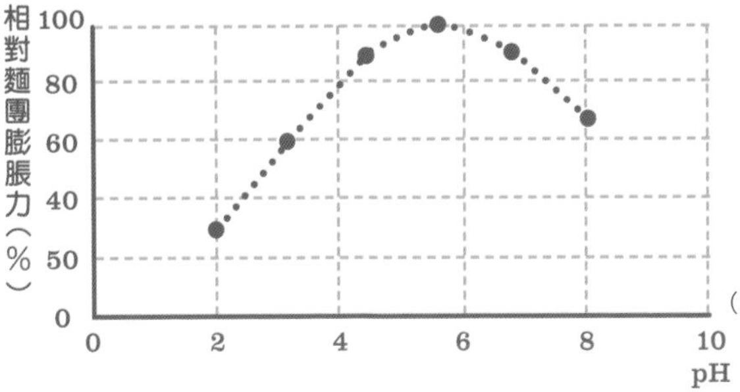

（資料提供：Oriental 酵母工業株式会社）

Q64 在酵母最活性化的40℃使其發酵後，烘焙出的麵包膨脹狀況不良。為什麼？

＝適合發酵的溫度範圍

A 適合麵包發酵的溫度，比麵包酵母最活化的溫度帶略低一點。

在 **Q63** 提及關於對酵母（麵包酵母）的最適合溫度，但在實際的麵包發酵作業中，會使發酵器的溫度，保持在比酵母最大活性化的40℃左右略低一些的25～38℃。

因為若提高發酵溫度，酵母會迅速產生大量二氧化碳，使麵團因急遽拉扯延展而受損，如此一來麵包完成烘焙時的膨脹會因而變差。

在25～38℃下，二氧化碳的產生量雖不及巔峰時，但因緩慢地產生氣體，能使麵團沒有負擔地延展。

換言之，在麵包的發酵時，除了使二氧化碳穩定地大量產生之外，同時使麵團呈現保持氣體的最佳狀態也是非常重要的，25～38℃是兩方面都能保持平衡地進行發酵的溫度範圍（**⇒Q196, 213**）。

如此一來，在達到某個一定程度的膨脹前，雖然發酵時間會拉長，但此期間乳酸菌和醋酸菌等製造出的有機酸，會累積在麵團中，增加麵包的香氣和風味，這也是其優點。

參考⇒p.214・215「發酵～麵團中發生了什麼事？～」

Q65 酒精發酵時，糖是如何被分解的呢?
=酒精發酵時的酵素作用

A 材料中所含的各種酵素會分解醣類。

在說明有關酵素如何在酒精發酵中作用之前，先在此將「酵素」稍加說明。酵母和酵素雖然看似相近的詞彙，但酵母是「生物」，而酵素主要是由蛋白質形成的「物質」，兩者有著很大的不同。

酵母或麵粉等當中存在著各種各樣的酵素，這種稱爲酵素的物質與酒精發酵有很大的關聯。麵包的酒精發酵機制，換句話說，主要就是酵母（麵包酵母）中的酵素作用在醣類所產生的反應，酵素能促進發酵作用。

這裡所說的醣類，主要是指麵粉中所含的澱粉，或副材料砂糖。澱粉是由數百、數千個甚至數萬個葡萄糖結合而形成的。爲使澱粉能被用於酒精發酵，酵母必須利用酵素將澱粉分解成最小單位的葡萄糖。這是因爲酵母在發酵中可能利用的醣類分子，是單1分子的葡萄糖或果糖。

在這個時候活躍的酵素，不僅有酵母中的酵素。麵粉所含的澱粉酶（amylase）酵素，首先將自身的澱粉分解爲糊精（dextrin），再分解爲麥芽糖（葡萄糖是2者的結合）。

這種分解，在麵粉以粉狀保存狀態下不會發生，透過加水製作成麵團，部分澱粉（受損澱粉⇒**Q37**）吸收水分後產生，並且分解後得到的麥芽糖，與原本就存在於麵粉中的麥芽糖一起，藉由酵母本身具有的麥芽糖通透酵素（maltose permease）吸收到酵母的菌體內，以酵母本身具有的酵素麥芽糖酶（maltase）分解爲葡萄糖。

另一方面，砂糖幾乎是由蔗糖（葡萄糖和果糖各1個所結合）組成的。蔗糖，會藉由酵母中稱爲轉化酶（invertase）的酵素，在酵母菌體外被分解爲葡萄糖和果糖，再透過酵母的葡萄糖通透酵素、果糖通透酵素被吸收到菌體內。最後，與分解麥芽糖所取得的葡萄糖一起，被使用在酒精發酵上。酵母中的發酵酶（zymase）（多數酵素的複合體）的作用，會分解這些糖並產生二氧化碳和酒精。

如此，酒精發酵透過酵素的作用，就能順利地進行。

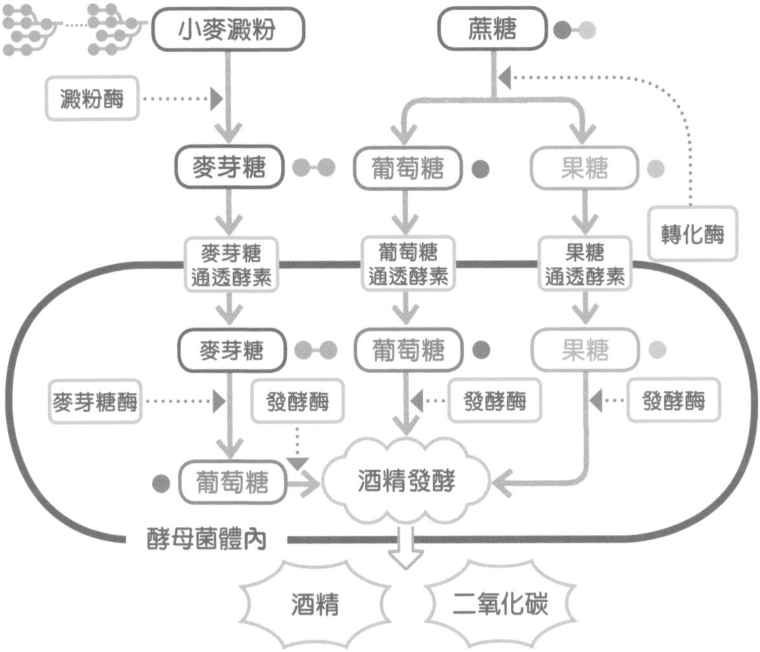

Q 66 麵包麵團中酵母會增殖嗎？ 這會影響麵包的膨脹嗎？
＝麵包麵團內的酵母增殖

A **會少量逐次地增殖，但對麵包製作幾乎沒有影響。**

酵母（麵包酵母）的增殖，是從母細胞像是發芽般出現子細胞（萌芽），當子細胞變大至與母細胞相同大小時就會分離，分裂成2個細胞。大約2個小時會重複1次，數量就會增加。

市售的酵母在工業製造時，爲了使單一酵母活躍地分裂，會整合氧氣、營養、溫度、pH值等，在完備的環境進行培養。

但因爲麵包麵團中氧氣量少，酵母的酒精發酵（⇒Q61）會興盛地進行。可以想見增殖不會完全停止，而是在極少量的氧氣下少量逐次地持續增殖。

此時，不是所有的酵母會同時增殖，若考慮到酵母的增殖週期，是以直接法2個小時製作發酵的麵團，在發酵期間或許可能只有1次分裂的程度，所以這也是一般認爲對麵包的膨脹幾乎不會有影響的原因。

由酵母萌芽的分裂

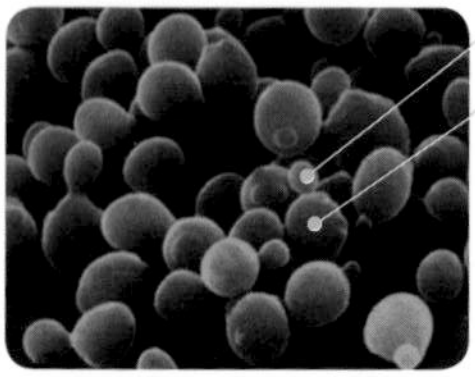

母細胞的部分萌芽呈拳頭狀，變成子細胞，最後分離

（照片提供：Oriental酵母工業株式会社）

Q67 麵包酵母有哪些種類呢？
＝酵母的種類

A 有新鮮酵母和乾燥酵母，配合使用目的地細分製成的產品。

最近，使用附著在果實或穀物上的酵母，自己培養製作的自製麵種（⇒Q155）來作麵包的情況也越來越多，但多數的麵包還是使用市售的商業酵母（麵包酵母）。

在日本一般使用的酵母，會因是否乾燥，大致分成新鮮酵母和乾燥酵母。

乾燥型的乾燥酵母，再分爲乾燥、即溶乾燥、半乾燥3種。

此外，還有適合甜麵包使用的酵母、適合LEAN類麵包的酵母、適合冷凍麵團的酵母等，依其用途及目的細分。

有關個別的詳細特徵及使用方法會在後面詳述。因應想製作的麵包區分使用即可。

乾燥類型的3種乾燥酵母

自左起，乾燥酵母、即溶乾燥酵母、半乾燥酵母

Q68 為什麼製作麵包的店家大多使用新鮮麵包酵母呢?
＝新鮮麵包酵母的特徵

A 因為在日本用的是具有大需求量，高成分RICH類麵包、以及無糖麵包都能使用，用途廣泛的酵母。

在日本使用的酵母(麵包酵母)有90%以上是新鮮酵母，主要的流通在商用。日本高成分RICH類麵包有較受歡迎的傾向，新鮮酵母對滲透壓具承受性，因此在麵包店，適用於高需求、砂糖配方比例較高的麵團，並且同時也可用於無糖麵包，使用性廣泛是其特徵。

新鮮酵母是將培養的酵母脫水、壓縮成黏土狀的製品，水分量爲65～70%。易溶於水，一般會先溶於水再使用(⇒Q176)。酵母若溫度在10℃以下活性會降低，溫度再下降到4℃以下就會休眠，因此以冷藏運送，購買後放入夾鏈袋或密封容器內冷藏保存。賞味期限短，未開封狀態爲製造日開始後1個月左右。

新鮮酵母主要有下列2種類型。

●常規型(一般性)

糖的配方比例量相對於麵粉是0～25%左右，以吐司爲首的軟質麵包，全都可以使用的酵母類型。

●冷凍用

常規型的新鮮酵母，在麵包麵團冷凍時很多會死亡滅絕，解凍後的發酵就會有無法順利進行的情況，但是冷凍用的新鮮麵包酵母具有冷凍(凍結)耐性，可以使用在需要冷凍的麵團上(⇒Q166)。

近年來，除了這2種類型以外，還有各種機能特製化的產品(即使是糖分30%以上的高糖分麵團，發酵力也不會降低。在某個溫度範圍內可以穩定地進行發酵，麵包的香氣變好等…)由各個酵母製造公司進行研究、開發、商品化。

新鮮麵包酵母水分多，因而柔軟

常規型(左)和冷凍用(右)

Q69 乾燥酵母是什麼呢？
=乾燥酵母的特徵

A 是為了提高保存性而開發的乾燥類型酵母，也是最早被商品化的酵母。

乾燥酵母，是將酵母（麵包酵母）的培養液低溫乾燥，將水分量減至7～8%以提高保存性，圓形顆粒狀乾燥酵母。

因爲在乾燥狀態下，酵母是休眠狀態，因此必須有喚醒酵母的預備發酵。所謂預備發酵，就是給予乾燥酵母水分和適當的溫度（約40℃的溫水）、及營養（砂糖），讓正在休眠的酵母恢復水分、活性化，使其成爲能用於麵團製作的狀態（⇒Q177）。

步驟雖然增加，但保存性高，是新鮮酵母所沒有的優點。原本乾燥酵母，就是因爲流通上的限制，爲了提高保存性而開發出來的。

現在，一般市售的幾乎都是進口商品，以低糖用爲主。在常溫下流通運送，開封後就和新鮮麵包酵母一樣，需要密封冷藏保存。賞味期限在未開封下大約是2年左右。

乾燥酵母是乾燥類型酵母中最早被開發、商品化的。以此爲基礎，也開發了其他類型的乾燥酵母或即溶乾燥酵母。因此，只說乾燥酵母時基本上就是指這個。

另外，乾燥酵母因爲在製造過程的乾燥步驟時經過加熱，所以活性會降低、或部分酵母細胞會死亡滅絕。從這些死亡滅絕的酵母中，會溶解出稱爲穀胱甘肽（glutathione）的物質，讓麵筋軟化（⇒p.142「調整麵包麵團的物理性質，改良品質」）。因爲這種特性，添加了乾燥酵母麵包麵團的延展性（易於延展的程度）也會增加，能更平順地延展。

乾燥酵母。圓形顆粒狀，是乾燥類型酵母中顆粒最大的。在日本一般流通販售的是低糖用的，但也有高糖用產品。

Q70 即溶乾燥酵母是什麼樣的東西呢？
＝即溶乾燥酵母的特徵

A 可以直接混在粉類中使用，不需要預備發酵的乾燥酵母。

即溶乾燥酵母與乾燥酵母不同，不需要經過預備發酵，可以直接和粉類混合使用，非常方便。

即溶乾燥酵母是將酵母（麵包酵母）的培養液凍結乾燥，水分量爲4～7%，比乾燥酵母還要少的顆粒狀。以常溫流通，開封後要密封冷藏保存。賞味期限在未開封下約2年左右。

現在日本普遍販售的乾燥酵母類型，也包含即溶乾燥酵母，主要是進口產品。原因是原本日本國內主要製造的，是適合高糖分軟質麵包適用的新鮮酵母，而製作低糖分硬質麵包時，大多使用國外製造的低糖用酵母。

國外近幾年，適合高糖分麵團的即溶乾燥酵母需求增加，結果便開始製造高糖用即溶乾燥酵母，現在也進口販售中。

市售品會標示「乾燥酵母（不需預備發酵）」的產品，那也是即溶乾燥酵母。

Q71 即溶乾燥酵母有高糖用和低糖用，要如何區分使用呢？
＝即溶乾燥酵母的區分使用①

A 以麵團中的砂糖配方比例量來區分使用。

即溶乾燥酵母，要以想製作的麵包種類來選擇適合的類型。

選擇重點就是，砂糖的配方比例量。製作像菓子（糕點）麵包般，砂糖配方比例量非常多的麵包時，必須使用「高糖用」；若砂糖配方比例量在10%左右一般軟質麵包，則使用「低糖用」。

這2種即溶乾燥酵母有以下的差異。

●高糖用

酵母（麵包酵母）原本就無法承受砂糖多的環境。麵團加入大量砂糖時，麵團中的滲透壓會變高，酵母細胞內的水分會被奪走而收縮。

但是，高糖用的酵母，即使是砂糖配方比例多的麵團，可以不受滲透壓影響，維持高發酵力，因此會選擇下列的酵母來製作。

轉化酶酵素活性低的酵母

酵母會將糖類用在酒精發酵上。提到麵包材料中的糖類，是來自麵粉中所含的澱粉（受損澱粉⇒**Q37**）、或構成砂糖的蔗糖，但這些要能使用在酒精發酵上，必須先分解成糖類的最小單位－葡萄糖、果糖（⇒**Q65**）。

若藉由酵母中的轉化酶酵素，將蔗糖不斷分解爲葡萄糖和果糖，那麼對酵母而言，會將自己逼迫到更困難的狀況。那是因爲，葡萄糖和果糖會產生大約是蔗糖2倍的滲透壓，即使只是麵團中砂糖的配方比例量較多，但蔗糖量多就會呈現高滲透壓狀態，再加上蔗糖越被分解，滲透壓就會越高。這個結果，會導致酵母因細胞內的水分被剝奪而收縮，削弱酒精發酵作用。

因此，高糖用的酵母，爲了能抑制蔗糖的分解，會選擇轉化酶活性低的酵母類型。

對滲透壓耐性結構強的酵母

砂糖多的麵團比酵母的滲透壓高，酵母被剝奪水分而收縮，就無法活躍地動作。但是酵母有自我保護機制，那就是一旦滲透壓提高產生壓力時，正在分解吸收到的糖類用於酒精發酵，其中部分會成爲甘油（glycerol）的糖醇形式儲存，提高細胞內的糖濃度，與細胞外的糖濃度差異變小，細胞就會回到原來的大小。

高糖用的酵母，選擇這種對滲透壓反應迅速的產品，對滲透壓的耐受性會比低糖用酵母更高。

●低糖用

以使用在無糖或砂糖少的麵團爲前提，所製作的產品。因此，這種類型的酵母若使用在多砂糖的麵團時，酵母會因細胞內的水分被奪走而收縮，發酵力降低。

低糖麵團中，酵母必須不以砂糖爲材料地進行酒精發酵。因此，低糖用的酵母，要能有效率地分解麵粉中的澱粉（受損澱粉）運用在發酵。

適合麵粉澱粉分解，酵素活性強的酵母

沒有砂糖、或是砂糖配方比例量少的麵包，主要是分解麵粉所含的澱粉（受損澱粉），取得酒精發酵時所需的糖類。

麵粉中添加了水，首先麵粉中所含稱爲澱粉酶的酵素，會將麵粉的受損澱粉分

解爲麥芽糖。即使如此，作爲酒精發酵時使用的糖類，分子還是太大，所以在酵母的細胞膜上藉由麥芽糖通透酵素，把麥芽糖吸進菌體內，在體內利用麥芽糖酶的酵素，分解爲葡萄糖（⇒**Q65**）。

低糖用的即溶乾燥酵母，爲了使分解能順利進行，麥芽糖通透酵素和麥芽糖酶的活性，會比高糖用的酵母更高。

轉化酶酵素活性非常高的酵母

若比較砂糖和麵粉的澱粉（受損澱粉），砂糖會比較早被分解成爲葡萄糖和果糖，使用在酒精發酵時，受損澱粉在成爲葡萄糖之前需要時間。

因此，低糖用適合長時間發酵。話雖如此，爲了保證發酵前期順利進行，相較於高糖用的酵母，會使用低糖用，轉化酶酵素活性高的酵母。如此，麵團中的果寡糖（fructooligosaccharides）等也可以分解使用於發酵上。

即溶乾燥酵母。比乾燥酵母粒子小，顆粒狀

以上都是即溶乾燥酵母。由左起，低糖用（添加維生素 C）、低糖用（無添加維生素 C）、高糖用（添加維生素 C）

～更詳盡！～滲透壓與細胞收縮

酵母（麵包酵母）的細胞被細胞膜包圍，體內被細胞液充滿。水或極微小部分物質可以通過細胞膜，但除此以外的物質幾乎無法通過。因此細胞膜具有調整使內側細胞液，和外側溶液濃度相同的性質。若是內外濃度有差異時（＝若細胞膜的內外有滲透壓的差異），濃度低的溶液，會透過細胞膜朝另一方濃度高的溶液移動水分，使內外成為相同濃度。

麵包麵團中砂糖會溶於水，若麵團的砂糖較多時，就酵母的細胞看來，因為細胞膜的外側液體濃度高，就會從細胞內向外流出水分。也就是，細胞被剝奪水分而收縮了。

Q72 聽說有新型的乾燥酵母，是什麼樣的東西？
＝半乾燥酵母的特徵

A 是名為半乾燥酵母的製品，綜合了新鮮酵母和乾燥酵母的特徵。

半乾燥酵母，是具有新鮮酵母和乾燥酵母中間水量（約25%）的顆粒狀乾燥酵母。使用時可以像即溶乾燥酵母那樣直接混入麵粉使用，和新鮮酵母一樣沒有添加維生素C，所以麵團不會太緊縮（⇒Q78）。

水量比乾燥酵母多，以冷凍保存。使用耐凍性強的酵母，和乾燥酵母、即溶乾燥酵母比起來因乾燥的受損較少，酵母可以保持良好狀態。不需要預備發酵或解凍，因爲耐凍性高所以也適合冷凍麵包麵團。另外，和即溶乾燥酵母不同，對於冷水（15℃以下）的耐性也很好。

賞味期限在冷凍保存且未開封下約2年左右，開封後要密封冷凍保存。半乾燥酵母也有低糖用和高糖用。

半乾燥酵母。與即溶乾燥酵母同樣是顆粒狀

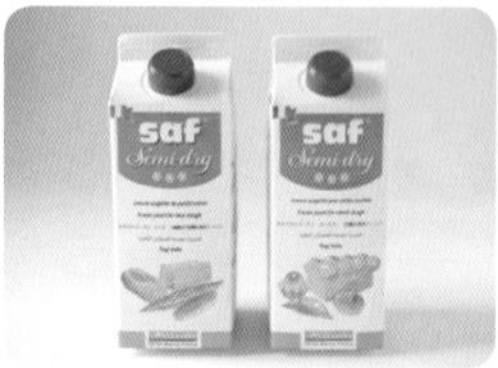

低糖用（左）與高糖用（右）的半乾燥酵母

Q73 為什麼天然酵母麵包的發酵時間較長？
＝自製麵種的特徵

A 因為麵包麵團中的酵母數量較少，發酵會需要較長時間。

在日本「天然酵母」這個字彙經常被使用，但酵母本來就是存在於自然界的生物，所以當然都是「天然」的。市售的酵母（麵包酵母）雖然是工業培養完成，但原本就存在於自然界。

話雖如此，麵包範圍內所指的天然酵母，並非工業製的商業酵母，而是指自製的麵種（本書中會以「自製麵種」表示）。

所謂自製麵種，就是培養附著於穀物或果實等的酵母，製作成的種（⇒Q155）。市售的酵母，因為是選擇麵包製作性能佳的酵母，以工業性純粹培養，因此相較於此，使用自製麵種的麵包製作，也可以說是比較接近古代的麵包製作方法。

起種的時候會從小麥或裸麥等的穀物、葡萄或蘋果等的新鮮果實，或葡萄乾等的乾燥水果中選擇，加水並配合需要也會加入糖類，進行幾天～1週左右的培養。其間酵母會增殖，然後加上新的麵粉或裸麥粉揉和（續種），讓其發酵作為自製麵種。

這種自製麵種所含的酵母，不僅是單1種類。材料上有可能附著好幾種野生的酵母，浮游在空氣中的酵母，或製作麵種時使用的粉類上附著的酵母，也可能混入。

再者，酵母以外的乳酸菌、醋酸菌等的細菌群也會混入，和酵母一起增殖。這些細菌群，會產生有機酸（乳酸、醋酸等），添加麵種獨特的香氣或酸味。

用這樣自製麵種製作的麵包，會呈現出複雜又具個性的風味。而且，根據使用何種材料起種，製作出的味道和香氣也會隨之不同。

但是因為是自己培養酵母，所以相較於市售的酵母，酵母數量少且活性低，也因而發酵上需要更長時間。

此外，即使以相同份量製作，也會因當時酵母數量和活性的情況而有不同，所以發酵的狀態並不穩定，也可能會有腐敗菌或病原菌混入之虞。

自製麵種製作麵包時，必須充分考量後，再順利對應照料好酵母。 參考⇒Q157

Q74 有提高自製麵種發酵能力的方法嗎？
＝自製麵種的發酵力

A 與市售的酵母併用即可增加發酵力、縮短發酵時間。

相較於市售的酵母（麵包酵母），自製麵種的發酵力幾乎都比較弱。這是因為麵種中的酵母數量較少。市售的新鮮酵母1g中存在有100億個以上的活酵母，而自製麵種裡最多也只有數千萬個左右。因此相較於商業酵母，發酵上需要較長時間。

為補強自製麵種的發酵力，方法是與市售商業酵母併用。適量使用，可以巧妙地發揮自製麵種製作麵包的特徵，與市售商業酵母的發酵力。

不過，主要目的是補強發酵力，因此只有在使用自製麵種膨脹力太弱，或是想讓口感更輕盈，無論如何都想縮短發酵時間時，再來檢討酵母的合併使用比較適合。

Q75 為什麼黏乎乎的麵團可以變成膨鬆柔軟的麵包呢？
＝烘烤出鬆軟麵包的機制

A 藉由酒精發酵膨脹、經烘焙時更加膨大，最後烘焙定型。

麵包的製作步驟，大幅膨脹的時間點，有發酵和烘烤二次。但是，這二次是以不同的機制形成。

●發酵的膨脹

發酵時，麵團中的酵母（麵包酵母）會活躍地進行酒精發酵，藉由產生的二氧化碳，使麵團整體膨脹。

在酒精發酵時，為使麵團得以膨脹，促進發酵的活躍非常重要，在上個攪拌作業時，必須充分揉和麵團，做出完整的麵筋組織（**⇒Q34**）。麵筋組織在麵團中會呈網狀延展，吸收澱粉並結合，形成有彈力且易於延展的薄膜。

發酵作業中，若產生二氧化碳，麵筋的膜會包覆因二氧化碳而生成的氣泡，形成保持氣體的作用。隨著發酵氣泡變大時，麵筋的膜會從內側向外推展，就像氣球般膨脹平順地延展，使麵團整體膨脹的機制。

●烘焙時的膨脹

在烘焙作業中，主要放入200℃以上的烤箱，麵團內部的溫度會從32～35℃左右開始慢慢上升。溫度一旦上升，麵團就會鬆弛，到50℃左右就開始出現流動性，麵團會更加伸展，變得容易膨脹。

另外，大約40℃來到巔峰，酵母產生的二氧化碳量最大，然後再慢慢變少，大約到50℃為止，都會活躍地產生二氧化碳（**⇒Q63**）。

剛好這個溫度區間麵團變得容易伸展，因此麵團會大幅膨脹。酵母若超過50℃，二氧化碳的生成就會顯著下降，到了55℃以上就會死亡滅絕，在這之前都是因酵母而膨脹。

之後的烘焙，酵母所產生的二氧化碳及酒精、以及攪拌作業時混入空氣形成的氣泡，會因高溫產生熱膨脹而增加體積，使麵團向外推壓延展。之後，至75℃左右蛋白質形成的麵筋組織會結塊，澱粉在85℃左右會糊化（α化）成塊（**⇒Q36**），膨脹幾乎就停止了。

最後麵團內部的溫度到了近100℃時，麵筋組織和澱粉會相互作用地支撐麵團組織。麵團中以網狀結構延展的麵筋組織，成為麵包的骨架，澱粉則形成膨脹組織。

麵包若確實烘烤成型，從烤箱取出後即使溫度下降氣泡的體積變小，麵包也不會隨之變小，而能保持膨脹。

參考⇒p.213～215「何謂發酵？」，p.253～257「何謂烘焙完成？」

Q 76 區隔使用低糖用、高糖用即溶乾燥酵母，請問砂糖用量的標準。

＝即溶乾燥酵母的使用區分②

A 相對於麵粉，低糖用砂糖為0～10%左右、高糖用則是超出此份量為基準，區隔使用即可。

雖依製造廠商或產品而異，但低糖用的即溶乾燥酵母，會用在砂糖配方比例0～10%左右。砂糖的配方比例量更多時，則必須使用高糖用的即溶乾燥酵母才會充分膨脹。

高糖用酵母的砂糖配方比例量，大約從5%以上就能使用，但是若用在配方比例量更低的麵包時，會有無法順利發酵的情況，最好不要使用。

菓子（糕點）麵包等，相對於麵粉，砂糖配方比例量在20%以上的麵團，使用高糖用，但雖說是高糖用，若砂糖量過多、或相對砂糖量的酵母（麵包酵母）使用量太少等，也會有發酵力無法發揮的情況，分辨使用的酵母具有什麼樣特性也很重要。

那麼，各別以即溶乾燥酵母的低糖用、高糖用，來看看改變砂糖配方比例量時，發酵力的不同吧（⇒參照次頁的表格）。

使用低糖用的即溶乾燥酵母，砂糖配方比例量分別替換以0%、5%、10%、15%，進行比較的實驗，砂糖5%的**b**最膨脹，其次是比**b**稍微差0%的**a**，幾乎膨脹程度相同。10%的**c**和15%的**d**雖有很大的差異，但膨脹量相較於**a**、**b**，可得知有相當程度的減少。

這次使用低糖用即溶乾燥酵母的發酵力，可得知砂糖配方比例量在5%以內可以發揮良好的發酵力。再更高配方比例量，可以確認因砂糖量增加而使發酵力降低。

接著，來看看使用高糖用即溶乾燥酵母，與低糖用即溶乾燥酵母，替換砂糖的配方比例量進行比較的結果（⇒參照次頁列表）。

比較的結果。與低糖用一樣，砂糖5%的**b**最膨脹、依序是**c**、**d**膨脹量慢慢減少。0%的**a**也有膨脹，但是與添加了砂糖的**b**～**c**比較起來，可以得知很明顯的膨脹量不佳。

另外，這次使用的高糖用即溶乾燥酵母的發酵力，可以確認砂糖配方比例在5%左右是巔峰，超過就會隨配方比例量增加，發酵力慢慢減弱。

最後來比較看看低糖用和高糖用即溶乾燥酵母的結果吧。只有沒有砂糖的a，低糖用的發酵力超過高糖用，但是隨著砂糖的配方比例量增加，高糖用的發酵力比較優越。然而可以確認的是，即使高糖用，但砂糖量過多的話，發酵力還是會下降。

即溶乾燥酵母（低糖用）

（發酵後60分後）

a	b	c	d
（砂糖0%）	（5%）	（10%）	（15%）

※基本的配方比例（⇒p.289），將新鮮酵母（基本類型）更換為即溶乾燥酵母（低糖用），將配方比例量調為1%，砂糖（細砂糖）的配方比例量分別為0%、5%、10%、15%，然後比較製作出來的麵團。

即溶乾燥酵母（高糖用）

（發酵後60分後）

a	b	c	d
（砂糖0%）	（5%）	（10%）	（15%）

※基本的配方比例（⇒p.289），將新鮮酵母（基本類型）更換為即溶乾燥酵母（高糖用），將配方比例量調為1%，砂糖（細砂糖）的配方比例量分別為0%、5%、10%、15%然後比較製作出來的麵團。

參考 ⇒p.300・301「TEST BAKING 7 酵母的耐糖性」

Q77 新鮮酵母替換成乾燥酵母或即溶乾燥酵母時，需要改變用量嗎？

＝不同種類酵母的配方量

A 使用5成乾燥酵母、4成即溶乾燥酵母及半乾燥酵母，大致與新鮮酵母具相同發酵力。

想使用與食譜不同種類的酵母（麵包酵母）來製作麵包時，雖然因製造廠商或產品，多少會不同，但是若用下列表中的比例（重量）替換製作，可以得到幾乎相同的發酵力。

依產品不同會有收縮麵團力很強、容易鬆弛、容易乾燥、容易濕潤等，對麵團的各種影響，不完全相同。

再者，用下列表格的比例替換製作麵包時，因糖的配方比例量不同，適合的酵母種類也各異。

適合砂糖配方比例少的酵母，有新鮮酵母、低糖用的乾燥酵母、低糖用的即溶乾燥酵母、低糖用的半乾燥酵母。而砂糖配方比例多的麵包，則適合使用新鮮酵母、高糖用的即溶乾燥酵母、高糖用的半乾燥酵母。順道一提，乾燥酵母也有高糖用，但在日本一般市面上沒有銷售。

參考⇒p.296・297「TEST BAKING5 新鮮酵母的配方比例量」
p.298・299「TEST BAKING6 即溶乾燥酵母的配方比例量」

新鮮酵母的配方比例量設為10，其他酵母的比例

新鮮酵母	乾燥酵母	即溶乾燥酵母	半乾燥酵母
10	5	4	4

新鮮酵母和低糖用即溶乾燥酵母的發酵力比較

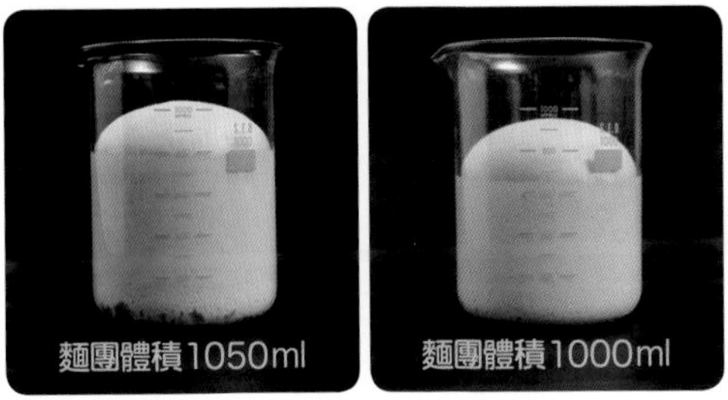

配合上述的比例，新鮮酵母5%配方比例的麵團（左），和使用低糖用即溶乾燥酵母2%配方比例的麵團（右）。已知幾乎具有相同的發酵力。

※基本配方比例（⇒p.289），以新鮮酵母5%、低糖用即溶乾燥酵母2%所製作出來的麵團比較

Q78 即溶乾燥酵母中添加的維生素C，有什麼樣的作用？
＝利用維生素C強化麵筋

A 強化緊密麵筋組織的網狀結構，使麵團充分膨脹。

即溶乾燥酵母的產品大多是以強化麵筋組織爲目的，而添加了維生素C（抗壞血酸）。首先來說明關於麵筋組織是如何形成的，以及在此抗壞血酸又有什麼作用？

麵筋在攪拌麵團時，蛋白質的胺基酸之間產生了各種的結合，因此形成了複雜的網狀結構。其中S-S結合（二硫化物結合）增加，麵筋的網狀結構會變得更緊密，所以在強化麵筋組織上是很重要的。

S-S結合中，關係到源自於蛋白質的醇溶蛋白（gliadin），也與稱爲半胱胺酸（L-cystein）的胺基酸有關。半胱胺酸（L-Cystein），分子中具有SH基（硫醇）的部分。SH基若與麵筋內不同的SS基接觸，會與SH基一邊的S形成新的SS基並與之結合，這就是橋接狀（架橋）。麵筋結構的部分透過橋接狀連結，最初是平面的連結構造，之後是螺旋狀、甚至在部分形成橋接狀，成爲三次元複雜的結構（⇒p.36「～更詳細！～麵筋的結構」）

其中，若加入抗壞血酸，抗壞血酸會經由麵粉中的抗壞血酸氧化酶（L-ascorbate oxidase）變化爲脫氫抗壞血酸（dehydroascorbic acid），發揮氧化劑的作用（⇒p.142「調整麵包麵團的物理性質，改良品質」），會促進S-S結合的發生。像這樣強化麵筋組織，不僅麵團會產生彈力充分膨脹，還能做出柔軟內側狀態及外觀都很優異的麵包。

但麵筋的連結過強也會造成麵團過度緊實，必須注意。

此外，維生素C（抗壞血酸）也會作爲酵母食品添加劑的氧化劑來使用。

參考⇒p.298・299「TEST BAKING 6 即溶乾燥酵母的配方比例量」

鹽

Q79 為什麼甜麵包中也要加鹽呢？
＝鹽在麵包口味的作用

A 添加少量的鹽，可以讓整體更加均衡。

麵包裡添加鹹味是爲了調和麵包整體的味道。即使是配方加了砂糖、油脂的RICH類麵包，鹹味也可以烘托出砂糖的甜味和油脂的濃郁，調和麵包整體的味道。

鹹味是麵包的基本味道，雖然平常或許不太會意識到麵包裡的鹹味也說不定，但是大多的餐食麵包，都以適當的鹹味作爲基底。

而且，鹽對麵團的性質有很大的影響，因此是不可或缺的材料。詳細內容由以下項目加以說明。

Q80 不放鹽製作麵包會如何呢？
＝鹽在麵包體積上的作用

A 酵母活躍地作用會產生許多二氧化碳，但另一方面麵團容易鬆弛，烘焙完成時會無法膨脹出體積。

麵包的基本材料，是麵粉、酵母（麵包酵母）、鹽、水，添加鹽是最基本的作法。

但是，有些需要控制鹽分攝取的需求，希望能製作完全不放鹽的麵包，這是否有可能呢？

爲確認鹽和麵團的相關性，使用鹽配方比例量0%的麵團，和以基本配方比例量2%製作的麵團，各別放入量杯中，比較發酵60分鐘的膨脹程度，以及發酵成圓形後完成烘焙的麵包膨脹程度。

鹽0%製作的麵團，非常柔軟且沾黏，會沾黏在攪拌機的勾型攪拌槳上，無法長時間攪拌，麵團會呈現坍垮狀態。明顯地不是良好狀態，但若直接在量杯裡發酵，會產生許多二氧化碳，充分膨脹。

滾圓整型後，麵團會坍垮並橫向擴散，烘烤後無法呈現膨脹體積。並且形狀會變形，表層外皮凹凸不平，烘焙色澤淺淡，柔軟內側質地呈現紮實狀態。

由此可知，發酵時麵團沒有放鹽，酒精發酵會活躍地產生。但是，即使能產生很多二氧化碳，麵團還是會坍垮，烘焙出小體積的成品。

藉由添加鹽，麵團主要會發生2件事。其一是，抑制酒精發酵，使二氧化碳的產生量變少（⇒**Q81**）。其二是，因爲鹽讓麵筋生成量增加，並增強生成麵筋組織的黏性和彈力（⇒**Q82**）。

鹽0%製作的麵團，麵筋組織少且彈性弱，因此無法抑制因大量產生二氧化碳所造成的膨脹，量杯內能充分膨脹。像這樣量杯內的實驗，可得知麵團膨脹狀態下，因其沾黏在量杯上，因此不會萎縮，目視只能看出鹽對酒精發酵的影響。然而，成型後不緊實又坍垮，無法保持住二氧化碳地延展，就無法維持膨脹及形狀，因此完成烘焙的體積就會變小。

參考 ⇒**p.306・307「TEST BAKING 10 鹽的配方比例量」**

鹽的配方比例量不同的比較

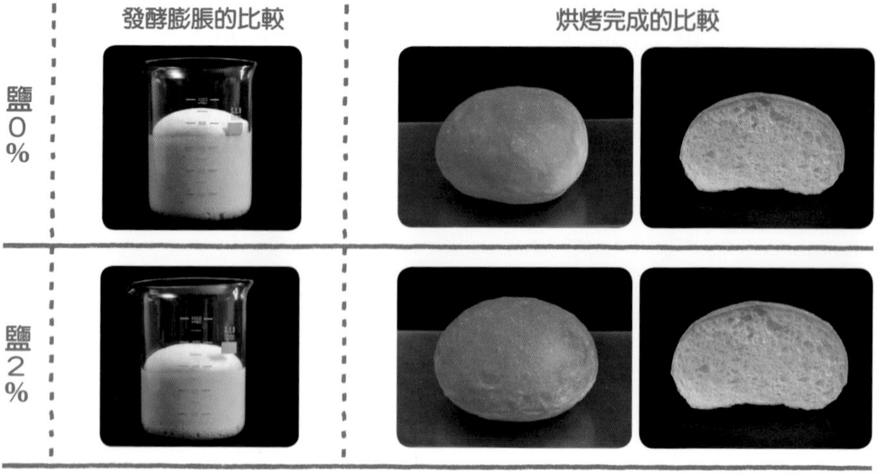

※基本的配方比例（⇒p.289），鹽的配方比例量為0%、2%製作出來的成品比較

Q81 麵包配方中的鹽，對酵母會有什麼樣的影響？
＝鹽對酵母的影響

A 會抑制酵母的酒精發酵，結果就是控制發酵的速度。

麵包配方比例中鹽的量越是增加，就越是抑制酵母（麵包酵母）的酒精發酵，減少二氧化碳的產生量。乍聽之下，應該會認爲添加鹽會使麵包的膨脹變差，但實際上添加適量的鹽，才能使完成烘焙的麵包膨脹、體積更大（⇒p.306·307「TEST BAKING 10 鹽的配方比例量」）。

發酵時二氧化碳短時間內大量產生，麵團會被迫拉扯延展。反之，發酵時間拉長慢慢產生二氧化碳時，麵筋組織會軟化使麵團更能充分延展。因此，成爲可以承受二氧化碳的良好狀態。

發酵溫度，與其使酵母在能產生最多二氧化碳的最佳溫度（⇒Q64），不如設定略低的溫度，慢慢進行酒精發酵，使麵團能徐緩地膨脹，如此一來，麵團膨脹會更大，添加適量鹽分的麵團，也會產生相同的結果。

發酵的目的並非僅是使麵團膨脹，與二氧化碳的產生同時併行的是酵母產生酒精、乳酸菌產生的乳酸、或醋酸菌產生醋酸等，還有其他酵素產生出各種物質。隨著時間的推移，這些成分會蓄積在麵團中，就能使麵包增添獨特的香氣和風味，呈現更具深度的味道（⇒p.214·215「發酵～麵團中發生什麼事呢？～」）。

像這樣，麵包發酵必須花上某個程度的時間，若藉由麵團裡添加鹽來抑制酵母的酒精發酵，結果就能適當控制發酵的速度，對麵包產生具助益的作用。

Q82 麵團中添加鹽揉和就會產生彈性，鹽對麵筋組織有什麼樣的影響？
＝鹽對麵筋組織的影響

A 鹽會緊密麵筋組織的結構，因此而強化麵團的黏性和彈力。

麵筋是由麵粉的醇溶蛋白（gliadin）、麥穀蛋白（glutenins）2種蛋白質所組成，麵粉中添加水充分揉和，就會變化成爲麵筋。麵筋是纖維纏繞成網狀的結構，麵團越是揉和，網狀結構會越緊密，也會越強化黏性和彈力（黏彈性）（⇒Q34）。

當麵粉加水揉和時若加入鹽，則會因鹽的氯化鈉使麵筋組織的網狀結構更加緊密，麵團就會變得緊實。像這樣的麵團，在拉扯延展時就需要很強的力道。

以一般物理性質的考量，拉扯延展時需要很強力道（延展抵抗較大）的物質，在拉扯延展時會有容易斷掉、難以延展（延展度變低）的傾向。

但在麵團中加鹽，能提高麵筋組織的延展度，及延展抵抗的特性。

經由添加鹽分，可同時使麵團的延展變好，得到即使施以強力也不容易斷的彈力和硬度。在保持酵母（麵包酵母）所產生二氧化碳時，也是麵團膨脹所必須的。

Q 83 麵團中的鹽還有什麼其他作用？
=利用鹽抑制雜菌的繁殖

A 可抑制雜菌的繁殖。

特別是進行長時間發酵，若有對麵包發酵無用的菌種繁殖，則味道和香氣就會改變，鹽也有抑制那些雜菌繁殖的作用。

就是因爲有如此重要的作用，即使考量減鹽時，也必須充分瞭解鹽的作用再做調整。

Q 84 鹽會影響麵包的烘烤色澤嗎？
=鹽對酒精發酵抑制的影響

A 鹽可抑制酒精發酵，因麵團中殘留糖分，烘烤色澤也會變深。

麵包材料中，使用鹽的配方比例量0%、2%、4%的麵團，以相同條件進行發酵、烘焙，結果是，會隨著鹽的份量增加，烘烤色澤少量逐漸變深（⇒參照次頁的照片）。

麵包產生烘烤色澤的主要原因是，主材料的麵粉、副材料的砂糖、雞蛋、乳製品等所含的「蛋白質或胺基酸」與「還原醣（葡萄糖或果糖等）」，在160℃以上的高溫中同時加熱，會引起胺羰（梅納）反應（amino-carbonyl reaction）（⇒Q98），形成烘烤色澤的褐色物質（melanoidin）色素。

那麼，鹽會有如何的影響，以促進這種反應呢？

酵母（麵包酵母）會藉由葡萄糖或果糖使酒精發酵，生成二氧化碳和酒精。

鹽的配方比例量增加時會抑制酒精發酵，因此葡萄糖或果糖就會殘留在烘焙時的麵團中，藉由殘留的葡萄糖或果糖等的還原醣，促進胺羰（梅納）反應（amino-carbonyl reaction），使烘烤色澤變深。

參考 ⇒p.306・307「TEST BAKING 10 鹽的配方比例量」

比較變化鹽配方比例量的麵包烘烤色澤

塩0%　　塩2%　　塩4%

※ 基本的配方比例（⇒p.289），鹽配方比例量為0%、2%、4%製作出來的麵包

Q 85 鹽的配方大約多少才適當？

＝適當的鹽量

A 一般來說鹽的配方比例量為1～2%。

爲了讓麵包膨脹，首先必須藉由酵母（麵包酵母）產生二氧化碳。其次，很重要的是麵團要維持二氧化碳並慢慢地伸展，並且發展出可以支撐膨脹後麵團的強度和硬度。

Q80（以及 p.306・307「TEST BAKING 10 鹽的配方比例量」）實驗中，鹽的配方比例量0%時，產生了許多二氧化碳。但是，實際上在麵團滾圓整型時，卻坍垮無法成形，烘焙出來的體積也會變小。在量杯內進行鹽0%的麵團發酵，因爲麵團會黏在量杯的內側而不會萎縮，因此可以保持二氧化碳產生的膨脹度。

由此可知，僅大量產生二氧化碳，麵包也不會膨脹。鹽的配方比例量爲1～2%時，雖然二氧化碳的量會減少，但因強化了承接二氧化碳麵團的抗張力（拉扯張力的強度）與延展性（易於延展的程度），結果就能烘烤出體積了。

並且，這樣的配方比例量，是大家認爲最均衡美味的麵包風味。

Q86 想要製作出具鹹味的麵包，鹽的配方比例用量大約要增加到什麼程度呢？

＝製作麵包時鹽量的最大值

A 最大到2.5%左右。也有在表面撒鹽的方法。

若是普通的麵包，一般而言鹽的用量相對於麵粉約1～2%左右。雖然也會因其他材料的配方比例量而有差異，但相對於麵粉用量約在2.5%以下，都沒問題。當然，鹹味的感受也會因人而異，以及使用的鹽因氯化鈉的含量而有所不同，無法一概而論。（⇒**Q88**）。

鹽除了增添麵包的味道之外，還能適度抑制酵母（麵包酵母）的酒精發酵，控制避免發酵瞬間大量進行，賦予麵團彈力及良好的延展，使二氧化碳能保存在麵團內，同時膨脹的作用。鹽的用量爲麵粉重量的1～2%最佳，能藉由鹽分獲得最好的均衡效果。

若超過3%的配方比例，即使可以食用，也會出現麵團過度緊實而阻礙發酵，在烤箱內的膨脹太少而無法呈現出體積等影響。

另外，想製作出能強烈感受到鹹味的麵包時，可以在麵包的表面直接撒上鹽烘烤，或是在烘烤好的麵包上撒鹽也可以。

參考⇒p.306・307「TEST BAKING 10 鹽的配方比例量」

Q87 請問製作麵包時最適度的鹽量。

＝鹽的種類

A 比起含有大量鹽滷等礦物質的種類，更適合氯化鈉含量多的食鹽。

前面提及鹽在麵包製作時的作用，是透過主要成分氯化鈉（NaCl）進行，因此通常在麵包製作上，會使用氯化鈉含量在95%以上的鹽。

比起濕潤的鹽，顆粒小、乾爽沒濕氣的鹽，更容易測量，攪拌時容易分散到麵團整體，因此更容易使用。若是溶於水中使用，則使用顆粒大的鹽也沒有問題。

Q 88 即使用鹽滷成分較高的鹽製作麵包，也不會有影響嗎?
=製作麵包時鹽的純度

A 鹽滷多時麵筋組織的黏性和彈力會變弱，烘焙完成的麵包體積會變小。

不同產品的鹽，風味各有不同，喜好也因人而異。鹽滷多的鹽，鹹味較爲圓融，大多喜歡用於料理，但製作麵包時並非只選擇味道。必須考量到鹽對於麵團膨脹程度的影響。

在此，使用市售一般的鹽（氯化鈉99.0%）和鹽滷成分多的鹽（氯化鈉71.6%），以2種鹽分別製作麵團，放入量杯比較兩者發酵60分鐘後的膨脹程度，和滾圓整型後烘焙完成的麵包膨脹程度（**⇒參照次頁照片**）。

攪拌後的麵團，使用鹽滷較多的，會變得比較柔軟。在 **Q82** 提到，鹽的氯化鈉具有強化麵筋的黏彈性（黏性和彈力），提高麵團抗張力（拉扯張力的強度）和延展性（易於延展的程度）的作用，因此氯化鈉比例低，鹽滷多的鹽，會讓麵團變得柔軟。

在量杯內進行發酵時，使用鹽滷成分多的麵團，雖然比使用普通鹽的麵團更膨脹，但在滾圓整型烘焙完成時，體積就變小了。

這是在 **Q80** 的實驗下，鹽0%麵團中發生過的，使用鹽分中鹽滷多的麵包也會發生相同的狀況。換言之，使用相同分量，鹽滷多的鹽和一般的鹽時，氯化鈉少的部分，麵筋的抗張力和伸展性會變弱，因爲支撐膨脹麵團的力量變弱，所以完成烘烤的麵包體積會變小。

因此使用鹽分時，要掌握氯化鈉的含量，避免使用氯化鈉含量非常少（鹽滷多）的，或是在使用鹽滷多的鹽時增加用量，調整至能確保麵團的形狀呈現最佳狀態。

參考 ⇒p.308・309「TEST BAKING 11 鹽的氯化鈉含量」

因氯化鈉量的多寡使麵團的膨脹程度不同

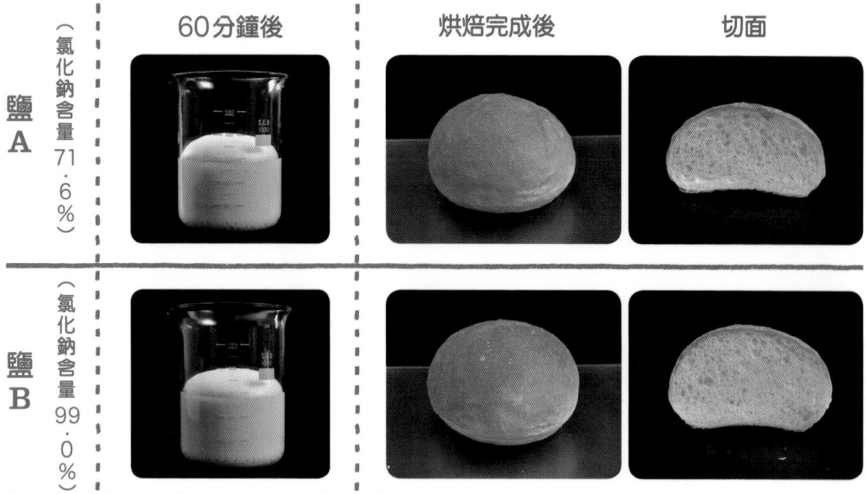

※基本配方比例（⇒p.289），比較氯化鈉含量71.6%、99.0%的鹽製作的成品

「鹽滷」是什麼？

鹽有岩鹽和海鹽，日本因四面環海，因此自古以來就以海水為原料製作海鹽。雖然製作方法很多，但即使現在，日本食用的幾乎都是從海水結晶化的氯化鈉中抽取，這氯化鈉就會呈現所謂的鹹味。

從海水取出氯化鈉後，殘留的就是鹽滷，也是眾所皆知製作豆腐時使用的凝固劑。

鹽滷主要成分是鎂，另外還含有鉀和鈣。對鹽而言，鹽滷相當於不純的物質，氯化鈉含量越多的鹽，精製程度就越高。日本國內販售的鹽，有氯化鈉99%以上，也有氯化鈉含量較少、較多鹽滷成分殘留的鹽。

鹽滷日文漢字是「苦汁」，正如用字面上的意思，是有苦味的。雖然是苦的，但是製作出含鹽滷成分的鹽，相比於舔食氯化鈉時，鹹味少了稜角多了圓融，感覺像是增添了甜味。

那是因為，鹽滷的成分和水分一起附著在鹽結晶的周圍，舌頭上感覺味道的味蕾感應，先感覺到含有苦味的鹽滷，接著感覺到氯化鈉的鹹味，因此鹹味被掩蓋了。

水

Q 89 **麵包中，水具有什麼樣的作用？**
＝製作麵包時水的作用

A **溶解材料做成麵團之外、還有活化酵母、變化麵粉中的蛋白質和澱粉。**

麵包的材料中，除了麵粉，其次配方比例量最多的就是水，添加量約是麵粉的60～80%。製作麵包時，水除了具有調節麵團硬度的重要作用外，在看不到的地方也負責了許多工作。

●溶解材料

水分最初的工作，是溶解鹽、砂糖、脫脂奶粉、麵粉等水溶性成分，使其容易均勻地分散在麵團中。

有結晶的砂糖，或麵粉的水溶性成分，經由溶於水中成爲酵母（麵包酵母）發酵的營養來源。

●活化酵母

酵母在製造過程會利用脫水來抑制活性，但是添加水分後就會活化。

●製作出麵筋

攪拌作業中，在麵粉裡加入水分充分揉和，由麵粉中所含的2種蛋白質產生具有黏性和彈力的麵筋組織，在麵團中形成網狀結構延展（⇒**Q34**）。

爲了使麵團膨脹，包覆酵母產生的二氧化碳，同時也必須要能使麵團平滑地延展，這是麵筋組織在麵團內充分形成後才能具備的性質。

並且，在烘焙完成的作業中，麵筋組織因熱而凝固，爲了避免膨脹的麵團萎縮，發揮支撐骨架的作用。

●使澱粉糊化

麵粉的主要成分澱粉，無法像蛋白質般在攪拌時吸收水分。在烘焙過程中，麵團溫度超過60℃，才開始吸收麵團中的水分膨脹，達到85℃時會出現像漿糊般的黏性。這就稱爲糊化（α化）（**⇒Q36**）。

再持續進行烘焙後，從糊化的澱粉中蒸發水分，最後成爲能保持膨鬆柔軟，且能支撐膨漲後麵團整體的組織。

●調節麵團的硬度

攪拌時水有連接各種材料，整合成麵團的作用，也能調節麵團的硬度。麵團的硬度會影響延展狀況及薄薄延展的程度。麵團因二氧化碳膨脹時內部的壓力，與麵團的表面張力，能夠均衡非常重要。

●調節麵團揉和完成的溫度

爲了使酵母的酒精發酵順利進行，在完成攪拌時，麵團必須調節成爲適合酵母活動的溫度（**⇒Q192, 193**）。

麵團揉和完成的溫度，幾乎取決於配方比例用水的溫度。因此，爲了能接近目標的揉和完成，需要將配方用水調整溫度（調節水溫）（**⇒Q172**）。

Q 90 製作麵包使用的水，什麼硬度才適合？

＝適合麵包製作水的硬度

A 硬度較高的軟水比較適合。

水分依據硬度，區分爲軟水和硬水。所謂硬度，是1ℓ水中所含的礦物質含量，以鈣和鎂的量爲表示的指標（mg/ℓ），這些含量少的爲軟水、多的就是硬水。

水的硬度

	硬度
非常硬水	180 mg/ℓ以上
硬水	120 ～ 180 mg/ℓ以下
中度軟水	60 ～ 120 mg/ℓ以下
軟水	60 mg/ℓ以下

WHO(2011)Hardness in drinking-water

一般來說，製作麵包時使用的水，硬度50～100mg/ℓ左右最爲適當，在這個範圍內一般覺得硬度高的比較好。

日本各地的水，除了部分地區之外，有8成以上都是硬度60mg/ℓ以下的軟水。雖然數値比所謂最適當的硬度略低，但若是這個程度，可以藉由調整攪拌的強弱及發酵時間，使麵團成爲良好狀態。

所以，若能符合日本飲用水的標準（自來水或井水等），使用於製作麵包也不會有問題。

另外，市售的礦泉水硬度各有不同，無法一概而論地認定全部適合麵包製作。

下方的照片，是比較了使用硬度50mg/ℓ和硬度150mg/ℓ的水，所製作的麵包。硬度50mg/ℓ的麵團膨脹度略被抑制。硬度150mg/ℓ的，則是在麵團階段略感緊實且硬，但完成烘焙的麵包能呈現膨脹體積。

若水的硬度極低時，在攪拌時麵筋組織軟化、麵團坍垮、二氧化碳的保持力降低，因此烘焙出來的麵包膨脹不佳，成爲厚重、口感差的麵包。

反之，若水的硬度太高，攪拌時麵筋組織緊實延展差，會成爲硬且容易斷裂的麵團，並且完成烘焙的麵包會粗糙乾燥，脆弱。

若使用市售的礦泉水時，最好先確認硬度吧。

參考⇒p.304・305「TEST BAKING 9 水的硬度」

因水的硬度不同麵包體積也有差異

硬度50mg/ℓ

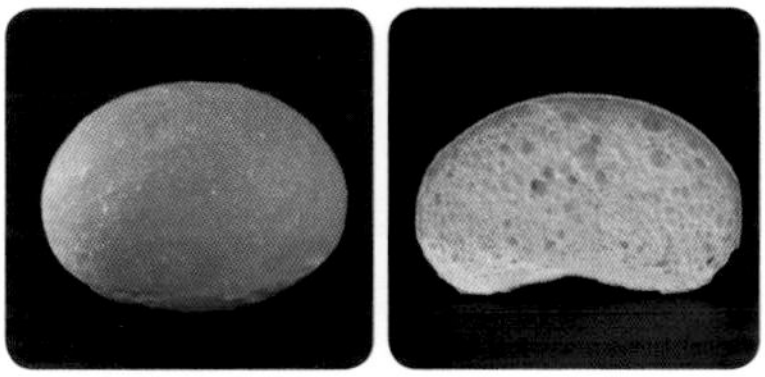

硬度150mg/ℓ

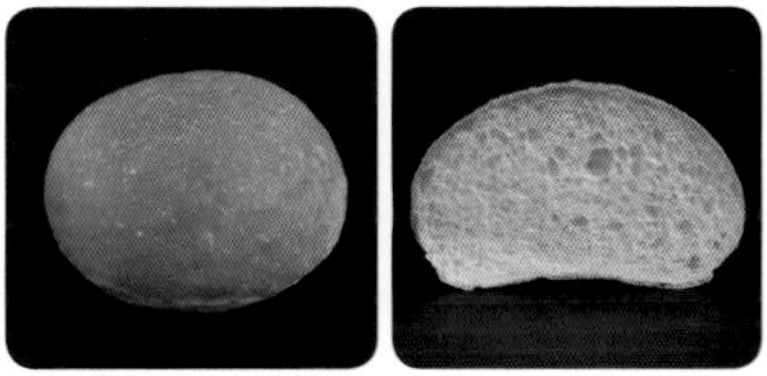

＊基本的配方比例（⇒p.289），比較水的硬度為50 mg/ℓ、150 mg/ℓ所製作出的成品

何謂水的硬度？

所謂水的硬度，是指水中所含礦物質內，鈣和鎂含量多寡的指標。
在日本、美國等，是指將1ℓ水中的鈣(Ca)和鎂(Mg)的量，換算為碳酸鈣($CaCO_3$)的量，以mg/ℓ(或ppm)的單位來標示的方法，一般可以用下列公式來算出。
也會因國家不同，造成硬度的換算單位各異，也有的國家是將鈣和鎂換算為碳酸鈣以外的物質，世界各地硬度的標示方法也各有不同。
水雖然根據硬度區分為軟水和硬水，但若是要定義以哪個數值作基準來區分，各國及各機構都不同，根據WHO(世界衛生組織)分類，硬度未及120mg/ℓ為軟水，120mg/ℓ以上為硬水(⇒**p.86**的表格)。

計算硬度的公式

硬度(mg/ℓ)=(**鈣量**(mg/ℓ)X 2.5)+(**鎂量**(mg/ℓ)X 4.1)

因地層的不同，硬度也因此相異

相較於日本，法國或德國的水硬度非常高，據說法國的巴黎是250mg/ℓ以上，德國的柏林是300mg/ℓ以上。在日本，東京是70mg/ℓ左右、京都是40mg/ℓ左右，和法國、德國相比數值非常的低。
對日本人來說，日本的軟水沒有特殊味道能輕鬆飲用，相對於歐洲的硬水則感覺沈重、有特別的味道吧。
那麼，為什麼法國、德國和日本，水的硬度會有如此大的差異呢？那是因為地質、國土大小和河川長度的關係。
歐洲常見的地層，是石灰質(碳酸鈣為主成分)鈣成分多，密度高是特徵。在那樣的地層，雨水或雪融水經過長時間滲入地面下，滯留在地層，使得礦物質成分溶入形成的地下水。當水湧出後成為橫跨幾個國家的長河，在平緩地形上經長時間的流動，流經地表時又更加蓄積了礦物質，成為高硬度的硬水。
另一方面，日本因為是密度低的地層，雨水容易滲入，滯留在地層的時間短，因而與歐洲不同，再加上河川長度短、寬度狹窄且多傾斜的地形，河川水流湍急，因此地表的礦物質溶入水中不久，就被作為自來水使用。因此，成為硬度低的軟水。
比較日本國內，東京比京都的水硬度略高，是因為河川流經火山灰積累的關東壤土(loam)層，因而礦物質變多。

Q 91 使用鹼性離子水烘焙完成的麵包，膨脹狀態比平常差，為什麼？
=適合做麵包的水pH值

A **若鹼性過強會阻礙發酵，使麵包的膨脹變差。**

製作麵包時，也必須留意麵團的pH值。因爲從攪拌到完成烘焙爲止，麵團能保持在pH值5.0～6.5的弱酸性，則酵母（麵包酵母）就會活躍地作用，並且酸會使麵筋組織適度地軟化，麵團的延展變好，發酵也能更順利進行（⇒**Q63**）。

水在材料中的比例高，對麵包麵團pH值有很大影響，若不是使用和麵團最適合範圍差異很大pH值的水，就沒有問題。

麵團若太傾向酸性，麵筋組織軟化並使麵團坍垮，就無法保持住酵母產生的二氧化碳。

相反地，麵團若傾向鹼性，會阻礙酵母、乳酸菌、酵素的活動，發酵無法順利進行，麵筋組織的強化超出必要，麵團延展變差，麵包也難以膨脹。

整水器的鹼性離子水（飲用鹼性電解水）或酸性水，因爲鹼性離子水設定pH值爲9.0～10.0左右的鹼性，酸性水爲pH值4.0～6.0左右的酸性，因此不算適合製作麵包。

在此需要考量的是，麵團的pH值會隨著發酵的進行，而有慢慢變成酸性的傾向。這是因爲，混入麵團的乳酸菌進行乳酸發酵，由葡萄糖生出乳酸，使麵團的pH值降低。同樣地也有醋酸菌的作用，但因爲在這個pH值下，醋酸的生成量少，因此未如乳酸般成爲麵團pH值下降的原因。

因此，開始攪拌時的麵團，pH值6.5左右可說最理想。雖然日本的自來水pH值會因各地而有所差異，但pH值都在7.0左右，所以直接使用也沒問題。

參考⇒**p.302‧303「TEST BAKING 8 水的pH值」**

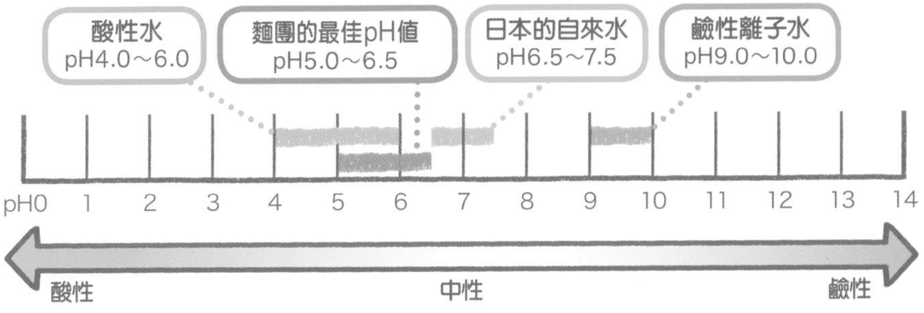

pH值是什麼？

pH值（酸鹼值）也稱為氫離子濃度指數，是在水溶液的性質中，表示酸性、鹼性程度的單位。

pH值有0～14，pH值7為中性，較此更低的為酸性、更高的為鹼性。數值越是遠離pH值7，酸性或鹼性的程度越增加。酸性中接近pH值7的為弱酸性，接近pH值0的為強酸性。鹼性也一樣，接近pH值7的為弱鹼性，接近pH14的是強鹼性。

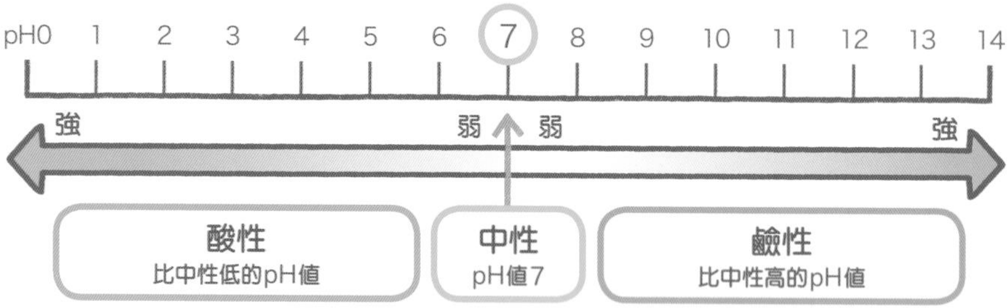

Chapter 4

製作麵包的副材料

砂糖

Q 92 砂糖是什麼時候，從哪裡傳入日本？
＝砂糖傳入日本

A **發源於印度的砂糖，據說是在八世紀時由中國傳入日本。**

砂糖的英文「sugar＝シュガー」的語源，據說是來自於古印度梵語(Sanskrit)「sarkara＝サルカラ、サッカラ」，是甘蔗的意思。

西元前400年左右，相傳在印度最早用甘蔗開始製作砂糖，應該可以視印度爲砂糖的發源地。砂糖從印度向東傳入中國，向西傳入歐洲、埃及。至十五世紀時，哥倫布將其傳入美洲大陸，至十六世紀時經由歐洲各國開始，在南美及非洲進行大規模的栽植。

日本據說是在八世紀時，由中國傳入，當時似乎是作爲藥物使用。

Q 93 砂糖是由什麼製成？
＝砂糖依其原料分類

A **主要原料為甘蔗、甜菜、糖楓、棕櫚樹等。**

砂糖的主要成分，是一種叫做蔗糖的糖，各由1個葡萄糖分子和果糖分子結合而成。因砂糖的種類不同，精製程度不同，蔗糖含量也因而各異。細砂糖是99.9%、上白糖是97.7%。

另外，砂糖當中除了蔗糖成分之外，也含有少量灰分和水分。

砂糖有各式各樣的種類，也有幾種分類法。首先，來看看以原料進行的分類。

一般使用的砂糖，依照原料來分類時，可以分成在熱帶和亞熱帶地區採收的甘蔗，製作的甘蔗砂糖，以及用在溫帶寒冷地區採收的甜菜（beet），製作而成的甜菜糖，無論哪種，一旦被精製後是相同的砂糖。細砂糖也有以甘蔗爲原料製成，和以甜菜爲原料所製成的。

世界上生產的砂糖，約有八成是甘蔗糖、約二成是甜菜糖。其他生產量較少的，有使用糖楓製作的楓糖（maple sugar）、桄榔（又稱砂糖椰子）製作的棕櫚糖（palm sugar）等。

在日本被消費的砂糖中，國產原料生產的佔三～四成（其中甜菜糖約七成，蔗糖約三成），其餘的六～七成是由國外輸入，名爲「粗糖（原料糖）」的材料，由日本國內製糖工廠精製而成的砂糖製品。

甘蔗通常會在產地製作成粗糖。這是因爲甘蔗產於熱帶或亞熱帶，距離砂糖的消費場所（消費地點）有相當的距離，以收成後的狀態輸出容易質變，也不方便運輸。粗糖是糖度96～98度黃褐色結晶的砂糖，含有較多不純物質，因此運輸至消費地後才進行精製，成爲上白糖或細砂糖等「精製糖」。

甜菜因生產地與消費地相近，通常不會製成粗糖，而是直接製作成高純度的砂糖，也被稱爲「耕地白糖」。

Q 94 砂糖是如何製成？請教各種砂糖的特徵。

＝依砂糖製作方法分類

A 分蜜糖是分離糖分後取出的結晶。含蜜糖是不分離糖分直接熬煮製作。

砂糖可以分成「分蜜糖」和「含蜜糖」兩大類。精製糖或耕地白糖，是在工廠使用遠心分離機分離糖蜜後取出結晶，因此被稱爲「分蜜糖」。相對於此，糖蜜未被分離，直接與結晶一起熬煮製作的砂糖就是「含蜜糖」。

製作過程中，糖蜜與結晶未分離的含蜜糖，一般因富含礦物質，因此顏色並不是白色。

分蜜糖因除去糖蜜後精製，因此純度越高，製作出的成品顏色也越白。最近市面上也開始販售不完全精製，殘留著礦物質的成品。

在日本有各式各樣的砂糖，最具代表性的如次頁所示。

砂糖製品的種類(日本)

●分蜜糖

日本普遍生產和使用的砂糖，主要是分蜜糖，也稱爲精製糖。會根據結晶的狀態可分爲粗粒糖和くるま(Kuruma)糖2大類。細砂糖屬於粗粒糖，上白糖和三溫糖則是車糖。

粗粒糖(hard sugar)

結晶大、純度高的砂糖，使其乾燥含水分少。白雙糖、中雙糖、細砂糖都是粗粒糖的代表種類。

白雙糖	也稱為上雙糖。結晶大且具光澤，白色純度較高的砂糖。沒有特別的風味，是清淡的甜味，會被撒在麵包上烘焙、也會用於高價位的糕點、飲品、水果酒製作等。
中雙糖	結晶大小與白雙糖幾乎相同，但是呈黃褐色。純度略低於白雙糖，但價格高且比白雙糖更具風味。
細砂糖	結晶較白雙糖小，較上白糖略大一點點，是鬆散不易結塊的砂糖。和白雙糖同樣的純度，沒有特殊風味，具清淡甜味，廣泛被運用在糕點、麵包、飲品上。在日本大量生產，產量僅次於白雙糖。

くるま糖(Kuruma 糖 soft sugar)

結晶細緻，具容易結塊的特性。爲防止結塊會添加2～3%的轉化糖液，呈現潤澤質地。上白糖和三溫糖等就是Kuruma糖最具代表性的種類。

上白糖	結晶細，潤澤柔軟和濃郁的甜味，在日本一般稱為白砂糖。佔日本國內砂糖用量的一半，運用在各式各樣的料理、糕點、麵包、飲品等。
三溫糖	相較於上白糖，純度略低，顏色呈現深濃的黃褐色。甜味強烈，具有特別的風味。

●含蜜糖

相較於分蜜糖，含蜜糖的生產量較少。最具代表性的就是黑砂糖（黑糖）、椰子糖（棕櫚糖）或楓糖（maple sugar）都屬於含蜜糖。

黑糖（黑糖）	直接熬煮甘蔗榨出的原汁，不進行加工地冷卻製作而成。就砂糖而言，純度較低，但含較多的礦物質，具有獨特的濃郁及風味。在日本雖然生產量較少，沖繩和鹿兒島部分地區有用傳統製法生產的產品。也從中國、泰國、巴西等地，大量輸入以相同製法生產的黑砂糖（黑糖）。
加工黑糖	粗糖、黑砂糖（黑糖）混合融化後，再次熬煮、冷卻製成，也有調合了糖蜜的製品，具有特殊風味也富含礦物質。

●加工糖

所謂的加工糖，是指加工製作成細砂糖或白雙糖等的精製糖，有幾款種類。

方糖	主要是由細砂糖製成。細砂糖中混入糖液（細砂糖做成液狀），用整型機壓成骰子狀，乾燥而成。使用於飲用咖啡或紅茶時。
糖粉	以白雙糖或細砂糖製作而成。將高純度的砂糖粉碎後，做成的微粉狀產品。因容易結塊，因此也有添加少量玉米粉的產品。經常使用在糕點製作或麵包成品裝飾等。
顆粒狀糖	主要是以細砂糖製成。製作成多孔質地的顆粒狀態，不容易結塊卻很容易溶於水的成品，與細砂糖用法相同。
冰糖	主要是以細砂糖製成。高純度的大塊結晶，會緩慢地溶於水，幾乎不會以原本的形狀來製作糕點或麵包。會運用在製作水果酒等。

細砂糖

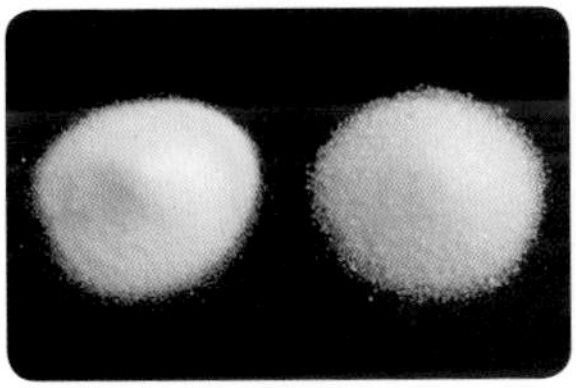

一般粒度的細砂糖（右）、粒子更纖細的細砂糖（左）

上白糖

糖粉

Q95 砂糖的味道不同，是什麼原因？
＝左右風味的砂糖成分

A 因精製程度不同，蔗糖的含量相異，對甜味的感受也因此不同。

砂糖的風味，會因含有成分的不同，而使其各有不同的特徵。

●砂糖成分是風味的特徵

砂糖成分，幾乎都是蔗糖。砂糖精製度越高，蔗糖比例越高，砂糖的純度也越高，細砂糖的蔗糖是99.97%、上白糖是97.69%。除了蔗糖之外，還含有極少的轉化糖和灰分。

蔗糖、轉化糖有著下述的風味特徵。灰分是礦物質，因此沒有特別的味道，但含量越多，也會影響到甜味的感受。

砂糖成分的特徵

蔗糖	砂糖的主要成分。蔗糖越多，砂糖的純度越高。有著爽口清淡的甜味。
轉化糖	是蔗糖被分解後生成的葡萄糖和果糖的混合物。相較於蔗糖，更能感受到強烈的甜味，後韻有著濃厚的甜味。
灰分	是鈉、鉀、鈣、鎂、鐵、銅、鋅等無機成分。灰分本身並沒有味道，一旦分量較多時，會因刺激而感受到濃郁的甜味。

※砂糖的灰分值：灰分是在一定的條件下，因高溫加熱食品後，灰化後殘留下來的成分。灰分可以視為藉由灰化除去有機物和水分，所反映出無機值（礦物質）的總量。因此，灰分值可視為其礦物值含量。糖類因含有大量鉀等的陽離子元素，故灰化的灰會以碳酸鹽形式殘留，使其數值較實際更高。為防止這種狀況會添加硫酸，主要用來測量硫酸化灰分而不是碳酸鹽。

●砂糖中含糖的種類和成分比例在風味上的影響

各種砂糖帶著不同的風味，這與蔗糖、轉化糖、灰分等各含多少比例有著相當大的關連。

細砂糖幾乎都是蔗糖構成，因此蔗糖的味道直接就是細砂糖呈現的風味特徵，爽口清淡的甜味。

上白糖也幾乎是蔗糖的成分，但相較於細砂糖，特徵是轉化糖的比例略高。上白糖是蔗糖結晶中加入稱爲Visco的轉化糖液製作而成。上白糖的轉化糖成分值比細砂糖約多1%，但轉化糖的味道特徵會在第一時間呈現出來，形成濃厚的甜味。

黑砂糖，因爲有較多的轉化糖所以甜味強烈，再加上灰分也較多因而有濃郁的風味。

各種砂糖的構成成分

（單位 %）

	蔗糖	轉化糖	灰分	水分
細砂糖	99.97	0.01	0	0.01
上白糖	97.69	1.20	0.01	0.68
黑砂糖	85.60～76.90	3.00～6.30	1.40～1.70	5.00～7.90

（摘自『砂糖百科』公益社團法人糖業協會、精糖工業會）

Q 96 製作麵包時經常使用上白糖和細砂糖，為什麼？

＝是適合麵包製作的砂糖

A 因為沒有多餘的味道和香味。

麵包製作時，會使用沒有過於強烈風味的白砂糖。在日本提到白砂糖最先想到的就是上白糖，但在歐洲常見的是細砂糖。因此在製作麵包或西式糕點時，基本上使用的都是細砂糖，但在日本很多時候會使用一般常見的上白糖。

或許很多人會覺得日本細砂糖和上白糖是相同的味道，但其實因成分的不同，嚴格來說味道和性質其實是不同的，因而在製作麵包或糕點時，會因使用的砂糖不同，完成時的風味和口感也會呈現其差異。

此外，有時也會像黑糖麵包般，使用具有強烈獨特風味的黑砂糖（黑糖）等，以賦予麵包特別的風味特徵。

各種砂糖的成分與特徵

細砂糖	蔗糖含量最多，轉化糖和灰分非常少。顆粒大小約0.2～0.7mm，較上白糖更不溶於水。特徵是清淡爽口的甜味。雖具有砂糖性質中的吸濕性、保水性，但相較於上白糖，這個性質較薄弱。
上白糖	蔗糖的結晶中加入Visco的轉化糖液，具有獨特潤澤感的砂糖。特徵是有濃厚的甜味。吸濕性、保水性高。顆粒大小是0.1～0.2mm的細粒，易溶於水。
黑砂糖	熬煮甘蔗榨出的汁液製作成砂糖的過程中，沒有經過分離結晶與糖蜜的最後步驟，直接冷卻成塊的成品。因而灰分較多，具有獨特濃郁強烈風味及甜味。

Q97 為什麼麵包的配方中要有砂糖呢?
=砂糖的作用

A 除了增添甜味之外，對於麵包的發酵、烘焙都有相當大的幫助。

在日本製作的麵包，大多數都有使用砂糖。強調砂糖甜度的菓子（糕點）麵包自不在話下，即使沒有特別感覺甜味的吐司、奶油卷、調理麵包等也經常使用。

這是因爲對麵包來說，砂糖的作用並不僅是單純的增添甜味而已。砂糖在麵團中還具有以下的作用。

① 是酵母（麵包酵母）進行酒精發酵的營養來源（⇒**Q 61, 63**）
② 使表層外皮的烘烤色澤深濃（⇒**Q 98**）。
③ 賦予焦香味（⇒**Q 98**）。
④ 烘焙出柔軟潤澤的麵包內側（⇒**Q 100**）。
⑤ 防止完成烘焙後柔軟內側變硬（⇒**Q 101**）。

也並不全都是優點，若過量使用在麵團時，會有「阻礙酵母的作用」、「阻礙麵筋組織的結合」等，影響麵包膨脹。

Q98 為什麼一旦添加砂糖，表層外皮的烘烤色澤會變深且更香?
=因糖而產生的胺羰反應（amino-carbonyl reaction）和焦糖化反應

A 砂糖中含有的蔗糖引發的化學反應，所產生出的褐色物質。

麵包上呈現烘烤色澤，主要是胺基酸和還原糖因高溫被加熱而產生胺羰（梅納）反應（amino-carbonyl reaction）的化學反應，形成了稱爲類黑素（melanoidin），產生褐色物質造成。此外，也和只會引發糖類呈色的焦糖化反應有關。

這些反應，無論哪一種都因糖類高溫所引起，結果就是呈現茶色的烘烤色澤，其中最大的不同是，胺羰反應是糖類和蛋白質、胺基酸一起產生化學反應，但焦糖化反應僅由糖類引起。

與胺羰反應有關的蛋白質、胺基酸、還原糖，都是由麵包材料而來。有些成分直接被用於反應中，有些是藉由麵粉、酵母（麵包酵母）等所含的酵素分解後使用。

蛋白質和胺基酸，主要存在於麵粉、雞蛋、乳製品等食材中，蛋白質是數種胺基酸以鎖鍊狀鏈結而成，一旦被分解就會變成胺基酸。胺基酸不僅是蛋白質的構成物，也可以單獨存在於食品中。

所謂的還原糖，是擁有高反應性還原基的糖類，像是葡萄糖、果糖、麥芽糖、乳糖等都屬於此。砂糖中的蔗糖並非還原糖，但是藉由酵素一旦被分解成葡萄糖和果糖後，就與胺羰反應相關了。

烘焙的前半段，麵團中的水份會變成水蒸氣，由麵團表面氣化，使得表面濕潤、降低溫度，抑制烘烤色澤的呈現。當麵團的水分蒸發變少，麵團表面開始乾燥、溫度升高後，就開始產生胺羰反應，至160℃左右開始充分呈色。再持續加熱，表面溫度上升至180℃時，麵團中殘留的單糖類（主要是葡萄糖、果糖）或寡糖（主要是蔗糖），會因聚合而生成焦糖，引起焦糖化反應。

焦化砂糖，就像在製作布丁的焦糖醬時，會有焦糖化反應一樣。麵包的表面，也一樣會發生這樣的反應。

因爲這2種反應，同時大量產生揮發性芳香物質，複雜地混合形成獨特的麵包焦香氣。

胺羰（梅納）反應

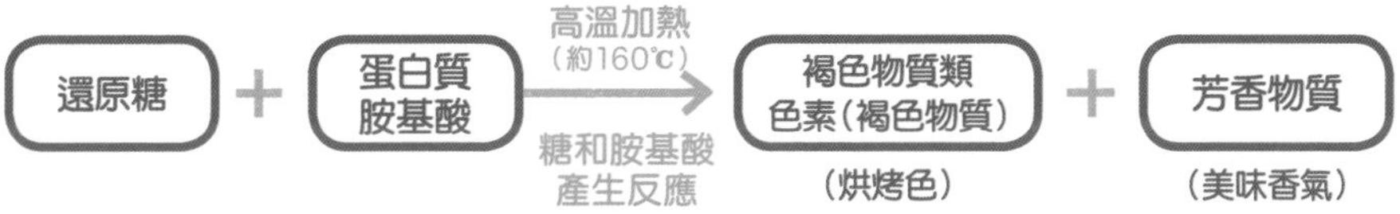

梅納反應

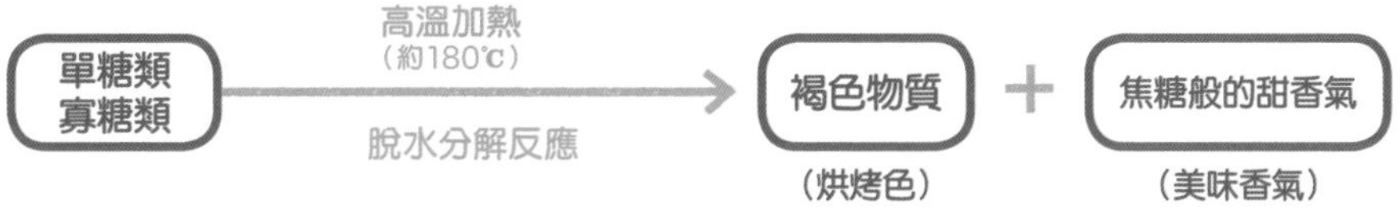

不同砂糖配方量烘烤完成的比較

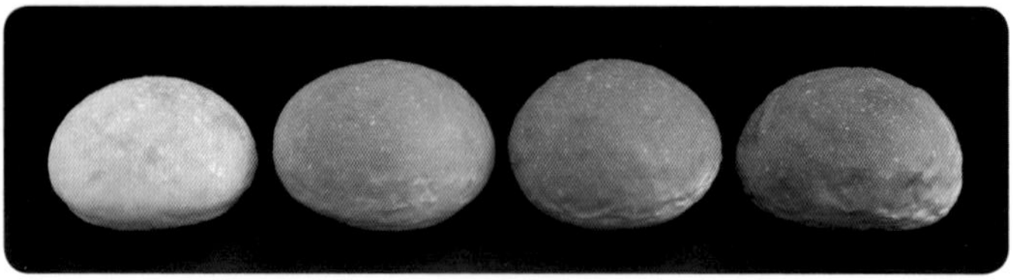

由左起，細砂糖配方量0%、5%、10%、20%
砂糖配方量越多，表層外皮的烘烤色越深濃

※基本配方（⇒p.289），細砂糖配方量0%、5%、10%、20%製作的麵團比較

參考 ⇒p.310・311「TEST BAKING 12 砂糖的配方用量」
p.256・257「何謂烘焙完成」《4》麵團呈色」

Q 99 用上白糖取代細砂糖，為什麼表層外皮的烘烤色也會變深？
＝細砂糖和上白糖的不同

A 相較於細砂糖，因轉化糖含量較多，所以也更容易引起胺羰反應。

相較於細砂糖，上白糖含有較多的轉化糖。轉化糖是葡萄糖和果糖的混合物，葡萄糖和果糖都被歸類在還原糖類。因此，使用含有較多轉化糖的上白糖時，會更容易引起胺羰（梅納）反應，也會比使用細砂糖時更容易呈現深濃烤色。

此外，配方中使用上白糖的麵團，一經攪拌後容易沾黏，造成麵團橫向坍軟，很容易會烘烤成扁平形狀。這是因爲相較於蔗糖，轉化糖的吸濕性、保水性佳，因此一旦使用含有較多轉化糖的上白糖時，可以烘焙成潤澤口感的成品，但麵團也因而更容易坍軟，反而烘焙出體積較小的成品。

另外，因上白糖中含有較多的轉化糖，後韻釋出較強的甜味，也是不同之處。

以不同種類的砂糖完成烘焙時的比較

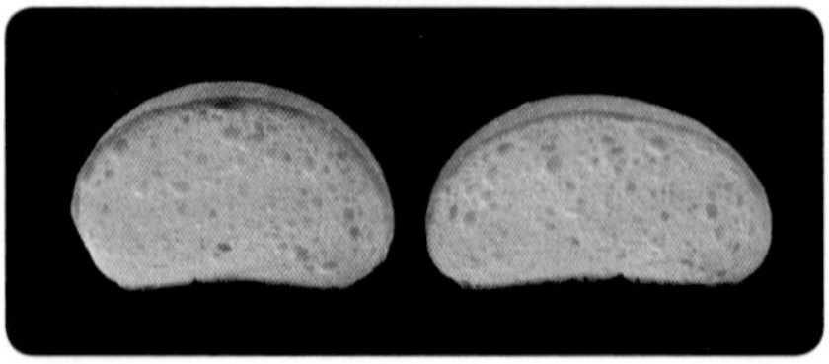

※基本配方（⇒p.289），砂糖配方含量為10%，種類各以細砂糖、上白糖製作成品的比較

細砂糖（左）、上白糖（右）

參考 ⇒p.312・313「TEST BAKING 13 甜味劑的種類」

Q100 想要製作柔軟潤澤的麵包，添加砂糖比較好嗎？
＝砂糖的保水效果

A 一旦添加砂糖，麵包內側可以烘焙成柔軟、潤澤的成品。

砂糖具有親水性的性質，具有可以吸收水分（吸濕性）、保持水份（保水性）的特性。根據這些作用，含砂糖配方的麵包，可以烘焙成內側軟且潤澤的成品。

●使麵包內側柔軟

麵包的攪拌、烘焙時，在麵團中的砂糖會和麵粉、鹽等乾燥材料一起搶奪水分與其結合，特別是需要水分的麵粉。麵粉的麵筋組織，是由蛋白質吸收水分之後，充分揉和形成。

攪拌時，在缽盆中放入麵粉、酵母（麵包酵母）、鹽、水等開始混拌。這個時候，一旦材料中添加了砂糖，本來麵粉應該吸收的水分，會更快被砂糖吸收。因此，麵粉的麵筋組織多少會因此不易形成。像這樣抑制會成爲麵包彈性的麵筋組織形成，麵團的延展性會更好，也會更爲柔軟。

●使麵包內側潤澤地完成烘焙

麵團中添加部分砂糖（蔗糖），在發酵初期階段，會經由稱作酵母的轉化酶（invertase）的酵素，將其分解成葡萄糖和果糖。砂糖雖然具有保持吸附水分的「保水性」，但若被分解成葡萄糖和果糖，能更加提高保水性。

烘焙完成階段，在烤箱中麵團的水分蒸發完成烘焙，麵團在高溫之下即使變得乾燥，但因砂糖具有保水性，因此可以將吸附的水分保持於其中。因此，在麵團中添加的砂糖越多，越能烘焙出潤澤的成品。

Q101 麵包中含砂糖較多的配方，即使翌日也不容易變硬，為什麼？
＝能延遲澱粉老化的砂糖保水性

A 藉由未被用於發酵而殘留的砂糖保水性，可以使澱粉不容易變硬。

麵包膨鬆柔軟的組織，是由麵粉中含量約70～78%的澱粉，藉由水分和熱進行糊化（α化）構成的（⇒**Q36**）。澱粉糊化時，澱粉粒子中的直鏈澱粉（amylose）

和支鏈澱粉（amylopectin）失去了構造的規律性，水分子趁勢進入構造間。

剛完成烘焙的麵包，經過一段時間會變硬，是因爲澱粉由糊化狀態回復到原來的規則性狀態，將直鏈澱粉（amylose）和支鏈澱粉（amylopectin）間的水分排出，引發「澱粉老化（β 化）」的現象。伴隨冷卻的是更進一步的老化，麵包也隨之變硬（⇒**Q38**）。

藉由配方中的砂糖，可以防止麵包的內側變硬，使其不容易老化。

麵團當中，砂糖（蔗糖）在發酵的初期階段，會因酵母（麵包酵母）中稱爲轉化酶的酵素，將部分的砂糖分解成葡萄糖和果糖，用於發酵。殘留在蔗糖中，或未被運用在發酵的葡萄糖或果糖，會以溶於水中的狀態存在。麵包烘焙過程中，澱粉糊化時，這些糖類會連同水分一起進入澱粉粒子中的直鏈澱粉（amylose）和支鏈澱粉（amylopectin）的構造間。

糖類其中的果糖因「保水性」，能高度保持吸附的水分，所以在烘焙完成後，即使經過一段時間，當澱粉開始老化時，澱粉中的水分子也難以被排出。因此，相較於配方中沒有糖分的麵包，麵包內側的柔軟度得以被保持住。

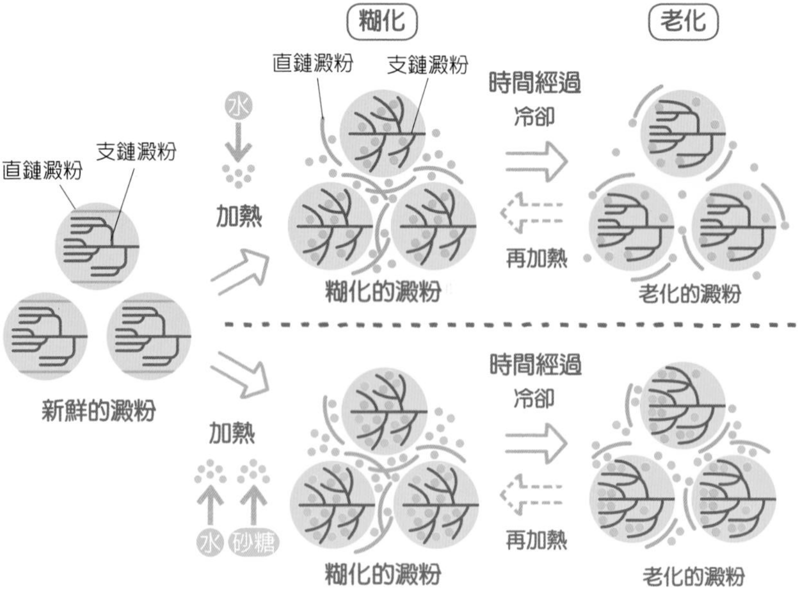

※ 再加熱的箭頭是虛線時，表示老化的澱粉即使再加熱，
也無法完全回復到糊化的狀態（⇒**Q39**）。

Q102 要均勻將砂糖混拌至麵團中，該如何做比較好？
=砂糖加至麵團時的注意點

A 不易融化的砂糖類型，可以先溶化在配方用水中，再攪拌即可。

細砂糖或上白糖等顆粒細小的砂糖，與麵粉等粉類混合後開始攪拌，但若使用像白雙糖般顆粒較大，或是像黑砂糖般容易結塊的糖類時，直接加入粉類當中，會不容易均勻分布或是可能無法完全溶解而殘留在麵團中。

這個時候，可以取部分配方用水，溶入砂糖後再添加，就能均勻分布在全體麵團中，也不會有殘留的狀況。

Q103 麵團中含砂糖較多的配方，使用的水量會有變化嗎？
=砂糖對於配方用水的影響

A 配方用水一旦溶入砂糖，會使液體量增加，配方用水量減少。

砂糖的主要成分蔗糖，具有容易溶於水的特性（溶解性），溶於水之後，特徵是會使水量增加。

因此，以無糖配方的麵包爲基礎，增加砂糖配方製作時，配方用水會因砂糖溶解而增量，若直接以原有的配方用水量來製作時，麵團會變得過於柔軟。因而，配方用水必須減量。

相對於麵粉用量，砂糖配方增加5%以上時，每增加5%，配方用水的水量，請各減少1%作爲調整。

Q104 砂糖可以用蜂蜜或楓糖漿取代嗎？使用時需要注意的重點？
=蜂蜜或楓糖漿對麵團的影響

A 蜂蜜或楓糖漿，成分與砂糖不同，甜味也不同，必須進行用量調整。

使用蜂蜜或楓糖漿取代砂糖時，可以製作出具獨特風味和香氣的麵包。在進行這樣的配方時，會先溶解在配方用水內再行加入。

例如，使用蜂蜜時，標準配方約是麵粉的15%以上；楓糖漿則是使用麵粉的10%以上，就能充分地突顯其風味。

以砂糖配方的麵包分量爲基準，將這些甜味劑全部替換成砂糖時，有以下幾點必須注意。

此外，要使用多少用量的蜂蜜或楓糖漿，要如何靈活運用其中的特殊風味，雖然會依成品而有所不同，但也可由此看出製作者的喜好，所以可以多方嘗試。

●使用蜂蜜時的注意點

減少水分用量

將麵團配方中的砂糖直接替換成蜂蜜，若沒有減少配方用水進行製作，就會像照片般，添加蜂蜜的麵團會坍塌且體積變小，嚼感和口感也會變差。

細砂糖是鬆散幾乎不含水分的狀態，蜂蜜是濃稠且具黏性的，約含有20%的水分。若等量地與砂糖進行替換時，形同配方的水分量增加，會使麵團變軟且沾黏，因此配方用水要減掉蜂蜜重量的20%。

比較使用細砂糖與蜂蜜製作的麵包

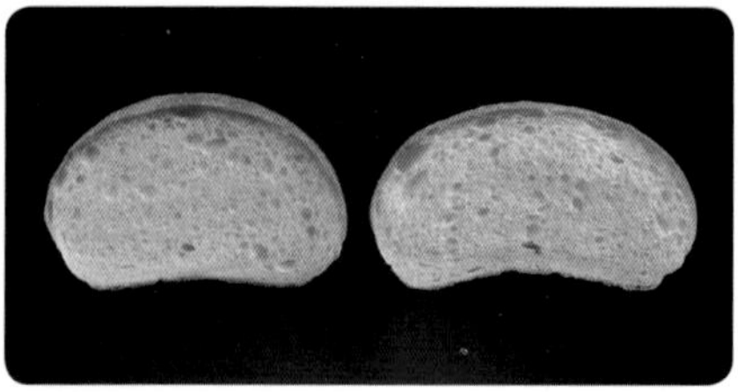

細砂糖（左）
蜂蜜（右）

※基本的配方（⇒p.289），砂糖的配方量以10%為基準，比較使用細砂糖和蜂蜜製作出的麵包。

強烈感受到甜味

細砂糖幾乎不含水分，蔗糖含量約是99.97%。姑且不論蜂蜜的水分含量，以等量替換時，會強烈感受到甜味。

蜂蜜雖然含約80%的糖，但成分與細砂糖大相逕庭，果糖和葡萄糖佔70%以上，蔗糖僅佔糖類全體的2%左右。

蜂蜜依其種類不同，有含果糖較多的，也有含葡萄糖較多的，這些不同比例的含量就會造成其中的差異。例如，蓮花或三葉草蜂蜜，含果糖比例較多。若以蔗糖甜度爲100時，果糖的甜度是115～173，葡萄糖的甜度則是64～74。使用的蜂蜜也會因其中果糖和葡萄糖的比例，而感覺到不同的甜度，但一般而言，相較於砂糖，會比較強烈地感覺到蜂蜜的甜味。

此外，蜂蜜的灰分也較細砂糖多，因此比較能感受到濃郁的甜味。

會加深烘烤色澤

蜂蜜中含有較多還原糖的果糖和葡萄糖，容易產生胺羰（梅納）反應，所以配方中添加了蜂蜜的麵包，表層外皮的顏色比較深濃。

口感潤澤地完成

果糖的保水性高於蔗糖，因此使用蜂蜜時，可以做出口感潤澤的麵包。

●使用楓糖漿時的注意點

楓糖漿中水分約含有30%，因此配方用水要減少約楓糖漿30%的重量。

糖類中含有蔗糖約64.18%、果糖0.14%、葡萄糖0.11%。蔗糖的比例較高，因此並不像以果糖、葡萄糖為主的蜂蜜般，不會有強烈的甜味、深濃的烘烤顏色、完成潤澤的口感。但是，與蜂蜜相同的是灰分含量較細砂糖多，所以可以品嚐出濃郁的甜味與深刻的風味。這樣獨特的味道，就是楓糖漿的特徵。

參考 ⇒p.312・313「TEST BAKING 13 甜味劑的種類」

Q 105 若麵包中不添加砂糖，有方法可以使麵包Q彈潤澤嗎？
＝海藻糖（trehalose）的特徵

A 利用具保水性的甜味劑海藻糖（trehalose）也是方法之一。

日本人從以前開始就喜歡具有黏稠性的食物，也喜好「Q彈」的穀物。現在的日本，這樣的嗜好被反映在獨特的麵包文化上。

特別是柔軟系列的麵包中，追求的是Q彈嚼感、潤澤口感。在此所說的「麵包Q彈」，指的是與「易咀嚼」相反，「不易咬斷，彈牙（彈力強）」，所以伴隨著「柔軟」「潤澤」且具「Q彈口感」呈現。

藉由增加砂糖和水的配方，可以呈現近似這樣的口感和質地，但也可以藉由添加海藻糖來呈現這些特徵。

所謂海藻糖，在日本認定為是一種功能性糖類的食品添加物（既存的食品添加物 **⇒Q139**），以酶在玉米等澱粉中作用製成的糖。

海藻糖具高保水性，因此可以呈現出Q彈、柔軟、潤澤的口感與質地。此外，也可以防止完成烘焙後的麵包，隨著時間的推移而變硬。麵包變硬是因吸收水分糊化（α 化）的澱粉結構中排出水分，造成老化（β 化）所引起，海藻糖可以保持水分，因此可以延緩澱粉老化。

海藻糖是糖的一種，但麵包中使用海藻糖，雖然也會因用量而不同，但基本上不是將部分砂糖替換成海藻糖，而是追加放入海藻糖。酵母（麵包酵母）無法使用海藻糖進行酒精發酵，因此若將部分砂糖替換成海藻糖，會造成發酵力低落的狀況。

或許大家會擔心，若是添加砂糖後再加入海藻糖，麵包會不會變得太甜呢，例如吐司的配方，即使添加也僅有麵粉的百分之幾。相對砂糖的甜度100，海藻糖的甜度只有38，所以並不會有變得太甜的狀況。

此外，即使本來沒有添加砂糖的麵包，只要使用少量海藻糖也很難感受到甜味，因此可以為了更接近自己喜好的口感而添加。

Q 106 可以根據麵團配方的砂糖量，判斷麵包的膨脹程度嗎？
＝適切的砂糖配方量

A 即使沒有砂糖，麵包也會膨脹。過多時，也會造成膨脹不佳的情況。

麵包是酵母（麵包酵母）藉由酒精發酵產生的二氧化碳而膨脹。酒精發酵時，糖類雖然是必要的，但即使不添加砂糖（配方量0%），也可以製作麵包。

以法國麵包為始，LEAN類配方的餐食麵包中，也有很多配方沒有砂糖，這是酵母中的酵素分解麵粉中的澱粉（受損澱粉⇒**Q37**），轉換成可用於發酵的最小單位之糖分，讓發酵得以進行而完成。

那麼，若是麵包配方中有砂糖，又如何呢？酵母除了可以從麵粉的澱粉中得到糖類之外，砂糖也會因本身的酵素分解，轉換成最小單位的糖類，以用於發酵（⇒**Q65**）。

砂糖配方量0%～5%的麵團，發酵60分鐘後，體積的比較（⇒**如次頁照片**）。砂糖配方量5%的麵團，膨脹較佳，可以得知酵母利用砂糖進行的酒精發酵較為活化。

砂糖配方不同時，麵團膨脹的比較

細砂糖0%(左)、5%(右)

※基本配方(⇒p.289)，比較砂糖(細砂糖)配方量0%、5%製作的麵團

但酵母本來就不耐多糖環境。在麵團內的砂糖，不斷地被分解時，麵團中滲透壓變高，酵母也會因此被奪去細胞內水分而收縮(⇒**Q71**)。

接著，砂糖配方量0%和5%的麵團中再增加，成爲砂糖10%和20%的麵團，再試著比較完成烘焙麵包膨脹狀況。

從下方的照片來看，砂糖配方量5～10%的麵包膨脹較大，但可以得知一旦砂糖增量到20%，就無法呈現麵包的體積了。

因此，砂糖配方較多的麵團中，因不容易受滲透壓影響，需要選擇能在高糖分麵團中維持高發酵力的酵母，也就是「高糖用」酵母。這些酵母產品，即使是配方相對於粉類約30%以上的砂糖用量，也能毫無問題地使麵包膨脹，主要被用在菓子(糕點)麵包上。

依砂糖配方量不同，完成烘焙時的比較

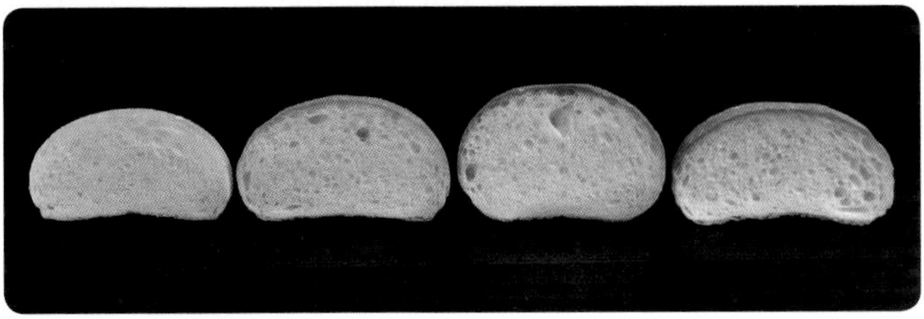

由左起，細砂糖0%、5%、10%、20%

※基本配方(⇒p.289)，比較砂糖(細砂糖)配方量0%、5%、10%、20%製作的麵團

參考 ⇒**p.310・311「TEST BAKING 12 砂糖的配方量」**

Q 107 撒在甜甜圈上的砂糖總是會融化。有不易溶解的砂糖嗎？
＝甜甜圈糖的特性

A 細砂糖加工製成的甜甜圈專用砂糖，不容易吸附水分。

甜甜圈完成時撒上的糖粉，很快會溶解，這是因爲砂糖中具有水份容易吸附的性質，所以用於甜甜圈的砂糖，使用的是被稱爲甜甜圈糖，不容易溶解的砂糖。

甜甜圈糖，是將砂糖的外層包覆添加乳化劑等特殊加工，使水分不容易吸附。

另外，即便使用的是甜甜圈糖，甜甜圈熱騰騰時，表面的油和蒸發的水分也會溶解甜甜圈糖，因此稍待放涼後再撒放。

左半邊使用甜甜圈糖，右半邊撒上一般糖粉

油脂

Q 108 不添加奶油或乳瑪琳等油脂，可以製作出麵包嗎？
＝油脂的作用

A **雖然LEAN類麵包配方不需油脂，但添加了油脂就能提升麵包製作性。**

發酵麵包的基本材料是麵粉、酵母（麵包酵母）、鹽、水，即使沒有油脂也能製作。法國麵包等硬質麵包中，基本材料不使用油脂。另一方面，軟質麵包類幾乎大多是添加油脂的麵包。其目的如下述。

① 柔軟內側變軟變細緻
② 表層外皮變薄變軟
③ 膨脹變好，完成烘焙時體積變大
④ 賦予濃郁、風味、香氣、色澤（因油脂產生）
⑤ 防止保存過程中變硬

那麼，一旦添加油脂，麵包會烘焙成膨鬆柔軟，到底是爲什麼呢？

作爲油脂使用，主要是奶油等固態油脂。藉由攪拌，奶油會沿著麵筋組織的薄膜或是澱粉粒子間的薄膜而推展。

之後，因發酵作用使酵母產生二氧化碳，氣泡周圍的麵團被推展延伸、被拉扯開展。伴隨著這個狀況，麵筋的薄膜推展時，奶油也隨著被施加的壓力而薄薄地延展，保持了形狀。此時藉由奶油的助益，麵筋組織不易沾黏、變得滑順，麵筋薄膜也更容易延展。

這樣的結果，就呈現在發酵、烘焙時，麵團容易膨脹，烘焙完成時體積變大。

再加上，麵包組織中因油脂層的推展，也能保持在完成烘焙時組織全體的柔軟度，因膨脹度增加，所以口感也會變得柔軟。

此外，藉由油脂的添加，可以防止麵包隨著時間流逝而變硬。油脂可以阻絕水分，所以添加了油脂的配方，可以使麵包的水分不容易蒸發，如此就能延緩澱粉的老化（β 化）（⇒**Q38**）。

Q 109 請問在麵團中混入奶油攪拌的時間點，以及其適當的硬度。

＝攪拌時固態油脂的使用方法

A 在麵筋組織形成時，加入回復常溫狀態的油脂。

麵團配方的固態油脂，基本上是麵粉、酵母（麵包酵母）、鹽、水等材料攪拌後，麵筋組織形成、產生彈力後才會添加。若在最初就混入油脂，會使麵筋組織不易形成，因此會在麵筋組織形成至某個程度後才添加。如此一來，就能非常有效率地進行攪拌了。

使用奶油時，最重要的是必須放至回復常溫，調節成適度的軟硬度後使用。試著用手指按壓塊狀奶油時，在指尖施力按壓手指可陷入的狀態即可。奶油若是適度的硬度，藉由攪拌對麵團施加壓力延展麵筋薄膜時，奶油會與麵筋薄膜以相同方向延展。因此會成爲薄膜狀態，沿著麵筋薄膜或延展分散在澱粉粒子之間。之後即使發酵、麵團膨脹，麵筋薄膜因此被拉扯延展，都是以相同方向薄薄延展開，除了可以避免麵筋組織相互沾黏，還具有潤滑油作用。

像這樣奶油能夠延展成薄膜狀態，是因爲具備了可塑性才能完成的。

所謂油脂的可塑性，對固體施以外力使其變形後，即使除去外力也無法回覆的性質。以奶油而言，在冷藏室中變硬冷卻成塊，但在常溫中稍加放置後，以手指按壓，就會如黏土般凹陷，或可以用手捏成任意的形狀。可塑性指的就是常溫時的這個特性。

奶油可以活用這個性質的溫度帶，落在 13 ～ 18℃之間。因此，奶油溫度一旦過於升高時，會變得過度柔軟、融化，會喪失其可塑性必須要多加注意。

奶油以外的固態油脂，大多也是低溫時變硬，如此一來在麵團中會難以被混拌，基本上會使用在常溫中放至柔軟的油脂。但與奶油相同，若是溫度過高時，會變得過於柔軟、融化並喪失可塑性。

即使用力也無法將手指壓入凹陷的狀態，過硬難以與麵團混拌（左）。
適度的硬度（中）。毫無阻力手指可以壓陷的狀態，就表示過於柔軟（右）。

Q 110 一旦融化的奶油，再次冷卻後可以回復原本的狀態嗎？

＝融化奶油的質變

A 喪失奶油可塑性的特性，無法回復原本的狀態。

一旦溫度上升奶油就會融化，是因為奶油中呈現平衡的固態油脂和液態油脂產生了變化，而引起的。奶油一旦冷卻成塊時，幾乎都是固態油脂，稱為 β 型，分子被細緻緊密地填成結晶型，呈現安定狀態。

溫度一旦上升時，固態油脂減少，液態油脂比例增加，融化的奶油幾乎都是液態油脂。

即使是融化奶油，一旦放入冷藏室再次冷卻成塊，乍看之下似乎可以直接使用，但只要是融化後再次結塊的奶油，就已失去了可塑性，放至常溫時會立刻變軟並且沾黏。此外，含入口中後，舌尖上的觸感也會感覺是顆粒般，不再滑順。

一旦融化後再凝結成塊狀的奶油，稱為 α 型，分子的填充狀態呈現鬆散的結晶型，是不安定的狀態。不安定的 α 構造，無法再度回復成安定的 β 型。換言之，一旦失去可塑性無法回復，因此調整奶油柔軟度時，必須注意避免其融化。

使用失去可塑性的奶油時，有可能會影響導致麵包膨脹不佳。

Q 111

麵包製作時，可以使用什麼樣的油脂？請問各是什麼樣的風味及口感特徵。

＝使用在麵包的油脂

A

可以使用奶油、乳瑪琳、酥油等固態油脂，或沙拉油、橄欖油等液態油脂。

油脂大致可區分爲固態油脂和液態油脂。

固態油脂奶油，可以賦予麵包獨特的風味及柔軟度。

乳瑪琳雖不及奶油，但除了風味近似之外，相較於奶油，保持可塑性的溫度範圍較廣，方便保存處理且價格便宜，與奶油同樣可以使麵包柔軟，帶來良好的口感。

酥油是無臭無味的，無法帶給麵包更多的味道，此外，與乳瑪琳相同的是方便保存處理，也是保持可塑性溫度範圍較廣的油脂。可以使麵包的口感良好，並呈現輕盈的口感，也能賦予麵包柔軟度。

液態油脂不具可塑性，相較於固態油脂，麵團膨脹程度略差，因而柔軟內側較紮實，會呈現Q彈的口感。並且除了各種像是沙拉油般，沒有特殊風味的油品之外，橄欖油等可以賦予麵包原材料的風味。

製作麵包時主要使用的油脂成分比較　（每100g可食用的部分 g）

		水分	蛋白質	脂質	碳水化合物	灰分
固態油脂	奶油（無鹽）	15.8	0.5	83.0	0.2	0.5
	奶油（含鹽）	16.2	0.6	81.0	0.2	2.0
	乳瑪琳（無鹽、業務用）	14.8	0.3	84.3	0.1	0.5
	酥油（業務用、糕點製作）	微量	0	99.9	0	0
液態油脂	大豆油（※玉米油、菜籽油等相同）	0	0	100.0	0	0
	調合油（※指的是被混合的各種沙拉油）	0	0	100.0	0	0
	橄欖油（頂級初榨橄欖油）	0	0	100.0	0	0

（摘自『日本食品標準成分表（八訂）』文部科學省科學技術、學術審議會）

乳瑪琳與酥油的出現始於代用品

乳瑪琳是1869年誕生於法國。在戰爭中因奶油不足難以購得，拿破崙三世懸賞募集代用品，法國化學家 Hippolyte Mège-Mouriès構思研發出乳瑪琳。在優質牛脂肪中添加牛乳等冷卻凝固而成，據說就是現在乳瑪琳的原型。

今天的乳瑪琳，是以植物油（大豆油、菜籽油、棉籽油、棕櫚油、椰子油等）為主要原料，（部分會使用魚油、豬脂、牛脂等動物性油脂），為能近似奶油地添加了奶粉、發酵乳、香料、食用色素等，再加進水分混拌，使其乳化製作而成。

酥油在十九世紀末的美國，是作為豬脂的代用品而開發。現在的酥油，主要是以植物性油脂為主要原料（也有使用動物性油脂的種類），藉由在液態油脂中添加氫的硬化技術，賦予硬度製成。幾乎100％都是油脂成分地完成製作，無臭無味的白色油脂，為防止氧化混入氮氣，以這樣的固態油脂狀態上市出售。

Q 112 以乳瑪琳取代奶油製作，烘焙完成後有何不同？
＝乳瑪琳的優點

A 相較於奶油，乳瑪琳的風味雖略有不及，但能讓麵包膨脹出體積，也能保持柔軟度同時更經濟實惠。

奶油是從新鮮牛乳製作成高乳脂肪成分，激烈的攪拌後使脂肪球融合，水分被分離，萃取出脂肪球結集的成品，乳脂肪成分中，約有16%的水分乳化混於其中。

另一方面，乳瑪琳一開始是以奶油的代用品被製造研發，在日本JAS的規範，油脂含量比在80%以上、水分在17%以下、乳脂肪含量未及40%。乳瑪琳雖然具有與奶油相似的風味，但較奶油便宜，供應量穩定，因此經常被運用在麵包製作。

雖說是模仿奶油的成品，但乳瑪琳在操作特性上有比奶油更具優勢之處。在麵團中揉和油脂時，爲了使油脂得以均匀分散在麵團的薄膜組織中，油脂的可塑性很重要（⇒**Q109**）。奶油的可塑性限於13～18℃的溫度帶才能發揮特性，但乳瑪琳的可塑性溫度範圍廣，落在10～30℃之間。因此相較於奶油，更具有能適度調節柔軟度的優異操作特性。

此外，也比奶油更能呈現麵包的膨脹體積，長時間保持柔軟度。乳瑪琳雖然風味不及奶油，但風味上較奶油更清爽，連同成品的香氣及風味也會因而不同，可以試著在麵包製作上加以比較，找出自己喜歡的產品風味吧。

Q 113 複合乳瑪琳是什麼？什麼時候使用？
＝複合乳瑪琳的特徵

A 植物性質油脂中，添加動物性質油脂的奶油，製成的乳瑪琳。使用方法與奶油或乳瑪琳相同。

「コンパウンド（compound）」具有「複合物、化合物」的意思。

通常，乳瑪琳是以植物性質油脂爲主製成，但複合乳瑪琳是在植物性質油脂中，加入動物性質油脂的奶油，製作成兼具奶油風味和乳瑪琳便利性，兼容並蓄的產品。沒有規定奶油配方比例，因此依製品各有不同，但與乳瑪琳同樣有優異的麵包製作性。

奶油的配方比例上，製品中少則數10%，多則有60%以上。可以視想要呈現多少奶油濃郁風味，來選擇產品。

Q 114 酥油配方會做出什麼樣的麵包？相較於奶油，風味與口感會有不同嗎？
＝酥油的特徵與使用方法

A 可以得到良好咀嚼的口感，並且不會影響到其他材料的香氣等。

奶油或乳瑪琳等具有香氣或風味的材料，並不是麵包中唯一使用的油脂，有時也會使用像酥油無臭無味的種類。酥油會賦予餅乾或脆餅酥鬆爽脆的質地，被運用在想要呈現輕盈口感時。油脂的這種特性稱爲shorting，詞源來自於英文單詞“shorten”（使酥脆、易碎），也是shorting一詞的由來。

在製作麵包時，能賦予麵包內側與表層外皮的極佳嚼感、優化麵團的膨脹、產生柔軟的效果。酥油具有可塑性，與乳瑪琳同樣能在10～30℃中發揮這個性質。在近年的研究顯示，在麵團中揉入酥油，與奶油或乳瑪琳展延的薄膜狀不同，被認爲可以呈現細緻油滴狀態分散。油滴狀的酥油一旦被吸收並分散至麵筋薄膜的表面或薄膜中，麵筋組織延展性變好，麵團能更加延展，藉由發酵、烘焙，使得麵團更容易呈現極佳的膨脹。

此外，烘焙時分散在麵筋薄膜中的油滴狀油脂融化，在部分滲入麵筋組織的狀態下進行烘烤，因此與奶油和乳瑪琳不同，完成烘焙後的麵筋組織會產生鬆脆感，使得柔軟內側和表層外皮的口感更好。除此之外，酥油配方的麵包，相較於奶油配方的麵包，特徵是烘烤色澤更淡，麵包中沒有油脂的味道和香氣。

酥油幾乎是100%無臭無味的脂質所構成，可是奶油除了脂質和水分之外，還含有約0.2%的碳水化合物、0.5%蛋白質的成分。當其中的碳水化合物（糖類）和蛋白質（胺基酸）一旦被加熱，會引起胺羰（梅納）反應（⇒**Q98**），生成褐色物質與芳香物質，成爲奶油特有的烘焙香氣。另一方面，酥油雖然沒有香氣，但是完成烘焙時的麵包口感，因前述的原因，比使用奶油完成的麵包，會更柔軟、口感更佳。

以上的特徵，是單純使用酥油的狀況，主要用於想要活用小麥的香氣，而不需要多餘風味時，或是希望能有更好的嚼感及膨脹效果時。實際上在麵包製作時，會與奶油合併使用，能增添奶油香氣和風味，同時還能呈現出良好的口感與膨脹的效果。考量想要製作的麵包風味及口感等，再來決定單獨使用，或是合併奶油使用即可。

參考 ⇒ **p.314・315「TEST BAKING 14 油脂的種類」**

Q 115 麵包配方中用液態油取代奶油時，烘焙完成有何不同？

=液態油脂的特徵與使用方法

A 不易膨脹，也難以呈現烘烤色澤。

將麵包中配方的奶油，替換成與奶油相同，具可塑性（⇒**Q109**）的乳瑪琳或酥油等固態油脂，烘焙完成後可以得到相同或是更勝一籌的膨脹程度。

這是因爲具可塑性的油脂揉和至麵團中，在麵筋組織被拉扯延展時，略具硬度的油脂會和麵團同時被延展，以延展狀態保持住油脂的形狀，接著在發酵時也會容易維持住麵團膨脹的狀態。

另一方面，奶油替換成沙拉油、橄欖油時，這些液態油脂不具可塑性，也沒有固態油脂的硬度。因此藉由添加油脂雖然能讓麵團容易被延展，但相較於具有可塑性的油脂，麵團因不具張力而容易坍塌，無法保持膨脹狀態地橫向坍垮下來，就導致完成烘焙的麵包體積不易膨脹。

另外，與酥油相同，相較於奶油配方，烘烤色澤也較淺而淡。液態油脂的脂質是100%，幾乎沒有會引發胺羰（梅納）反應（⇒**Q98**）的成分。

因爲這樣的原因，奶油配方的麵包，基本是不會替換成香味較弱的沙拉油來製作。但是，即使是相同的液態油脂，橄欖油具有清爽獨特的香氣，這個香氣和液態油脂的影響會使麵包特色越發鮮活，像衆所皆知的佛卡夏等麵包。

比較以不同油脂種類烘焙完成的麵包

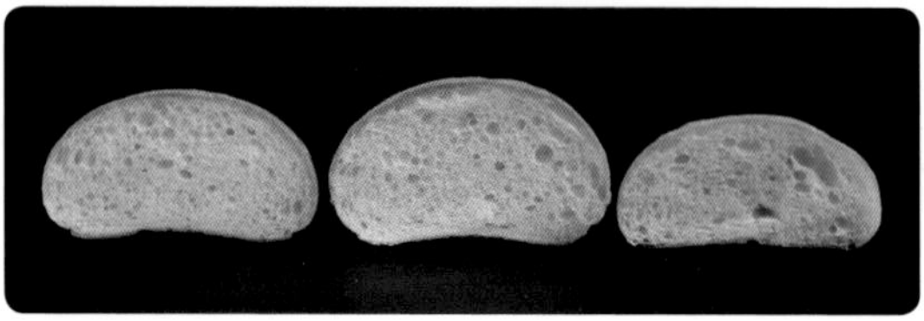

左起：奶油、酥油、沙拉油

※基本配方（⇒p.289），比較以油脂配方量10%，分別使用酥油、奶油、沙拉油製作的成品

參考 ⇒p.314・315「TEST BAKING 14 油脂的種類」

Q116 糕點製作時主要使用的是無鹽奶油，麵包製作時使用有鹽奶油也可以嗎？

＝適合麵包製作的奶油種類

A 使用無鹽奶油比較適合。

即使是製作麵包，也和糕點一樣，通常會使用無鹽奶油。

一般含鹽（有鹽）的奶油，含有鹽分1～2%。例如，麵粉1kg的麵團，使用含有1.5%鹽分的有鹽奶油200g。此時，奶油的鹽分量約是3g。若以烘焙比例來看，約是0.3%。

一般鹽的用量相對於麵粉，是2%的程度，鹽一旦增加0.3%，就會影響到麵包味道的清爽度。也就是使用無鹽奶油，是爲了避免奶油用量較大時，鹽分影響到麵包的風味。

順道一提，並不是使用有鹽奶油後，計算其中的鹽分，再減掉混入麵團中食鹽的用量就可以。鹽，是具有可以緊實麵筋組織構造，強化麵團黏性與彈力的效果（⇒**Q82**）。但奶油是在攪拌後半才加入，因此無法期待含在奶油中的鹽分能發揮效果，反而會使麵筋組織變得難以形成。

Q117 固態油脂和液態油脂，添加至麵團的時間點需要改變嗎？
＝添加油脂的時間

A 固態油脂會在攪拌中期，液態油脂則在攪拌初期加入。

在麵包製作時，攪拌初期不添加油脂地揉和麵團，使麵筋組織可以確實形成。接著，當形成麵筋組織的麵團在產生彈力的攪拌中期時，加入油脂。若是在一開始就加入油脂，油脂會阻礙麵粉中蛋白質之間的結合，導致麵筋組織難以形成，因此奶油或酥油等固態油脂並不是在開始攪拌時，而是在某個程度結合後添加，才是基本的作法（⇒p.197～199「奶油卷」）。

相對於此，若液態油脂的沙拉油或橄欖油等，與固態油脂同樣在攪拌中期加入，則會難以滲入完成結合，已具彈力狀態的麵團之中，油會在麵團上滑動而無法順利混拌。若爲了想要確實進行攪拌，而長時間混拌，也會對麵團造成負擔。

因此，液態油脂添加至麵團時，基本上是在攪拌開始就要立即添加。並且，油脂在攪拌初期添加，雖然會阻礙麵筋組織的形成，但製作使用液狀油脂的麵包時，大多是不需要強烈麵筋組織連結的麵包。

Q118 麵包的配方使用固態油脂，約是多少%的程度較適合呢？
＝固態油脂的配方量

A 想要做出柔軟成品時使用3%以上、想要呈現奶油特色時使用10～15%。

在麵包中添加固態油脂的目的，若是想要呈現膨脹鬆軟的口感，要添加相對於麵粉3%以上。例如，吐司一般是添加3～6%。

但若同時有膨脹體積的目的，添加超過6%的油脂，就會阻礙麵團的膨脹。

另一方面，若是想要呈現奶油芳香醇郁的風味及香氣，就必須要添加至10%的程度。以奶油風味爲主的奶油卷，相對於麵粉用量約是10～15%，若是揉入大量奶油的布里歐，也會有添加到30～60%的狀況。

參考⇒p.316・317「TEST BAKING 15 奶油的配方量」

Q 119 雖然奶油和酥油的水分含量不同，但以酥油替換奶油時，需要考慮水分的配方用量嗎？

＝油脂的水分影響

A 不需要替換配方，以水量進行微調。

奶油當中含有約16%的水分，乳瑪琳和奶油雖然是相同程度的水分量，但是酥油是100%油脂形成，幾乎不含水分。

雖然水分量不同，但以酥油替換奶油時，並不需要特別考慮水分差異。嚴格來說，雖然有調整的必要，但通常可以在攪拌時以水量調整的範圍。若配方奶油在20%以上的RICH類麵團，一旦用酥油替換奶油時，單純計算就已經出現3%以上的差異，就必須增加配方用水的分量。

Q 120 可頌折疊用奶油，要如何使其延展呢？

＝利用奶油可塑性，可頌的整型

A 以擀麵棍敲打奶油後使用，使其如黏土般可以整型。

可頌是用麵團和奶油，多次交錯層疊的折疊麵團製成。製作折疊麵團時，首先擀壓發酵的麵團，擺放上擀壓成方形的片狀奶油，以麵團包覆。其次，用壓麵機薄薄地擀壓，使麵團和奶油保持層疊狀態，同時進行三折疊、擀壓的「折疊」作業。

奶油擀壓成片狀時，就是利用奶油的可塑性（⇒**Q109**）。奶油以塊狀冷卻備用，用擀麵棍敲打成薄片。像這樣邊施力邊將溫度提升至可發揮其可塑性的13℃，就可以像黏土般自由製作形狀，麵團也同樣以擀麵棍擀壓成相同的硬度。

Q121 麵包坊或糕餅店的甜甜圈，為什麼不會像家庭製作般黏膩呢？

＝油炸專用酥油的特徵

A 因為使用了油炸專用酥油。酥油一旦在常溫中，會變成固體，不容易出油。

在家裡製作甜甜圈時，雖然剛油炸出鍋時表面酥脆美味，但是隨著時間的推移，反油後就會感覺到油膩。

麵包店或糕餅店，即使是擺放在托盤上的甜甜圈或咖哩麵包等油炸麵包，好像也不太會有滲出油脂的狀況。這是因爲與在家製作不同，使用的不是液態油脂，而是使用油炸專用的酥油來油炸。

油炸專用酥油，與普通的酥油同樣在常溫下是白色的固態油脂，一旦放入油炸鍋（fryer）加熱時，就會融解成液態，成爲像家庭中使用的液狀油脂般可以油炸。油炸專用酥油與液態油脂不同，一旦冷卻回復常溫時，融化的油脂會再次回復成固態。

換言之，被甜甜圈吸收的油脂，冷卻陳列時，會回復成固體形狀，即使是放置在托盤上的甜甜圈，也不太容易滲出油脂。食用時也因油脂凝結成塊，更容易感覺酥脆。

另一方面，以沙拉油等液態油脂油炸時，即使冷卻滲入甜甜圈或炸麵包的油也還是液態。油脂滲入麵包內，進而感覺反油、表面也容易黏膩。

雞蛋

Q 122 用雞蛋個數標示的食譜配方，該選擇哪種尺寸的雞蛋才好呢？
＝適合麵包製作的雞蛋尺寸

A **以個數標示時，用M尺寸的雞蛋即可。**

蛋（雞蛋）的尺寸，根據日本農林水產省規定的『雞蛋規格交易綱要』，如左下方表格所示。雞蛋尺寸分類從SS到LL，最小的規格是40g，最大的是76g，有相當大的差距。

關於雞蛋大小和重量的規格

種類	雞蛋1個的重量（帶殼）
SS	40～46g未滿
S	46～52g未滿
MS	52～58g未滿
M	58～64g未滿
L	64～70g未滿
LL	70～76g未滿

（根據日本農林水產省事務次官通知的『雞蛋規格交易綱要』）

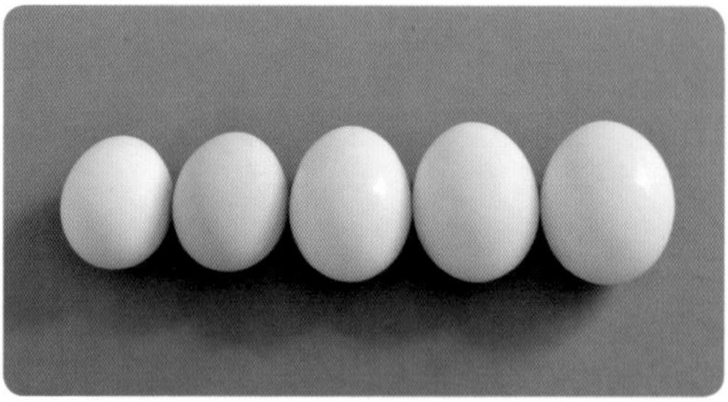

由左起是SS、S、M、L、LL（只有MS不在照片中）

將所有尺寸的雞蛋都敲開來比較時，可以發現蛋黃的大小並沒有太大的差距，由此可知雞蛋尺寸較大的，就是蛋白含量較多（⇒**請參照次頁的照片**）。

家庭用雞蛋出售的大多是M尺寸或L尺寸，若除去蛋殼和蛋殼膜（重量約10%）的全蛋，M尺寸約是50g、L尺寸約是60g。蛋黃無論哪種尺寸都約是20g，但SS則是未及20g、LL則是大於20g。

雞蛋不同尺寸的體積比較

由左起各是S、M、L尺寸的雞蛋

越是大尺寸的雞蛋，蛋白量越多，但更詳細來說，即使是身邊唾手可得的M尺寸和L尺寸雞蛋，每1個也會約有10g的差距，M尺寸蛋白量約是30g、L尺寸約是40g。

因此，食譜中使用全蛋或蛋白時，若標示的用量是個數，會因使用尺寸，而導致個數越多差異越大。因此若沒有特別指定，一般使用就是M尺寸。

此外，當全蛋的分量以g數來標示，與個數標示同樣地，請用M尺寸的雞蛋（蛋黃20g、蛋白30g）爲基準，請調整成蛋黃：蛋白＝2：3。

若是蛋黃、蛋白各別計量的食譜配方，則無論哪種尺寸都沒問題。若擔心剩餘而想要盡可能減少浪費時，可視食譜配方的需求，需要較多蛋白時可以選用LL尺寸的雞蛋，可以使用最少量的個數。只使用蛋黃的食譜時，則選用較小的雞蛋，就可以減少蛋白的浪費了。

Q 123 紅色蛋殼和白色蛋殼的不同、蛋黃顏色的深濃，是為什麼呢？營養價值不同嗎？

＝雞蛋的殼、蛋黃的顏色

A 殼的顏色，一般是由雞隻的種類來決定。蛋黃的顏色則受到飼料色素的左右。

褐色蛋殼的稱爲「赤玉」、白色又被稱爲「白玉」，赤玉的價格有較高的傾向。

蛋殼的顏色是因爲雞的種類而不同，但營養上並沒有差異。羽毛顏色是白色的雞，產下的就是白色的雞蛋，羽毛顏色是褐色或黑色系的雞，傾向生出紅褐色的蛋。但也有白色雞產下紅褐蛋、褐色雞產下白色蛋的品種，也有會產下櫻色或淡綠色等雞蛋顏色的雞。現在開發出許多品種，因此蛋殼的顏色也不一定和羽毛顏色有關。

此外，在日本印象中一向認爲只要蛋黃的顏色深濃，就更美味、營養價値更高，所以現在能生產出深濃蛋黃雞蛋的養雞場也較以前更多了。

爲了使蛋黃顏色更加深濃，會在雞餌（飼料）中添加甜椒、紅蘿蔔、黃玉米等，含大量類胡蘿蔔素（carotenoid）的食材。但即使是類胡蘿蔔素較多，也沒有多到可以藉此攝取 β 胡蘿蔔素的含量。

順帶一提，雖然不會因爲顏色而影響風味及麵包製作性，但是蛋黃顏色會影響到完成時麵包柔軟內側的色調。例如，使用了蛋黃顏色近似橘色製作出的麵包，柔軟內側的顏色也會近乎橘色；使用蛋黃顏色偏淡的雞蛋，所製作的麵包，柔軟內側的顏色也會因而偏白。

Q124 使用全蛋以及僅使用蛋黃，烘焙完成的麵包會有什麼樣的不同呢？
＝蛋黃和蛋白成分的不同

A 僅使用蛋黃時，可以烘焙出潤澤柔軟的成品，使用全蛋時柔軟內側雖然會略變硬，但可以有更好的嚼感。

麵團中添加雞蛋，一般加的是全蛋或是蛋黃。

雞蛋一旦加熱就會凝固，原因是來自雞蛋中所含的蛋白質特性。蛋白質是胺基酸的立體構造形成，這個立體構造一旦因熱而變形時，會使蛋白質之間黏結凝聚，這就是所謂熱凝固（因受熱而凝結）的現象。這個熱凝固也可以在含較多蛋白質的食品（魚或肉類等）中看到，只是雞蛋因爲是液態，特徵是蛋白和蛋黃的凝結方式不同。

蛋黃當中除了水分和蛋白質之外，也含有脂質，而蛋白大部分是水分，並以蛋白質所構成，幾乎不含脂質。麵包若僅使用含脂質較多的蛋黃時，可以烘焙成潤澤柔軟的成品。另一方面，若是使用全蛋時，因添加了蛋白，可以使麵團的骨骼組織更穩固，烘焙而成的麵包會更添口感，但會比只使用蛋黃的麵包更多幾分硬度。

完成烘焙的體積，試著用 TEST BAKING 比較時，可以得知僅使用蛋黃的麵包，體積會是最大，而僅使用蛋白的麵包體積會受到壓抑。使用全蛋的成品，雖然不及僅使用蛋黃的成品，但體積也得以全部呈現（⇒請參照次頁的照片）。

在充分理解這些特徵後，再考量希望麵包是什麼樣的口感及膨脹狀態，來區隔使用全蛋或蛋黃吧。

雞蛋的成分比較

（100g可食用部分的g數）

	水分	蛋白質	脂質	碳水化合物	灰分
全蛋（新鮮）	75.0	12.2	10.2	0.4	1.0
蛋黃（新鮮）	49.6	16.5	34.3	0.2	1.7
蛋白（新鮮）	88.3	10.1	微量	0.5	0.7

※ 全蛋除去沾黏蛋白的蛋殼後，以蛋黃：蛋白＝38：62為試用材料
（摘自『日本食品標準成分表（八訂）』文部科學省科學技術、學術審議會）

比較各別添加全蛋、蛋黃、蛋白的成品

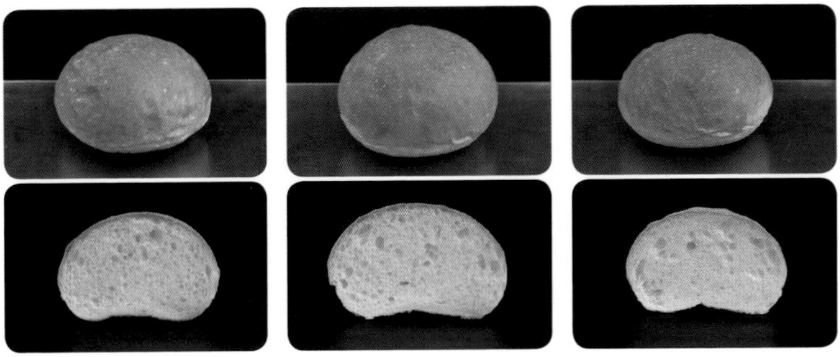

全蛋　蛋黃　蛋白

※ 基本配方（⇒p.289），添加5%的雞蛋，比較各別添加全蛋、蛋黃、蛋白製作的成品。
水量調整減少成59%

參考⇒p.318～321「TEST BAKING 16·17 雞蛋的配方量①、②」

Q125 蛋黃對麵包柔軟內側的質地及膨脹有什麼樣的影響？
＝麵包製作不可或缺的蛋黃乳化作用

A 藉由乳化蛋黃中含有的脂質，對麵包產生的3個影響。

麵包製作時雞蛋的作用在**Q124**中有提到，但蛋白與蛋黃，對麵團及製品的影響卻各不相同。在此仔細地針對蛋黃的作用，加以詳細說明。

麵團中，一旦配方有蛋黃，那麼就可以得到以下的3個效果。

① 柔軟內側的質地（氣泡）變細，能潤澤地完成烘焙
② 呈現出膨脹的體積
③ 能保持烘焙完成後麵包的柔軟，即使隨著時間的推移也不容易變硬

比較不同蛋黃配方用量時的烘焙成品

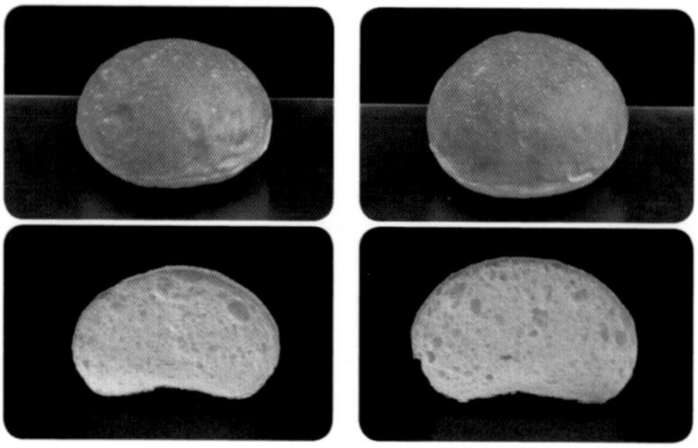

0%　　5%

※比較使用基本配方（⇒p.289）的成品，和添加5%的蛋黃製作的成品（水量調整減少成59%）

① 柔軟內側的質地（氣泡）變細，能潤澤地完成烘焙

蛋白中雖然不含脂質，但蛋黃成分中含有34.3%的脂質。蛋黃的脂質，特徵是具含有乳化作用的卵磷脂（磷脂質的一種），和脂蛋白（lipoprotein）（脂質和蛋白質的複合體）※。

所謂的乳化，是原本無法混合的水和油呈現混合之現象。爲使水和油能混合，水和油之間必須有能融合2者的物質，這就是乳化劑，在蛋黃當中，卵磷脂和脂蛋白就具有這樣的作用。

麵包的材料當中，有易溶於水的物質（麵粉、砂糖、奶粉等）和易溶於油脂的物質（奶油、乳瑪琳、酥油等）。配方有蛋黃的麵團一旦攪拌後，蛋黃中的卵磷脂和脂蛋白質就會發揮乳化劑的作用，使油脂能在水分中呈現油滴狀分散地混入麵團內。像這樣材料均勻細緻地分散混合，使麵團成爲油水分布均勻的安定現象，就會產生在②中說明的現象，進而使麵團質地細緻。

※脂蛋白質：含有脂質成分同時在水中的分散性佳，與卵磷脂一樣，具有能使油脂安定地呈粒狀分散在水中的作用。相較於卵磷脂單獨的作用，連同脂蛋白一起作用，乳化效果更強。

② 呈現出膨脹的體積

麵團中含有蛋黃時，卵磷脂和脂蛋白會作爲乳化劑地發揮作用，使油脂在麵團的水分中分散成油滴狀，促進乳化。如此一來，麵團變得柔軟光滑，延展性佳，在發酵和烘焙時，麵團更容易膨脹。

並且澱粉在完成烘焙爲止，都會存在於麵筋組織層之間，烘焙時麵團的溫度一旦超過60℃，會開始吸收水分，澱粉粒子也會膨潤起來。一般當溫度至85℃左右，就會完全糊化（α 化）（⇒**Q36**），水分過多時粒子會崩壞，直鏈澱粉會釋放至澱粉粒子之外，使得黏性變強。

但是，麵團中含有蛋黃時，藉由蛋黃的乳化作用，使得直鏈澱粉不容易被澱粉粒子釋出。也就是不容易產生糊狀的黏性，澱粉的延展性（易於延展的程度）不會被阻礙，也可以說變得更容易膨脹（⇒**Q35**）。

③ 能保持烘焙完成後麵包的柔軟，即使隨著時間的推移也不容易變硬

在澱粉老化（β 化）的說明中也曾提到，麵包是因爲澱粉粒子的直鏈澱粉或支鏈澱粉回復其結晶形狀（成爲結晶化），因而變硬（⇒**Q38**）。

乳化劑作用狀態下，直鏈澱粉不易被釋出於澱粉粒子之外，因而結晶化只能在澱粉粒子內部進行，因此即使經過時間的推移也不容易變硬。這樣的作用，特別是加入作爲乳化劑的添加物時有其成效，當配方含蛋黃時，即使少量也會產生相同的現象。 參考 ⇒**p.320・321「TEST BAKING 17 雞蛋的配方量②」**

乳化劑對澱粉糊化、老化的影響

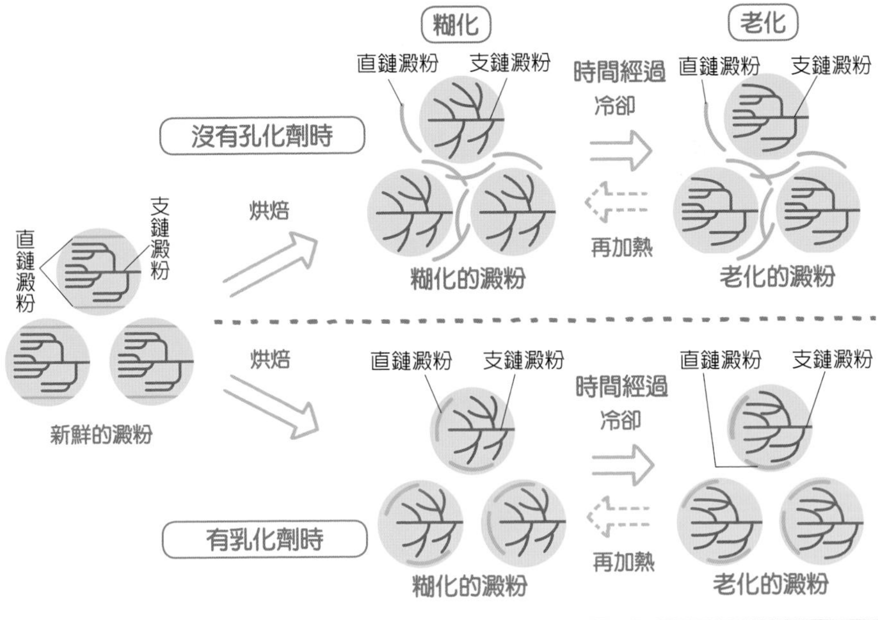

※ 再加熱的箭頭是虛線時，表示老化的澱粉即使再加熱，也無法完全回覆到糊化的狀態（⇒**Q39**）。

何謂乳化？

在缽盆中放入水和油，劇烈攪拌後，瞬間可以看見油脂在水中呈現細微粒狀。這就是油脂在水中的分散狀態，但立刻水和油會分離成2層。此時，若添加了稱為乳化劑，含有容易與水融合的親水性與容易與油（脂質）融合的疏水性物質，就能介於中間地結合水與油，而使2者混合。例如，以醬汁來看，水分與油脂分離產生層次，有充分混拌就能使油脂分散在水分的類型，以及水分和油脂已均勻混拌後呈乳霜狀濃稠，使用前不需混拌的類型。後者，就是為避免分離地，添加作為乳化劑材料製作完成。像這樣本來無法混合的2種液體中，當一方變成細小粒子，均勻分散在另一材料中時，就稱為「乳化」，混合狀態就稱為emulsion（乳濁液）。

為了產生乳化，必須添加具乳化劑的物質，乳化劑親水性部分與水結合，疏水性部分與油結合，如此才能使水和油得以共存。

乳化的類型

乳化有2種，水分多於油類時，油會在水中分散成油滴狀成為「水中油滴型（O/W型）」之乳化。乳化劑的疏水性部分在內側與油結合，包覆油粒子。此時，親水部分在外側與水結合，在水分中可以保持油類的粒狀。反之，油類較水分多時，是「油中水滴型（W/O型）」的乳化，被乳化劑包覆的水粒子分散在油類中，形成安定的形態。

麵包製作材料中，也有因乳化而形成的物質。像牛乳或鮮奶油等，是水中油滴型，奶油是油中水滴型的乳濁液。這些雖然也都含有乳化劑，但蛋黃的特徵是，其所含的乳化劑具有更強的乳化力。

乳化的種類

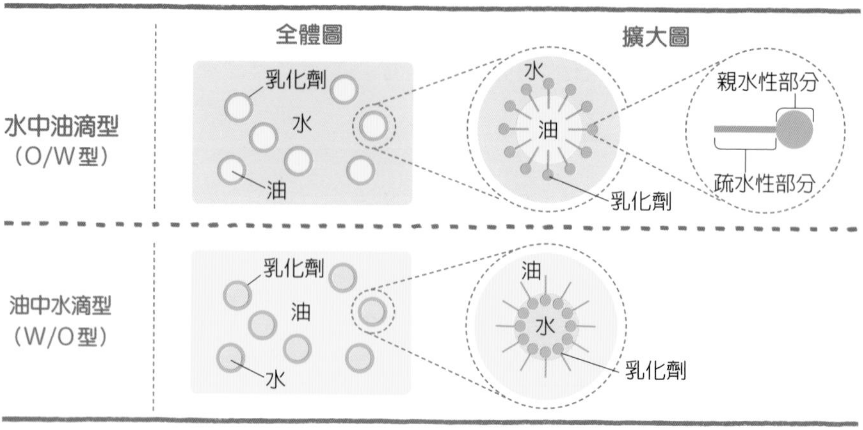

Q126 蛋白對於麵包的質地和膨脹會帶來什麼樣的影響呢？
＝支撐麵包膨脹的蛋白

A 蛋白中的蛋白質可以強化麵包的骨骼構造，帶來良好的咀嚼口感。

配方中添加蛋黃時的影響在 **Q125** 中已經談過，那麼接著就來看看蛋白的影響。麵團中含蛋白時，會產生以下的影響。

① 強化膨脹麵團的骨骼構造
② 雖然可以形成良好的咀嚼口感，但配方量較多時，麵包會變硬

蛋白配方量不同時完成烘焙的比較

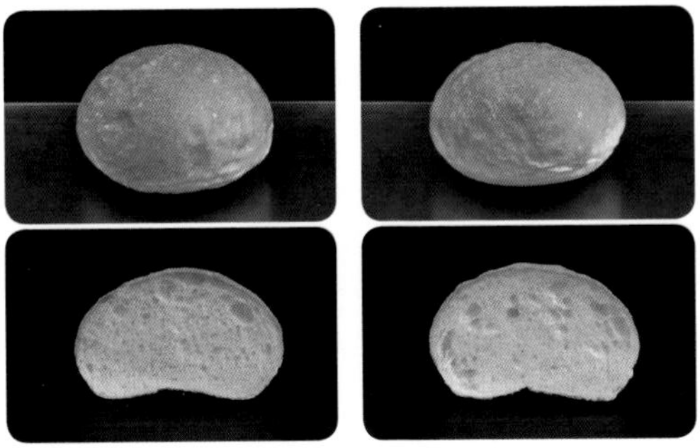

0%　　5%

※比較基本配方（⇒p.289）成品，與添加5%的蛋白製作的成品（水量調整減少成59%）。

① 強化膨脹麵團的骨骼構造

蛋白和蛋黃都是遇熱會凝固，但是構成的蛋白質組成不同，因此凝固方式各有各的特徵。

以身旁的例子，水煮蛋來看。蛋白是含水狀態的膠狀凝固，但蛋黃是粉質狀的凝固。煮得較硬的水煮蛋黃，是填滿粒狀蛋黃球的狀態，鬆散易碎較少連結。

另一方面，蛋白是蛋白質呈網狀結合的凝聚，網狀會形成柔軟的骨骼構造，一旦閉鎖網狀間的水分，就呈現果凍般的凝固。

麵團中混入蛋白時，蛋白呈分散狀，不會像單獨加熱蛋白般形成果凍狀，但不變的是蛋白質一樣具有補強骨骼組織的作用，相較於配方不含蛋白時，麵筋組織被強化，膨脹起來的麵團也比較不容易萎縮塌陷。

② 雖然可以形成良好的咀嚼口感，但配方量較多時，麵包會變硬

蛋白的成分是水分88.3%、蛋白質10.1%，水分之外的固體成分幾乎是由蛋白質構成。蛋白質當中一半以上是卵白蛋白（ovalbumin）。卵白蛋白會因熱凝固，使麵團產生良好的咀嚼口感。只是一旦配方用量變多時，會感覺口感缺乏潤澤且過硬。

參考 ⇒p.320・321「TEST BAKING 17 雞蛋的配方量②」

Q127 要在麵包中添加雞蛋風味時，配方多少才適合？

＝增添風味時必要的雞蛋配方用量

A 蛋黃約是麵粉的6%，全蛋則需配方約15%即可。

對於雞蛋的作用之前都已說明，但在麵包配方中加入雞蛋的最重要目的，不就是想要烘焙完成的麵包中，呈現雞蛋的濃郁風味嗎。

雞蛋的濃郁風味，主要是來自蛋黃。享用麵包時，爲了能嚐出這樣的風味，添加蛋黃必須是相對於麵粉的6%，若是使用全蛋，則需配方約15%的用量。

但若是想呈現出更強烈雞蛋的滋味時，配方使用非常多的雞蛋並不適合。例如，蛋黃增加過多時，蛋黃的黏性會變得難以攪拌，蛋黃成分中的脂質增加，也會使麵筋組織難以結合。因此若不進行長時間攪拌，會烘焙成小體積的麵包。

此外，若增加過多的全蛋，蛋白也會隨之增加，致使麵包過硬（⇒**Q126**）。但確實理解配方中含雞蛋的麵團特徵，也有像布里歐般使用大量雞蛋的成品。

全蛋配方量不同時完成烘焙的比較

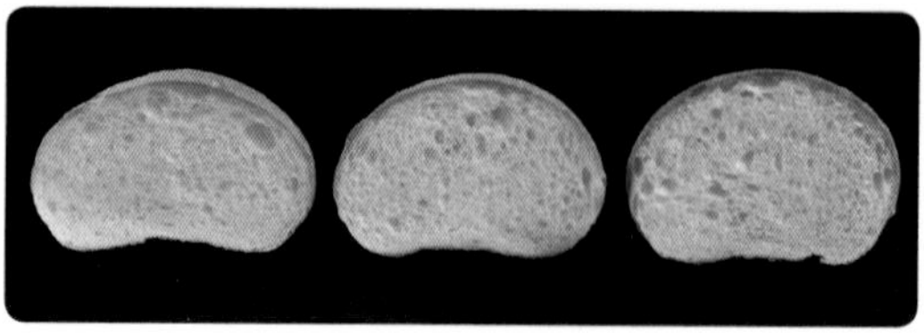

※比較基本配方（⇒p.289）成品與添加5%全蛋製作的成品（水量調整減少成59%）、添加15%製作的成品（水量調整減少成49%）。

從左起0%、5%、15%

參考 ⇒p.318～321「TEST BAKING 16・17 雞蛋的配方量①、②」

Q128 使用冷凍保存的雞蛋，麵包烘焙完成會不同嗎？
＝冷凍雞蛋的麵包製作性

A 冷凍後即解凍，全蛋並不會有特別的問題，但蛋黃則必須添加砂糖。

帶殼雞蛋直接冷凍時，雖然雞蛋本身膨脹會導致蛋殼破裂，但融化攪散的全蛋是可以冷凍保存的。解凍後也幾乎可以回復原狀，在麵包製作上沒有問題。

蛋白雖然也可以冷凍，但解凍後濃厚蛋白減少會變得比較水狀。雖然蛋白本身的發泡性以及氣泡的安定性都會略差，但一樣對於麵包製作上不會有特別的問題。

但是，蛋黃一旦冷凍，解凍後也仍會是硬塊狀態（膠狀），無法像未冷凍的雞蛋般使用。但若添加10%左右的砂糖攪拌後再冷凍，解凍後就可以回復液態狀。只是冷凍後，會使乳化特性變差。

無論如何，雞蛋因容易繁殖細菌，相較於業務用冷凍庫，家庭冷凍庫的溫度較高，並不建議冷凍保存。並且有業務用的殺菌冷凍全蛋、冷凍蛋黃、冷凍蛋白，以及各別有加糖、無糖的製品（也有為使製品呈安定狀態而使用添加物的）可供選擇。

加糖的冷凍蛋黃，若是使用時考量到砂糖的用量調整，幾乎能與使用新鮮蛋黃時製作出相同的麵包。

Q129 乾燥雞蛋是什麼樣的材料？
＝乾燥雞蛋的種類與用途

A 雞蛋加工成粉狀，可以用於麵包製作，以至於各式各樣的加工食品中。

所謂乾燥雞蛋，是將蛋液殺菌、乾燥製作成粉類或顆粒狀，特徵是有極高的便利性及貯藏性。未開封時可保存在常溫中，分成乾燥全蛋、乾燥蛋黃、乾燥蛋白3種。

主要的用途，乾燥全蛋和蛋黃是用於麵包糕點製品、預拌粉（prepared mix）（像市售的鬆餅粉般，可以烹調蛋糕、麵包、小菜等簡易調理的調製粉）、即食品、麵類等。

乾燥蛋白，可用於打發雞蛋製作的海綿蛋糕麵糊等蛋糕類、蛋白霜、麵包製品、麵類等，也用於魚板、竹輪等水產魚漿製品、火腿、香腸等的接合黏著。

乳製品

Q 130 麵包製作使用的乳製品，是什麼樣的產品?
＝麵包製作時使用的乳製品

A **主要使用牛乳、脫脂奶粉。**

從乳牛榨取出來的牛乳（MILK）稱爲「生乳」。以生乳作爲原料，加工成飲用的「牛乳」、優格、奶油、起司、鮮奶油、脫脂奶粉等各式各樣的製品。其中牛乳、脫脂奶粉，是軟質麵包不可或缺的材料。

此外，雖然奶油也是乳製品，但奶油會在「麵包製作的副材料」的「油脂」項目中（⇒**p.109～119**）詳細說明。

●牛乳

乳製品當中最常被消費食用的就是牛乳。

生乳會經過檢測以確認細菌數量是否低於標準，是否不含抗生素（antibiotic）等，然後經過加熱殺菌等處理，製成「牛乳」產品並進行流通。

幾乎所有的牛乳，除了殺菌之外，也經過均質化（homogenize）處理。生乳，是在稱爲乳槳的水分中，分散著粒狀乳脂肪（脂肪球），但稍加靜置後，乳脂肪會浮在表面成爲乳霜層。這是因爲生乳中所含的脂肪球直徑是0.1～10μm參差不齊，脂肪球越大受到浮力影響而容易浮出表面。爲使品質能安定，將脂肪球縮小成爲2μm以下，使細小的脂肪球能在水分中乳化地均質化作業。使生乳的脂肪成分不變地縮小脂肪球，讓飲用起來更清爽可口。

●脫脂奶粉

奶粉製品中，也包含搭配咖啡使用的奶精粉等，雖然種類很多，但是現在使用在麵包製作上，主要是脫脂奶粉。脫脂奶粉，是從生乳、牛乳、特殊牛乳的原料乳中，除去乳脂肪成分（脫脂奶），幾乎除去所有的水分，做成的粉末狀產品。規定是乳脂固形物在95%以上，水分在5%以下。

奶粉還有含乳脂肪成分的全脂奶粉（whole milk powder），正如其名，含乳脂肪成分的奶粉。全脂奶粉，是不除去原料奶（生乳、牛乳、特殊牛乳）的乳脂肪成分，和脫脂奶粉同樣地除去水分後，製成粉末狀的成品。

製作麵包時，雖然無論脫脂奶粉和全脂奶粉都同樣地可以使用，但是兩相比較，脫脂奶粉比較便宜，以及全脂奶粉中脂肪含量較多，脂肪易於氧化會影響保存，因此主要還是使用脫脂奶粉。

並且脫脂奶粉在家庭中是以（skimmed milk）來販售，為了能容易溶於熱水等，特殊加工成顆粒狀。順道一提，在英文中的skimmed milk指的是脫脂牛乳，是液體。粉末狀的產品稱為skimmed milk powder。在日本提到skimmed milk指的就是粉末狀的產品，參考英文食譜時，必須要多加留意。

Q 131 包裝盒上標示的加工乳，與牛乳不同嗎？
＝牛乳的種類

A 依飲用乳的成分與製造方法不同而分類，牛乳和加工乳品都是其中之一。

飲用乳根據食品衛生法「乳品及乳製品的成分規格相關的部令」，可以分為7類。

這7類粗略可以歸納為以下3大類。

① 牛乳 …僅以生乳為原料的成品
② 加工乳 …在牛乳中添加乳製品的成品
③ 乳製飲品 …在牛乳中添加乳製品以外材料的成品

飲用乳當中，冠以牛乳之名的，有100%生乳、「牛乳」、「特殊牛乳」、「成分調整牛乳」、「低脂牛乳」、「脫脂牛乳」等5種。其他的還有「加工乳」、「乳製飲品」2種。

這些名稱就是「種類別名稱」，被標示在容器上概括標示欄或商品名稱附近。因此，認爲喝下的是牛乳的商品，看清種類別名稱的標記時，才會發現原來不是牛乳。除去部分乳脂肪的低脂牛乳，或除去部分水分的高脂肪成分調整牛乳等，雖然大致歸納成牛乳，但只有無成分調整的才能稱作是牛乳。此外，商品名稱冠以「特濃」的商品，可能會覺得這一定就是高脂肪牛乳，但也有可能是牛乳中添加鮮奶油、奶油，製作而成的高乳脂肪成分加工乳。

其他也有添加鈣、鐵等強化營養成分的，就屬於乳製飲品。

●牛乳

一般的牛乳，是將生乳（從乳牛擠出的）加熱殺菌而成。指的是100%生乳、添加水或鮮奶油等其他原料、沒有減少成分、無成分調整的成品。

此外，還附帶有乳脂肪成分3%以上、無脂肪固形成分8%以上的條件。

●特殊牛乳

指的是現榨生乳，被少數、且受到認可的處理業者處理後，製造而成的產品，與牛乳同樣是無成分調整。規定是乳脂肪成分3.3%以上、無脂肪固形成分8.5%以上，較牛乳更醇濃。

此外，每1ml的細菌數，特殊牛乳嚴格規定在3萬以下，其他4個種類的牛乳則規定在5萬以下。

●成分調整牛乳

從生乳除去部分乳脂肪成分、水分、礦物質等，成分濃度都經過調整。乳脂肪成分並沒有規定，除此之外，成分的規定幾乎與「牛乳」相同。

●低脂牛乳

除去部分乳脂肪成分，調整成0.5%以上、1.5%以下的產品。除此之外，成分的規定幾乎與「牛乳」相同。

●脫脂牛乳

相較於低脂牛乳，再除去更多乳脂肪成分，是乳脂肪成分未滿0.5%的產品。除此之外，成分的規定幾乎與「牛乳」相同。

這5個種類當中，乳脂肪成分越少，味道越是清爽。以牛乳爲主體的糕點，雖然會因爲使用何種牛乳而使完成的風味略有差異，但在麵包製作時，這樣的差異不太容易察覺。

但是，用牛乳取代配方用水，以脫脂牛乳取代牛乳製作時，添加牛乳的麵團中，會因牛乳中所含的乳脂肪成分，在麵團超微小世界裡，引發阻礙麵筋組織形成的情況。一旦麵筋組織被防礙時，麵團會因而塌軟，而在麵包製作的現場，這樣程度的麵團變化，可以藉由減少調節用水、拉長攪拌時間等手段來進行微調的範圍內。

幾乎所有的麵包，會在攪拌作業後半才添加油脂，因此油脂的影響會有比較大的感覺。

5種牛乳的規格

種類別		原材料	成分的調整	無脂肪固形成分	乳脂肪成分
牛乳		僅生乳（生乳100%）	無成分調整	8.0%以上（一般市售是8.3%以上）	3.0%以上（一般市售是3.4%以上）
特殊牛乳				8.5%以上	3.3%以上
成分調整牛乳	成分調整牛乳		除去部分乳脂肪成分（乳脂肪成分、水、礦物質等）	8.0%以上	沒有規定
	低脂牛乳		除去部分乳脂肪成分		0.5%以上1.5%以下
	脫脂牛乳		除去幾乎全部的乳脂肪成分		不到0.5%

（摘自全國飲用牛乳公正交易協議會資料）

Q 132 牛乳或脫脂奶粉在麵包製作上扮演什麼樣的角色？
＝乳製品的作用

A **一旦添加了乳製品，會增添牛乳風味，提高營養價值。**

麵團中添加牛乳或脫脂奶粉主要的目的，是增添牛乳風味和提高營養價值。其他還有使表層外皮容易呈現烘烤色澤、延遲澱粉老化（β 化）、提升保存性等效果。

●使表層外皮容易呈現烘烤色澤

麵包的表層外皮呈現烘烤色澤，主要是蛋白質、胺基酸和還原糖會因高溫被加熱，而產生稱爲胺羰反應（amino-carbonyl reaction）（梅納反應）的化學反應，進而生成名爲類黑素（melanoidin）的褐色物質（⇒**Q98**）。加上綜合了材料中所含的糖類引發之焦糖化反應，使得表層外皮呈色。

牛乳或脫脂奶粉中，雖然含有還原糖之一的乳糖，但乳糖無法被酵母（麵包酵母）分解，所以不會被用在發酵上，至麵包完成烘焙爲止都會殘留在麵團中。因此，會促進麵團因被加熱而產生的褐變反應，使麵包的烘烤色澤變得更深濃。

●延遲澱粉老化

牛乳或脫脂奶粉融化在水分的狀態，會變成膠體（colloid）性的水溶液，添加至麵團中就能提高麵團的保水力。

麵包從剛完成烘烤到經時間推移變硬，是澱粉要從糊化（α 化）狀態回復原先規則性狀態，將滲入構造中的水分子排出，造成的澱粉老化（β 化）現象而引發的（**⇒Q38**）。

保水力高的麵團，可以使澱粉構造中的水分子不易排出，即使經過時間的推移，也不容易變硬，可以更加提高保存性。

比較脫脂奶粉不同配方量烘焙完成之成品

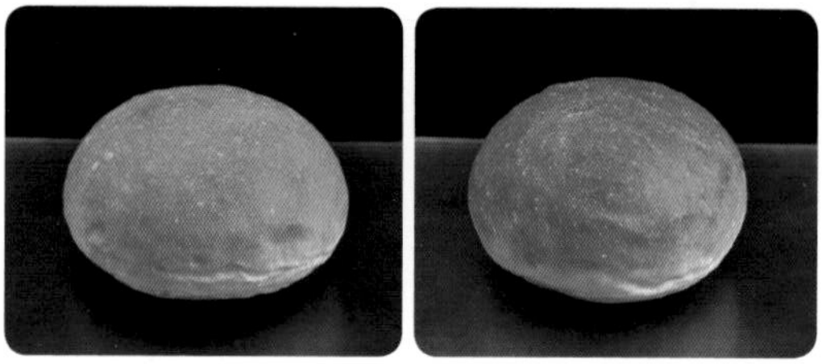

0%　　　　7%

※基本配方（⇒p.289），比較分別以脫脂奶粉配方0%、7%製作的成品

參考 ⇒**p.322・323「TEST BAKING 18 脫脂奶粉的配方量」**

Q133 配方使用脫脂奶粉時，會影響麵包發酵嗎？
＝使用脫脂奶粉時的發酵

A 配方量較多時，發酵時間會變長。此外，加入低溫處理的脫脂奶粉，會不容易膨脹。

麵團配方中含脫脂奶粉，發酵時會出現2個必須考慮的影響。

●對發酵時間的影響

配方含脫脂奶粉的麵包，配方量多時發酵時間越長。

通常，麵團的pH值會隨著發酵時間的推移而有低下，變成酸性的傾向。因此當酵母（麵包酵母）在可以活躍活動的 pH 值時，同時麵筋組織因酸而適度軟化，增加麵團的延展性，整合成易於膨脹的條件。

但是脫脂奶粉有防止酸度過度上升的緩衝作用，因此 pH 值需要相當時間才會降低，因此必須拉長發酵時間。

順道一提，脫脂奶粉具有緩衝作用，是因爲含有較多灰分（⇒Q29）。相對於麵包的其他副材料，砂糖、油脂、雞蛋的灰分在1%以下，脫脂奶粉的灰分約是8%。這是因爲其中含有較多的鈣、磷、鉀等礦物質而來。

替換脫脂奶粉配方量，比較發酵60分鐘後的發酵狀態

0%　　2%　　7%

※基本配方（⇒p.289），比較脫脂奶粉配方0%、2%、7%製作的成品

●對膨脹的影響

脫脂奶粉，經過殺菌以及噴霧乾燥等作業，接受了數次的熱處理。製品中有經85℃以上高溫處理，和低溫處理的成品，麵包製作時，使用低溫處理的脫脂奶粉，會使發酵和烘焙時難以膨脹。這是因爲低溫處理的脫脂奶粉含有稱爲 β－乳球蛋白（beta-lactoglobulin）的乳清蛋白質，會阻礙麵筋組織的形成，使麵團難以結合。

以高溫（85℃以上）高熱處理的脫脂奶粉，β－乳球蛋白形成複合體，因此不會產生這樣的現象。 參考⇒p.322·323「TEST BAKING 18 脫脂奶粉的配方量」

Q134 麵包製作上相較於牛乳，為什麼更多使用脫脂奶粉呢？

＝脂脫奶粉的優點

A 脫脂奶粉可以常溫保存，並且具經濟性。

以經濟面或光就使用方便來說，相較於脫脂奶粉，牛乳較不適合麵包製作。首先，無論怎麼說，脫脂奶粉的價格比較便宜，可以控制麵包製作的成本。

此外，牛乳基本上必須冷藏保存，會佔據有限的冷藏室內的大量空間。再者因爲無脫脂奶粉可以長期常溫保存，價格便宜，即使少量也能讓麵包充滿牛乳風味，都是其優點。需要注意的部分是，容易因吸收濕氣而結塊，因此需要保存在乾燥的地方。另外，也要注意避免混入蟲或灰塵等異物，也要小心避免吸收到其他氣味。

Q 135 用牛乳取代脫脂奶粉時，請問該如何換算？
＝脫脂奶粉與牛乳的換算方法

A 以脫脂奶粉：牛乳＝1：10來換算。

麵包食譜中的脫脂奶粉替換成牛乳，雖然是可行，但不完全相等，因此代用時以脫脂奶粉：牛乳＝1：10來換算。在計算時，脫脂奶粉是1，會加足9的水，與牛乳幾乎是相同的。

例如，脫脂奶粉使用10g的食譜，以牛乳替換時，若牛乳100g配方用水就要減少90g，也就是添加脫脂奶粉10倍量的牛乳，就要從配方用水中減少脫脂奶粉9倍量。攪拌時，牛乳連同水分一起添加，接著最後才以調整用水調節麵團的硬度。

像這樣的換算，是來自以下的考量。一般牛乳，是由乳牛直接取出的生乳經過均質化殺菌等步驟製造。另一方面，脫脂奶粉雖然同樣是以生乳爲原料，但經過遠心分離機分離出含較多脂肪成分的乳霜（被加工製成鮮奶油或奶油），再分離成幾乎不含脂肪成分的脫脂奶後，經過殺菌、濃縮，使其乾燥地製作成粉末狀。換言之，是從生乳中除去乳脂肪成分和水分。

那麼，再把話題轉回到牛乳。請大家注意牛乳包裝上標示的無脂肪固形成分。所謂的無脂肪固形成分，指的是牛乳當中除去乳脂肪成分和水分的成分值。也就是可以將牛乳的無脂肪固形成分，幾乎可以視爲與脫脂奶粉成分相同。根據政府規定，牛乳的無脂肪固形成分在8%以上，一般約是8～9%。爲方便計算將此定爲10%。

此外，牛乳當中一般含有約3～4%的乳脂肪，因此計算水量時，嚴密地來看，就是不僅要考慮無脂肪固形成分，也需要考量到乳脂肪成分的量。但麵包會依調整用水而改變每次加入的水量，若乳脂肪成分不列入計算，僅添加脫脂奶粉10倍量的牛乳，再由配方用水中減去相當於脫脂奶粉9倍的水量，會比較容易計算。

參考⇒p.324·325「TEST BAKING 19 乳製品的種類」

牛乳的組成比例

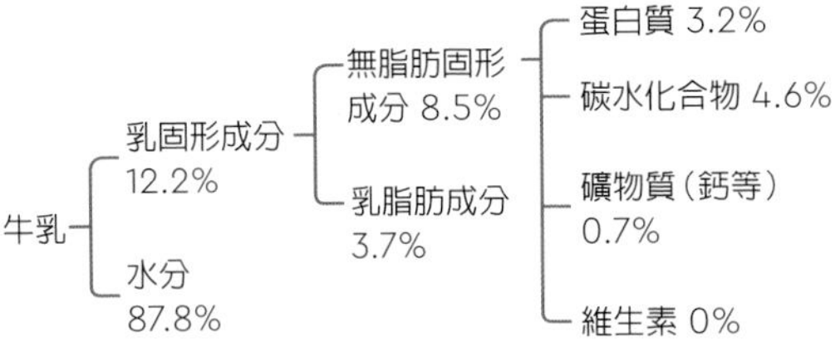

※牛乳組成根據100%實測值，包裝標示成分（無脂肪固形成分8.3%以上、乳脂肪成分3.5%以上）的數值是相異的。

紙容器標示舉例

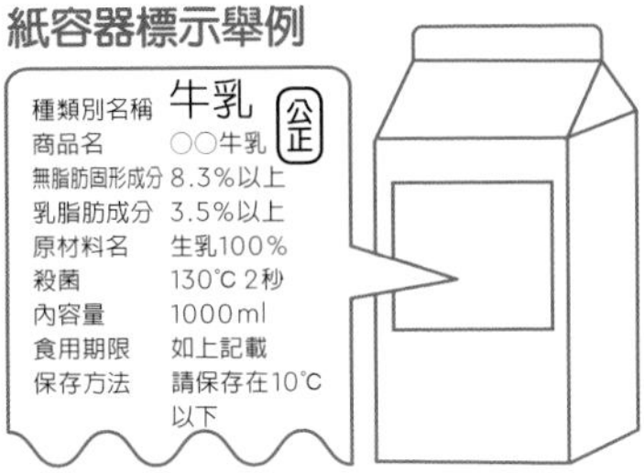

（資料提供：雪印 MEGUMILK 株式会社）

Q136 使用牛乳取代水分時，請問該如何換算？
＝水與牛乳的換算方法

A 用水：牛乳＝1：1.1的比例來換算。

牛乳當中含有除了水分之外的成分，無法直接用水的分量換算牛乳。水分之外的主要成分，如同牛乳包裝標示般，有乳脂肪成分（牛乳中含的脂肪成分）、無脂肪固形成分（牛乳中除去乳脂肪成分和水分的數值，是蛋白質、碳水化合物、礦物質、維生素等）。

牛乳一般含有3.6～3.8%程度的乳脂肪。此外，根據政府規定牛乳的無脂肪固形成分在8%以上，一般約是8～9%，也就是牛乳中，必須考慮水之外的成分約含有12%左右。若直接用水的分量替換成牛乳時，單純地水分用量就減少了近12%，所以麵包會變硬。

不僅是如此，牛乳中所含的乳脂肪成分中，具有與油脂相同的效果，無脂肪固形成分與脫脂奶粉幾乎相同，所以必須要在腦海中理解，牛乳與油脂、脫脂奶粉對麵團具有相同影響。

實際上，考量水：牛乳＝1：1.1的水分量，視麵團狀態以調整用水來調節麵團的硬度吧。

Q137 加糖煉乳（condensed milk）用於麵團，請問有什麼該注意的重點？
＝煉乳的效果和配方的調整方法

A 計算煉乳的蔗糖和水分來調整配方。

菓子（糕點）麵包等，想要強調麵團的牛乳風味時，也會加入煉乳（condensed milk）。

煉乳是原料乳中添加蔗糖加熱，濃縮成約1/3的製品，政府規定的成分是：乳固形成分28%以上、乳脂肪成分8%以上、糖分58%以下、水分27%以下。

加上原料乳成分被濃縮，其中蛋白質的酪蛋白（casein）與來自乳品中的乳糖，及製作過程中添加的蔗糖等糖類，被加熱而產生胺羰反應（amino-carbonyl reaction）（梅納反應）（⇒**Q98**），所以能增加牛乳所沒有的濃郁風味。

使用煉乳時，必須注意糖分和水分的用量。例如，相對於麵粉，使用了10%的蔗糖45%、水分25%的加糖煉乳時，請視配方爲蔗糖4.5%、水分2.5%，再調整其他材料。

市售煉乳因製品成分略有不同，但實際上，必須視麵包烘焙狀況加以調整。

Q138 麵包配方含脫脂奶粉時，大約多少%才適當？
=脫脂奶粉的配方量

A 考量到對烘烤色澤與發酵的影響，約是配方2～7%的程度即可。

麵包中配方含脫脂奶粉時，若想要使牛乳風味及香氣感覺更明顯，可以於麵粉添加約5%左右即可。如下方照片中，比較配方0%、2%、7%時完成的烘焙成品，可以得知2%的顏色較深，7%的顏色更加深濃。

也就是說，不僅香氣和風味，烘烤色澤會到什麼程度，也必須列入考量判斷。

再者，用脫脂奶粉除了能讓麵包增添牛乳風味，一旦增加甜味還能讓風味更加突出，所以也常會加入砂糖，但添加了砂糖，烘烤色澤也會因而更加深，必須要多加注意（⇒**Q98**）。

一旦配方含脫脂奶粉時，對發酵也會有很深的影響，因此配方用量是麵粉的7%左右爲上限（⇒**Q133**）。

脫脂奶粉配方不同時的成品比較

0%　　2%　　7%

※基本配方（⇒p.289），比較分別以脫脂奶粉配方量0%、2%、7%製作的成品

參考⇒**p.322・323「TEST BAKING 18 脫脂奶粉的配方量」**

添加物

Q139 用於麵包的添加物，有哪些呢？
＝麵包製作時的食品添加物

A **酵母食品添加劑（yeast food）和乳化劑是主要的添加物。**

在日本，所謂的食品添加物，指的是食品衛生法中定義爲「在食品製造過程中，或以食品加工或保存爲目的，藉以在食品中添加、混合等方法時使用的物質」。

食品添加物大致可分爲4大類，確定安全性和有效性後，由厚生勞働大臣公布的「指定添加物」、長年在食品中被使用作爲天然添加物的「既存添加物」，以及其他「天然香料」、「一般食物添加物」。

作爲麵包材料，直接使用的主要添加物，就是酵母食品添加劑（yeast food）和乳化劑。或是除了直接添加之外，有時也會預先包含在麵包材料中。例如，即溶乾燥酵母中添加了維生素C（抗壞血酸 L-ascorbic acid）。使用這樣即溶乾燥酵母的麵團，與添加維生素C，同樣可以強化麵筋組織（⇒Q78）。

像這樣無意識地使用，結果就是間接添加了。有必要熟知材料中是否使用添加物，以及該添加物之特性。

Q 140 酵母食品添加劑是什麼？在什麼時候使用？
＝酵母食品添加劑的作用

A 活化酵母的作用。此外，也被當作麵團改良劑使用。

酵母食品添加劑，極其簡單地正如其名，就是酵母（麵包酵母）的食物。添加在麵團中，可以活化酵母的作用，而以此命名。另外，也能作爲所有麵包製作品質的改良劑，視爲麵團調整劑（dough conditioner）使用。

酵母食品添加劑是總稱，並非單指一種物質，因應目的使其能容易發揮效果，會有複數物質的組合。根據這些物質的種類，能補給酵母的營養源、水硬度的調整、強化麵筋組織、補給促進發酵的酵素、延遲麵包的老化（β 化）等，因此帶給麵團的效果也各不相同。

基本上麵包沒有酵母食品添加劑也能製作，但爲能達到品質安定、能機械化大量生產、廣域地流通，而開始使用酵母食品添加劑。

酵母食品添加劑，依據組合層面來看，可分爲以下3種。

① 無機質食品：氧化劑、無機氮素劑、鈣等添加物
② 有機質食品：主要是酵素劑添加物
③ 混合型食品：①和②的中間型。無機質食品中加入酵素劑的添加物。

Q 141 酵母食品添加劑中有什麼成分？可以得到什麼樣的效果？
＝酵母食品添加劑的原材料與其效果

A 不僅可以成為酵母的營養來源，還含有能保持並安定麵團的各式材料。

在麵包製作時，視當天麵團的觸感改變水分用量、調整攪拌或發酵時間非常重要，在 Retail bakery（主要是個人店家或中小規模，店內擁有廚房的麵包店）中，各項作業可以配合當天的狀況，邊進行調整邊製作麵包。

另一方面，在 Wholesale bakery（麵包在工廠製作，批發至超市等小賣店販售的麵包店），大量製作，以製造管理、衛生管理的層面來看，不是觸摸攪拌或發酵中的麵團，幾乎都必須由機器資料或從外觀來判斷其狀態，會對麵團的性質和狀態要求某個水準的安定度。在此，大多會藉助使用酵母食品添加劑。

基於這樣的理由，酵母食品添加劑不僅有一個作用，而是在期待其複合作用地因應目的，組合各式成分製作出來。

以下，是酵母食品添加劑的目的與對麵包的效果，以及主要成分。

●酵母的營養來源補給

酵母（麵包酵母），可以分解吸收麵粉和副材料加入的砂糖等所含的糖類，能進行酒精發酵生成酒精和碳酸氣體（二氧化碳）（⇒**Q65**）。但持續發酵時，後半就會有糖類不足的情況。

對酵母而言，蔗糖（砂糖的主要成分）、葡萄糖、果糖易於使用，當這些都被消費用盡後，發酵後半就必須利用麥芽糖（maltose）使發酵得以持續。

麥芽糖在酵母當中因稱爲麥芽糖酶（maltase）的酵素，而被分解爲葡萄糖，被運用在酒精發酵。酵母在生成麥芽糖酶時，必須要有氮氣作爲營養來源，發酵後半就會不足。但酵母食品添加劑中含有的銨鹽（ammonium）就是氮素來源，因此可以利用麥芽糖進行酒精發酵作業。

特別是LEAN類無糖麵包時，因爲不會添加副材料砂糖，因此無法利用蔗糖。因而只能用澱粉酶（amylase）分解麵粉中所含的澱粉，使其成爲麥芽糖而被納入酵母當中。這個麥芽糖就被分解成葡萄糖，成爲酵母最初的營養來源。這個時候會影響到開始分解的酵素活性，一旦添加了酵母食品添加劑，就能很容易地得到成效。

●調整水的硬度

所謂的硬度，是以1L的水所含的礦物質，標示出鈣與鎂含量（mg）爲指標，一般麵包製作時，硬度50～100mg/ℓ的水即可，略高也可以。

在日本各地的水，除去部分地區之外，八成以上都是硬度60mg/ℓ以下的軟水（⇒**Q90**）。

水的硬度極端低的時候，攪拌時麵筋組織會軟化、麵團容易沾黏，這樣完成烘焙的麵包膨脹狀態也不佳。提升硬度，雖然增加了鈣和鎂，但在麵包製作上，酵母食品添加劑中會增加氯化鈣來調整。

藉由增加氯化鈣，不僅提升水的硬度，還能期待呈現強化麵筋組織，同時調整麵包pH值等效果。

●調整麵團的pH值

麵團從攪拌至烘焙完成，若能一直保持著pH值5.0～pH值6.5的弱酸性，那麼就能活化酵母的作用（⇒**Q63**）。並且藉由酸性適度地軟化麵筋組織，也能使麵團延展更好，使發酵能順利進行。

此外，還能防止雜菌繁殖，與發酵和熟成有關的酵素，在弱酸性～酸性的環境下，也能提高其活性。

日本自來水的pH值，雖然各地都略有不同，但幾乎都是pH值7.0左右（**⇒Q91**）。雖然也能直接使用，但主要是以酵母食品添加劑中加了氯化鈣、磷酸二氫鈣（酸性磷酸鈣（$Ca(H_2PO_4)_2$），將麵團調整至適合的pH值。

●調整麵團的物理性質、改良品質

主要是用氧化劑和還原劑調整麵團的物理性，以改良品質爲目的而添加。可以連同在製造作業時呈現的各種效果，在此介紹其中的幾個例子。

氧化劑

主要使用的是抗壞血酸（L–ascorbic acid）（維生素C）、葡萄糖氧化酶（glucose oxidase）。

抗壞血酸，可以作用在麵筋組織中所含的胺基酸上，使其能促進S–S結合（雙硫鍵 disulfide bond結合）。這樣結合，在麵筋組織構造內形成作出交叉鏈接（cross–link），強化麵筋組織的網目構造（**⇒Q78**）。

葡萄糖氧化酶（glucose oxidase），是能作用葡萄糖、水、氧氣的酵素，使其產生過氧化氫和葡萄糖酸，這個過氧化氫就是麵團和穀胱甘肽（glutathione）的氧化劑（**⇒Q69**）。

穀胱甘肽（glutathione）是酵母細胞內的成分，部分細胞受到損傷而滲出麵團，還原並切斷製作出麵筋組織網目構造的S–S結合。這個穀胱甘肽（glutathione）能使過氧化氫不會被氧化切斷。此外，能氧化所有被切斷的S–S結合，並變化作用使其能再度結合，麵筋組織得以強化。

藉由氧化劑，使麵團緊實，減輕表面的沾黏，改善彈力及延展性（易於延展的程度）的平衡，所以能強化麵團內二氧化碳的保持能力，也能使烤箱內延展（烤焙彈性 oven spring）變得更好。

還原劑

還原劑中含有上述「氧化劑」說明的穀胱甘肽（glutathione）。藉由氧化劑，雖能抑制穀胱甘肽（glutathione）切斷S–S結合，但爲改良成爲延展性佳的麵團，不僅要強化麵筋組織、緊實麵團，也必須要軟化麵團、提高麵團延展性。爲了取得這樣的平衡，會在酵母食品添加劑中加入氧化劑，也會在配方中加入還原劑的穀胱甘肽(glutathione),以及同樣能軟化麵團的半胱胺酸(L-cystein)。

以結果來看,提高麵團的延展性,也能縮短攪拌時間和發酵的時間。

●補給酵素劑

主要被包含在澱粉酶(amylase)之中,稱爲 α-澱粉酶和 β-澱粉酶的酵素,分解受損澱粉(⇒Q37)生成麥芽糖。酵母利用麥芽糖分解成葡萄糖並用於酒精發酵,進而加速發酵。

此外,也添加了少量的蛋白酶(protease)。蛋白酶是蛋白質分解酵素,會生成酵素氮素來源的胺基酸和胜肽(peptide)。根據這個胺基酸,促使產生胺羰反應(amino-carbonyl reaction)(梅納反應),更容易呈現烘烤色澤(⇒Q98)。

並且作用於蛋白質形成的麵筋組織,可以使麵團軟化,也能像還原劑般作用改良麵團物理性質。因麵團的軟化,也能縮短攪拌時間和發酵時間。

酵母食品添加劑的成分與效果

成分	原料材料名稱	用目的	效果
銨鹽 ammonium	氯化銨 NH_4Cl 硫酸銨 $(NH_4)_2SO_4$ 磷酸銨 $(NH_4)_2HPO_4$	酵母的營養來源	促進發酵
鈣鹽 calcium salts	碳酸鈣 $CaCO_3$ 硫酸鈣 $CaSO_4$ 磷酸二氫鈣(酸性磷酸鈣 $Ca(H_2PO_4)_2$)	調整水的硬度 調整麵團的 pH 值	促進發酵 安定發酵 強化氣體保持力
氧化劑	抗壞血酸(L-ascorbic acid) (維生素 C) 葡萄糖氧化酶(glucose oxidase)	氧化麵團 強化麵筋組織	強化氣體保持力 增大烤焙彈性
還原劑	穀胱甘肽 半胱胺酸(L-cystein)	還原麵團 提升麵筋組織的延展性	縮短攪拌時間 縮短發酵時間
酵素劑	澱粉酶	糖的生成⇒促進發酵	增加麵包體積 增加烘烤色澤 縮短攪拌時間 縮短發酵時間
	蛋白酶	胺基酸的生成⇒ 酵母的營養來源	
分散劑	氯化鈉 NaCl 澱粉 麵粉	使混合均勻 增量 分散緩衝	量秤的簡易化 提升保存性

Q 142 乳化劑是什麼？可以得到什麼樣的效果？
＝乳化劑的角色

A 混合水和油時的作用物質，具有可使麵團延展變好等效果。

所謂的乳化，是本來無法混合的水和油（脂質）混拌融合的現象（⇒p.126「所謂乳化？」）。為使水和油混合，必須有能同時引介兩者的物質，這個物質就被稱為乳化劑。蛋黃或乳製品，含有可謂是天然乳化劑的成分，雖然擁有乳化性質，但在此所謂的乳化劑，指的是具有可以改善食品品質，作為添加物加入的物質。

麵包的材料當中，有容易溶入水中的材料（麵粉、砂糖、奶粉等），和容易溶於油脂的成分（奶油、乳瑪琳、酥油等），無論如何，都有易溶於水和不易溶於水的成分。乳化劑加入麵團中，可以發揮其乳化、分散、可融化、濕潤等機能，使材料成分能均勻細緻地分散混合，作用成水和油呈現安定分布狀態的麵團。

作為乳化劑被使用的物質，可以歸納出相當的種類。在此針對各個作業時，乳化劑有什麼樣的作用介紹。

●攪拌作業

乳化劑藉由製作出蛋白質和複合體，強化麵筋組織。此外，廣泛地介於麵筋層之間，具有潤滑油般作用，有助於揉和至其中的油脂延展至麵筋層之間，呈現薄薄延展，提高麵團的延展性（易於延展的程度）。

以機器大量生產時，攪拌機上過度附著麵團，會使攪拌效率變差，乳化劑的作用可以避免這樣的情況，提升作業性能。

結論是，可以使麵團的性質和狀態呈現在一個安定的水準，也能縮短攪拌的時間。

●發酵作業

藉由強化麵筋組織、提升延展性、使澱粉和脂質等相互作用，而改善麵團構造、強化氣體保持力。具有保持麵團緊實、鬆弛的平衡作用（⇒p.170「構造的變化」），所以能促進膨脹、縮短發酵時間。

●烘焙作業

因完成烘焙麵團中的澱粉會連同水分被加熱，當溫度達到60℃以上時，吸收了水分，開始膨脹潤澤（⇒Q36）。此時乳化劑會作用在澱粉中的直鏈澱粉上，避免直鏈澱粉從開始膨潤、崩壞的澱粉粒子中溶出。因此，可以保持完成烘焙麵包的柔軟（⇒**Q125**）。

此外，通常澱粉膨潤的同時，會奪去麵筋的水分，因此麵筋雖然失去延展性，但因前述乳化劑的作用，還是可以提升麵筋延展性，烤焙彈性（oven spring）變好，增大了麵包的體積。藉著改善麵包氣泡膜的沾黏性（黏性和彈力）和氣泡孔，可以更加接近想要的麵包口感。

Q143 麥芽精是什麼？添加在麵團中有什麼樣的效果？
＝麥芽精的成分和效果

A 用大麥的麥芽製作的糖漿。促進麵包發酵，抑制麵筋的形成，因此麵團的延展性會變得更好。

麥芽精（麥芽糖漿）是糖化濃縮了大麥的麥芽製成，具有獨特風味和甜味的茶褐色黏性糖漿。大麥發芽時，活化了分解澱粉的澱粉酶這種酵素，將大麥的澱粉分解成麥芽糖。

麥芽精就是利用這個原理的製品，主要成分是麥芽糖和澱粉酶，用在沒有砂糖配方的法國麵包等 LEAN 類硬質麵包（**使用方法⇒Q179**）。

此外，與使用麥芽精目的相同，還有乾燥麥芽再製作成粉末的麥芽粉。

麥芽精（左）和麥芽粉（右）

●麥芽精的效果

麵團中一旦添加了麥芽精，就能期待產生以下的效果。但是使用量過多時，麵筋組織會難以形成，麵團會軟化，變得容易坍塌。

促進酵母的酒精發酵

麵團中配方含麥芽精時，成分中的澱粉酶會將麵粉中的受損澱粉（⇒**Q37**）分解成麥芽糖。這樣的麥芽糖，連同麥芽精原本所含的麥芽糖，一起被納入酵母（麵包酵母）中，用於酒精發酵（⇒**Q65**）。

提高麵團延展性（易於延展的程度）

因糖類的吸濕性，麵筋多少會變得難以形成，可以使麵團的延展性變好。藉由發酵使體積增大，在完成烘焙時，也能有更好的烤焙彈性（oven spring）（⇒**Q100**）。

容易呈現烘烤色澤、使風味更佳

藉由增加糖類，使其更容易產生胺羰反應（amino-carbonyl reaction）（梅納反應）（⇒**Q98**）。

麵包不容易變硬

因糖類的保水性，可以延遲澱粉老化（β 化）（⇒**Q101**）。

烘焙完成時的體積比較

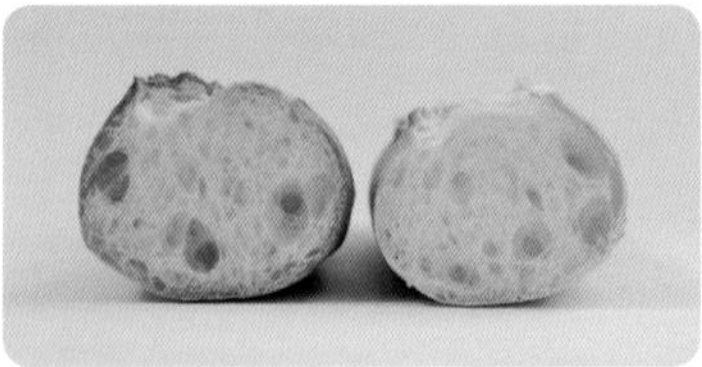

添加了麥芽精的（左）、無添加的（右）

烘烤色澤的比較

添加了麥芽精的（左）、無添加的（右）

Q144 法國麵包為何使用麥芽精？
＝促進發酵的麥芽精

A 法國麵包配方沒有砂糖，所以為了酒精發酵而添加必要的糖和酵素。

法國麵包，是以麵粉、酵母（麵包酵母）、鹽、水等爲主要材料，以簡單的配方製作出的硬質代表性麵包。抑制酵母的用量，緩慢地花時間使其發酵、熟成，活用粉類的原味和酵母產生的酒精、有機酸等風味，以進行麵團的製作。

製作配方含砂糖的麵包，酵母是以砂糖主要成分的蔗糖分解成葡萄糖和果糖，而可以迅速地被攝取，進行酒精發酵。但是，像法國麵包般配方沒有砂糖的麵包，酵母主要是分解麵粉中所含的澱粉，而獲得酒精發酵時必要的糖類。麵粉的澱粉因爲分子大，所以首先必須先藉由麵粉中稱爲澱粉酶的酵素，將澱粉分解成麥芽糖，之後才會被納入酵素中，分解成葡萄糖後，用在酒精發酵，因此至開始發酵爲止需要相當的時間（⇒Q65）。

麥芽精因含有麥芽糖，添加至麵團時，酵母不需等待澱粉分解，先接受了葡萄糖，即可順利地開始進行酒精發酵。此外，因麥芽精含有澱粉酶，可促進澱粉的分解，會慢慢地在麵團中增加麥芽糖，也因此可以持續在安定狀態下繼續發酵。

Q145 鹼水（laugen）是什麼？什麼時候使用？
＝鹼水的成分和用途

A 鹼水的溶液。刷塗在完成整型的麵包表面後烘焙，就可以呈現出獨特的風味和表層外皮的色澤。

所謂的「鹼水（laugen）」，德文指的是「鹼液」。是將日本認定爲食品添加物的氫氧化鈉（燒鹼）溶入水中使用。標示爲劇烈強鹼性物質，因此在處理使用上必須十分注意※。

以用途而言，主要是用在被稱爲「德國紐結麵包 laugenbrezel」的德國麵包上，在即將烘焙前將鹼液（氫氧化鈉3%程度）塗在麵團表面再烘焙。因鹼液使麵包可以呈現獨特的風味和表層外皮的色澤。並且鹼液烘焙時，會因加熱，變化成無害的物質。

盛放鹼液的容器，應該避免金屬製品，使用塑膠或玻璃製品。另外，鹹液本身，也請特別注意，避免直接用手觸摸沾有液體的麵團或容器。作業時，要戴上橡皮手套、防護鏡、口罩。

※氫氧化納，被指定在「毒物及有害物質取締法」的「醫藥用外有害物質」中（5%以下除外）。作為食品添加劑使用時，規定必須是「最終食品完成前，須中和或除去」。

使用鹼液呈現獨特表層外皮色澤的德國紐結麵包

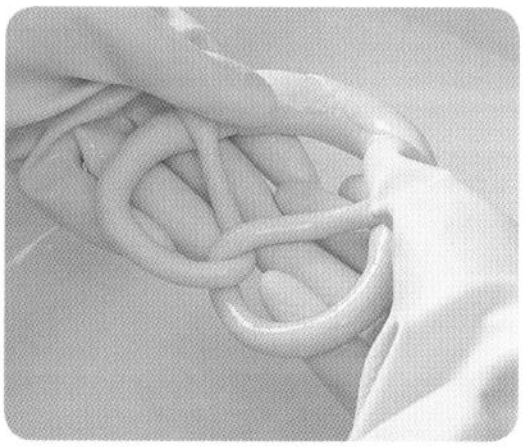

使用時，要注意避免直接用手觸摸鹼液

Memo

Chapter 5

麵包的製作方法

Q146 麵包製作時，有哪些製作方法呢？
=麵包的製作方法

A 基本的製作方法，有直接法和發酵種法。

人類的歷史中從麵包出現到現代，有各式各樣麵包製作的方法。

從以人手揉和材料、直接烘烤的麵包開始，以至於利用天然力量的發酵麵包誕生，再進化至利用工具的使用，或下點工夫地使作業更具效率、藉由近代化的機器製作麵團等，不斷地重疊演進至今。藉由科學（化學）的進步，與研究製作出來的添加物等利用在麵團上，使麵包得以大量生產等，至此誕生了許多製造方法。

但最基本的揉和麵團、利用生物的酵母（麵包酵母）之力使其發酵、熟成的麵團，最後加熱製作成「食品」的麵包，在製作過程上今昔並沒有太大的不同。

現在，日本製作的麵包多樣化程度，放眼世界應該也算是出類拔萃的吧。麵包的製作方法也是，以歐洲、美國爲首，不斷吸收世界各國的方法並發展。甚至，不僅是過去古老傳承下來的製作方法，還有因麵包製作科學的發達，而新開發出的製法等，根據各種理論或手工製作的考量，而有多種方式。

因爲本書無法舉出所有方法，因此針對一直以來使用的製法中列出2種，作爲基本製作方法來說明。這2種方法，就是直接法和發酵種法。多數存在的麵包製作方法，也大多可以分類成這2種。

●直接法

所謂直接法，就是不使用發酵種的製作方法。以攪拌製作麵團，讓麵團直接發酵、熟成製作成麵包。日文是「直ごね生地法」或「直ごね法」，英文則是從「straight dough method」的詞，至今簡約成直接法（straight method）（⇒**Q147**）。

●發酵種法

所謂發酵種法，是預先揉和麵粉、水等使其發酵、熟成（麵種），再連同其他材料一起攪拌做成麵團，經發酵、熟成後製作成麵包的方法。發酵種也被稱爲「麵種」、「種」等，有非常多的種類（⇒**Q148, 150**）。

Q147 適合小規模麵包店的製作方法?
=直接法的特徵

A 至完成烘焙的時間比較短，麵團的狀態也較容易控制的直接法是主流。

直接法在攪拌製作麵團後，基本上就是直接進行麵團的發酵、熟成，完成烘焙的步驟。與揉和（攪拌）麵粉、水等之後，使其發酵、熟成的麵種，再連同其他的材料一起攪拌製作麵團的發酵種法不同，攪拌作業只在第一階段。除了稱爲直接法之外，也稱作「直接揉和麵團法」、「直接揉和法」等。

十九世紀中葉，酵母（麵包酵母）開始以工業化生產，進入二十世紀後品質提升，產量增加。現在日本國內的小型麵包店，也就是所謂 Retail bakery（從製作麵團、烘焙、至販售都在店內進行的麵包店）就是以直接法爲主流。

主要特徵如下。

直接法的優點

① 可以在較短時間內製作，容易呈現材料（素材）的風味
② 作業步驟簡單易懂，至完成烘焙的時間較短
③ 相較於發酵種法，可經人手直接管理的部分較多，容易控制麵包的口感和體積

直接法的缺點

① 澱粉的老化（β化）比發酵種法快，因此麵包變硬得比較快
② 產生乳酸菌等有機酸類的量較發酵種法少，因此麵團並沒有那麼柔軟，麵團的延展性（易於延展的程度）不佳。因此麵團容易受損，不太適合用機器進行分割、整型等
③ 麵團容易受環境的影響（作業場所的溫度、濕度、空氣的流動等），每個步驟的差異，特別是發酵時間的差異，會直接影響到麵包完成烘焙時的優劣

直接法的步驟

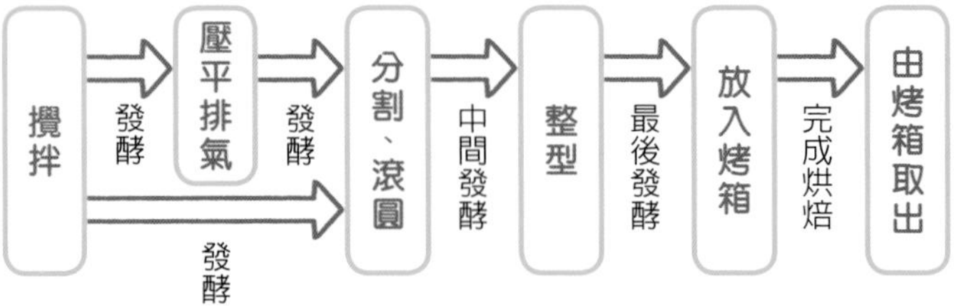

Q 148 所謂的發酵種法，是什麼樣的製作方法？
＝發酵種法的特徵

A **預先準備發酵種，與其他材料混合製作的方法。**

發酵種法，是把「發酵種＝預先使其發酵、熟成的麵種」，和其他材料攪拌製作麵團（正式麵團），進行從發酵至完成烘焙的製作方法的總稱。

使用以存在於自然界中的酵母自製的麵種（⇒**Q155**）進行的麵包製作，也包含於其中。主要特徵如下。

發酵種法的優點

① 製作發酵種時，因發酵時間長，產生乳酸菌等的有機酸類數量變多，因此麵團的延展性（易於延展的程度）增加，麵包的體積就容易變大
② 製作發酵種時酵母（麵包酵母）、乳酸菌等已充分作用，因此麵團的發酵穩定，也會對麵包的香氣和風味有好的影響
③ 製作發酵種時，充分進行麵粉的水合作用，會減少水分的蒸發量。結果就能提高麵團的保水率，延緩麵包變硬

發酵種法的缺點

① 發酵種的管理、保存很費工夫
② 必須事先製作好發酵種，無法對應備貨量的突然增加
③ 從發酵種的攪拌，至麵包完成烘焙為止需要較長的時間

發酵種法的步驟

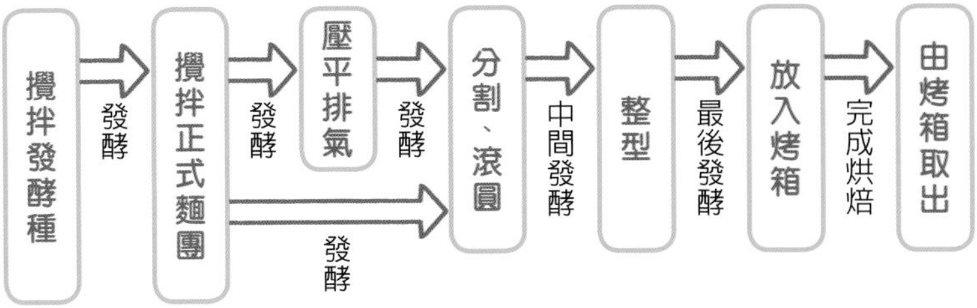

Q149 麵團與麵種有什麼不同?
＝麵團與麵種

A 麵種是讓麵團膨脹的來源。麵團是所有材料攪拌而成的，經過發酵、整型、烘焙完成，變成麵包。

「麵團」、「麵種」的名詞，包括在本書中，都是在麵包製作時會經常出現的名詞。以下簡單說明其中的不同。

麵團與麵種的不同

麵團	烘烤後會變成麵包（＝混合所有的材料，揉和而成。經過發酵～烘焙的製程成為麵包）
麵種	主要是麵粉、水和酵母混合揉和，預先使其發酵，使麵團膨脹。將此再加入粉類、水等基本材料、以及副材料揉和而成為麵團

Q150 發酵種之中有什麼樣的物質呢?
＝發酵種的分類

A 發酵種有許多種類，可以依使用的酵母、麵團的水分量來分類。

世界各地有許多利用自古就存在於自然界的酵母（野生酵母）的酵母種，用來製作當地或麵包店獨特的麵包。

隨著時間的推移，酵母（麵包酵母）生產變得穩定，過去依賴直覺的耗時方法有了改變，開始使用酵母來製作發酵種。法國的 levain levure 或 polish 種、德國的 vorteig 等就屬於這類。

目前日本國內，大規模麵包店中主要使用的中種（⇒**Q153**），也可說是發酵種的一種。

因爲使用酵母，可以穩定簡單地製作麵包，但自古以來利用存在於自然界的酵母製作麵種（自製麵種）的方法，也並非完全不被使用。即使是現今在世界各地，仍有依傳統方法製作古老的傳統麵包。回歸傳統，或是希望做出商業酵母所沒有的獨特風味及酸味的麵包時，也會利用自製麵種進行麵包製作（⇒**Q155**）。

另外，發酵種依其狀態，可分爲無流動性的發酵種和具流動性的2款液種（⇒**Q151, 152**）。

發酵種的分類

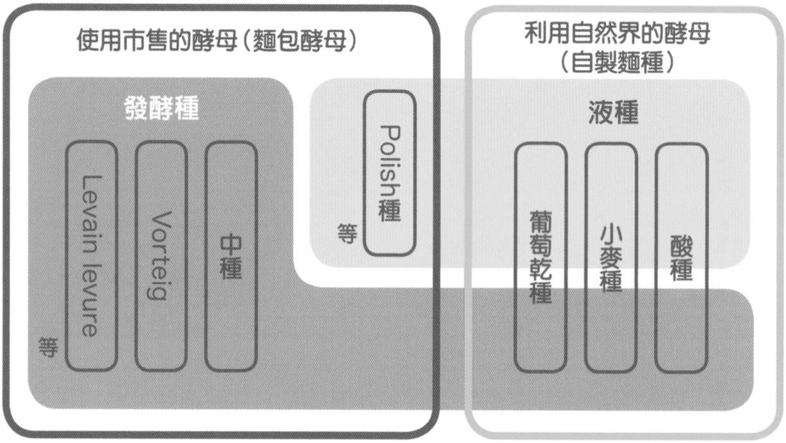

Q151 液種適合什麼樣的麵包？
=液種（polish）法的優點及缺點

A 大多會使用在硬質麵包或LEAN類配方比例的麵包。

所謂液種，就是相對於麵粉，水的配方比例較多，具有流動性發酵種的總稱。有利用存在於自然界酵母（野生酵母）的，以及使用市售酵母（麵包酵母）的種類。

本書中，說明的是使用在法國，稱爲液種（polish）法，以及利用酵母所製作液種的製作方法。在日本國內，也使用在硬質或 LEAN 類配方的製作方法之一。

●polish(液種)法

1840年，初次在歐洲出現使用酵母的製作方法。據說發源地在波蘭，並在奧地利的維也納發展起來，之後傳到法國。但隨後可以簡便又穩定製作麵包的直接法(在法國稱爲direct法)成爲主流後，便消失了蹤影，但現今能製作出具特色的麵包，以及製作時間短等優點，再次被重新正視。

Polish(液種)法，是從麵包使用的麵粉總量中，取出20～40%的粉類與等量的水以及適量的酵母混拌成糊狀，使其發酵、熟成製作成麵種(polish種)。之後，將完成的麵種與剩下的材料混合製作成正式麵團。

柔軟的麵種發酵、熟成較快，約發酵3小時左右就能使用。配合製造時間想長時間發酵時，可以減少酵母的量，或是添加鹽來進行調整(⇒Q81)。並且利用降低發酵溫度(冷藏)，也可以使其長時間發酵。以polish種爲首的液種，有下列主要特徵。

液種的優點

① 因含有許多香味成分，能增添麵包風味
② 提升麵團的延展性(易於延展的程度)，容易烘烤出麵包的體積
③ 因乳酸菌等產生的有機酸類，使麵團的pH值降低，能適度地軟化，有利作業性

液種的缺點

① 若沒有適當地進行發酵種的溫度管理，會導致熟成不足或pH值過度下降，造成發酵種的酸味增加，麵包的風味變差
② 麵包的體積膨脹過度，味道容易變淡

Q152 發酵種有什麼樣的特徵?
＝發酵種的優點和缺點

A 含有因發酵、熟成時生成的香味成分，因此可以製作具有特色的麵包。

相對於液種，是具流動性的液態發酵種，固體無流動性的發酵種就稱爲麵種。發酵種很多都是麵種。有利用存在於自然界的酵母(野生酵母)、和使用市售的酵母(麵包酵母)製作，但在此說明，是使用酵母的一般性發酵種。

製作發酵種時大多會用麵包配方麵粉總量的20～50%，加入酵母、水、鹽一起揉和製作麵團，放置12～24小時左右使其發酵、熟成。再加入其餘材料再次揉和後，完成正式麵團。主要特徵如下。

發酵種的優點

① 因含有很多經由熟成而產生的香味成分，能增添麵包的風味
② 麵種長時間發酵，使麵筋組織的連結更加緊密。並且因有大量乳酸菌等產生的有機酸類，而增加麵團的延展性（易於延展的程度），且容易烘烤出麵包的體積
③ 有機酸類使麵團的 pH 值降低，適度軟化而作業性佳

發酵種的缺點

① 若沒有適當進行麵種的溫度管理，pH 值會過度下降，造成發酵種的酸味增加，使麵包的風味變差
② 麵包的體積膨脹過度，味道容易變淡

在法國、德國十九世紀左右，就已有使用酵母的發酵種，但後來伴隨直接法麵包製作的普及，使用率就減少了。但是現今和 polish（液種）法一樣，能製作有特色的麵包、及製作時間短等的優點，再次被重新正視與利用。

Q153 中種法有什麼樣的優點？
＝中種法的優點和缺點

A 中種法比起直接法更能製作出有體積的麵包。

中種雖然也是發酵種的一種，但相較於一般的發酵種，特徵是中種使用的粉類用量，是總麵粉量的50～100%。以市售的酵母（麵包酵母）製作，其使用量也比較多。

因爲在中種的製作階段沒有添加鹽，所以發酵進行較快，二氧化碳的產生量也多，麵團會軟化，並且麵粉的水合作用也能充分進行。與其餘的材料混合，強力攪拌後，就能形成具延展性（易於延展的程度）的麵筋組織。因此可提高氣體保持力，烘焙出具體積的麵包。

原本是1950年代，在美國被開發的製作方法（sponge dough method）。之後，此技術和工廠設備（plant）傳入日本，被稱爲「中種法」。主要多用於量產型的工廠，或大規模的麵包製作廠商，但Retail bakery也會使用。中種法主要特徵如下。

中種法的優點

① 中種發酵的時間，會讓整體的發酵時間變長，粉類能充分進行水合作用，因此在烘焙時會減少水分蒸發量。結果就是水分含量多，能延緩麵包變硬
② 中種發酵的時間，會讓整體的發酵時間變長，乳酸菌等產生的有機酸類數量就變多。因此增加了麵團的延展性（易於延展的程度），即使以機器攪拌也不容易損傷麵團（機器耐性佳）
③ 相較於直接法，更能承受強力的攪拌。因此，不僅有良好的延展性，同時還能成為有強大彈力的麵團，柔軟又有體積的麵包

中種法的缺點

① 中種的使用量較多，因此其狀態與麵團的完成有很大的關係。若沒有適當地進行中種的溫度管理，就無法順利進行正式麵團的發酵
② 因為包含製作中種的所有作業，大多都是在1天內進行，因此麵包製作所需的時間較長（一般發酵種法，很多都是發酵種在不同天製作，當天從正式麵團攪拌開始）

Q154 天然酵母麵包是什麼樣的成品？
＝用自家培養酵母製作的麵包

A 就是利用存在於自然界的野生酵母所製作的麵包。

雖然常會聽到天然酵母這個名詞，但是酵母是生存在自然界中的微生物，原本就全部是天然的。從天然的酵母（野生酵母）中尋找適合製作麵包的酵母，且單純培養後在工廠生產出來的，就是市售的酵母（麵包酵母），原本也是天然的酵母。

一般稱爲「天然酵母」時，幾乎指的都是麵包製作者自行培養的酵母，爲了與市售的酵母區隔而使用這個名稱。

本書不使用「天然酵母」這樣曖昧的名詞，而使用「自家培養酵母」。

參考⇒Q155

「天然酵母麵包」安全？安心？

現在，日本國內販售所謂的「天然酵母麵包」，主要有下列3種。

① 利用生存於自然界的酵母，以過去傳承下來的方法製作麵種，使用麵種製作的麵包
② 使用市售「天然酵母」的麵種（其製造廠商培養），所製作的麵包
③ 合併使用①或②的發酵種，與市售的酵母所製作的麵包

① 如古代麵包的做法製成，各有其優缺點。(**⇒Q157**)
② 是利用市售品，補足①的缺點。③主要是補強①或②的發酵力，因而添加酵母（麵包酵母）。但是，「天然酵母」這樣的名詞或標示，給予消費者「安全」「安心」「健康的」等印象，與自製麵種製作麵包原本的目的（花費時間工夫製作麵種，可具有用市售酵母製作的麵包所沒有，獨特美味與口感、風味）的想法不同。市售酵母為人工製造、有健康之虞，這樣不正確的觀點，使麵包相關業界倍感憂心。

（平成19年（2007年）「天然酵母標示問題相關見解」一般社團法人日本麵包技術研究所）

Q 155 家庭自製麵種是什麼？
＝利用自家培養酵母的發酵種

A 利用存在於自然界的酵母（野生酵母）起種的自製麵種。

所謂自製麵種，是在製作發酵種時不使用市售的酵母（麵包酵母），而是利用存在於自然界的酵母（野生酵母）所製作的發酵種。像自製麵種般，必須利用自然存在於穀類、水果、蔬菜的表面，或空氣中的酵母或菌類，爲了取得製作麵包時所需要的發酵力，首先必須培養酵母或菌類增加數量。

培養酵母時，將酵母附著的材料與水混合，視情況加入作爲酵母營養的糖類，並維持適當溫度。如此一來促進發酵增殖酵母，這個作業稱爲起種。於此補足添加新的粉類和水揉和，被稱爲續種的作業，需要重複進行數日～1週左右，就完成可用於麵包製作的發酵種。

本書中，將這種由製作者自己培養的酵母稱爲「自家培養酵母」，經過起種、續種後成爲可利用在麵包製作狀態的物質，就稱爲「自製麵種」。另外，像是「小麥種」、「葡萄乾種」的名稱，是冠上起種時所使用的食材名稱，這些全都是自製麵種。從裸麥產生酵母的酸種（⇒**Q159**）也是自製麵種的一種。

Q156 想利用水果自製麵種時，請問起種的方法。
＝自製麵種的製作方法

A 使水果和水混合後的液體發酵，進行起種。

製作自製麵種時，首先必須要有能取得酵母來源的材料（穀類、水果、蔬菜等）。以該材料爲基礎進行起種，重複續種後培養的酵母（自家培養酵母）以此爲基礎地製作麵種（⇒**Q155**）。

取得這種自家培養酵母時所使用的食材最具代表性的，包括小麥或裸麥等的穀類、葡萄乾或蘋果等。酵母也能從上述之外的各種材料中培養，也有使用這種酵母製作出自己店內獨特麵包的麵包店。

一般起種，若使用穀類，會從揉和穀物的粉和水製作麵團開始，若是葡萄乾或蘋果等材料，就從將材料與水混合後製作的液體開始。

試著以蘋果種爲例。首先將蘋果，帶皮直接放入食物料理機中，加入5倍左右的水充分攪拌。之後，覆蓋保鮮膜（刺出數個孔洞）在25～28℃下放置60～72小時進行培養。期間，混拌數次讓氧氣進入以促進酵母的增殖。過濾後取得培養液，在培養液中加入麵粉揉和，使其發酵。以完成的麵種爲基礎，進行數次續種以完成發酵種。

蘋果種的培養液製作

將蘋果放入食物調理機中，加入水。

培養60～72小時。為了促進酵母增殖，過程中進行數次混拌，使氧氣進入。

產生二氧化碳後過濾。

Q 157 使用自製麵種時，製作出的麵包有什麼樣的特徵?
＝使用自製麵種的麵包特徵

A **能做出具獨特口感及風味（特別是酸味）的麵包。但是，有難以確保穩定品質的問題。**

使用自製麵種製作的麵包，相較於使用市售酵母（麵包酵母）製作的麵包，除了耗費時間心力之外，並不能保證可以完成優質的麵包。因起種的材料不同而使麵包的風味各異，麵團狀態也有各種情況（容易軟化、發酵力弱等），因此爲了控制麵種的管理及製作步驟，也必須要具備經驗和技術。

然而，即使知道耗時費力及其風險，還是很多麵包製作者著迷於自製麵種才有的特徵。

另外，因爲自然界的各種物體上都附著酵母，所以能挑戰以稀有材料製作麵種、製作出具特色的產品。但請謹記，既然是食物，請別忘了不僅要稀有，還要「嚐起來美味」。

使用自製麵種的麵包，有下列幾點特徵。

自製麵種的優點

① 具有以市售酵母製作麵包所沒有，特有的美味及口感、風味（特別是酸味）
② 可以製作其他地方沒有的獨創麵包
③ 享受自己「培育」酵母的樂趣

自製麵種的缺點

① 很難穩定製作出每次都相同品質的麵包
② 若無法順利管理麵種（起種、續種、溫度管理等），就難以做出美味的麵包
③ 除了益菌（適合麵包製作的酵母或乳酸菌等）之外的菌（雜菌）一旦繁殖，麵種就不能使用了（有異臭、異常發酵等）

Q 158 自製麵種中有雜菌時，會呈現什麼樣的變化？有雜菌的發酵種可以製作麵包嗎？

＝自製麵種混入雜菌

A 發出腐臭、與平常不一樣的顏色、或呈絲狀時，就不能使用。

即使雜菌進入麵種，在重複續種過程中，酵母或乳酸菌等益菌作用的環境下，也會使雜菌無法繁殖。但是，如果續種沒有順利進行使雜菌繁殖時，大部分情況會出現腐臭味。另外，顏色會不同於平常、或是有時會出現軟化的絲狀纏繞。用這樣的麵種製作出的麵包，烘焙後若是不耐熱的雜菌，在麵包完成烘焙時就會死亡滅絕，但也不會成爲美味的麵包。

並且當形成芽胞的黴菌或菌種等，即使黴菌或菌種因熱而死亡滅絕，耐熱的芽胞也會殘留在完成烘焙的麵包中。

當感覺到麵種與平常的氣味或顏色不同，作成麵團時的狀態不同等異樣時，就不能使用在麵包製作上。

Q 159 請問酸種的起種與續種的方法。

＝酸種的製作方法

A 以水混合麵粉或裸麥粉揉和起種，進行續種後使用。

酸種，是使用小麥或裸麥作爲起種材料的自製麵種之一。

用麵粉或裸麥粉加水混合揉和的種，經發酵、熟成後的物質，幾次續種（繼續添加新的粉和水揉和），並以約4～7天進行製作，這樣完成的種稱爲「初種」。

接著，以初種爲基礎地完成酸種。在完成之前必須進行幾次續種，依其次數，有第1階段法（續種第1次）、第2階段法（續種第2次）、第3階段法（續種第3次）等的說法。使用以此作出的酸種來製作正式麵團，最後完成麵包製作。

在重複續種的作業時，種會慢慢蓄積酸，其間經過發酵、熟成所產生的副產物（主要是乳酸和醋酸），更是爲酸種增添獨特的酸味和風味。

另外，酸種大致分爲使用裸麥的裸麥酸種，以及使用小麥的白酸種（white sour），也各有發酵種和液種。

Q 160 請問關於裸麥酸種和白酸種的區隔使用。
＝酸種的種類

A 裸麥酸種是裸麥麵包的發酵種，白酸種是小麥麵包的發酵種。兩者的特徵都是具有酸味。

酸種有用裸麥粉製作的裸麥酸種（rye sour），以及用麵粉製作的白酸種（white sour）。主要裸麥酸種用於裸麥麵包、白酸種則用於小麥做的麵包。

●裸麥酸種（Rye sour）

裸麥酸種主要用於製作裸麥配方比例多的麵包。裸麥酸種不僅可以增加麵包的風味，還具有改善麵團體積的作用。

根據每個國家、地區、土地，會有各種不同的種類。並且傳統製作裸麥麵包的地區，是德國、奧地利爲首的北歐及俄羅斯，這些地方雖是寒冷地帶，但具有相對穩定培育裸麥作爲主食的歷史。

●白酸種（White sour）

白酸種也有幾個種類，最具代表性的有義大利米蘭的傳統聖誕糕點－潘娜朵妮（Panettone）、誕生在美國舊金山，外觀近似法國麵包的舊金山酸麵包（San Francisco sourdough bread）等。

與用裸麥製作麵包的情況不同，以小麥製作麵包時，酸種本來就非必須。但是，因爲可以做出獨特的酸味及風味，且麵包的保存時間較長，因此會使用傳統的麵包製法。這些酸種不但會因爲當地的空氣、水、小麥等而有所不同，也會因氣候風土而有差異，至今仍能製作出獨具特徵的麵包。

Q 161 裸麥麵包中為什麼要添加裸麥酸種呢?
＝裸麥酸種的作用

A 因為要製作出能保持二氧化碳的膨脹體積，同時又具獨特口感和風味的裸麥麵包。

小麥中含有成爲麵筋來源的醇溶蛋白（gliadin）和麥穀蛋白（glutenins）2種蛋白質，但是裸麥的蛋白質裡醇溶蛋白較多，但幾乎不含麥穀蛋白。因此，以裸麥粉製作麵團時，與使用小麥粉製作不同，無法產生麵筋，所以很難成爲膨脹具有體積的麵包。

實際上試著在裸麥粉中加水揉和，做出的是沒有彈力、沾黏性強、黏呼呼的麵團。主要原因如下所列。

裸麥粉麵團黏稠的主因

① 醇溶蛋白（gliadin）和水結合後黏性會變強
② 裸麥裡也含有和醇溶蛋白（gliadin）相似，具有產生黏性的蛋白質，稱為 secalin（穀醇溶蛋白 prolamin的一種），和醇溶蛋白一樣會產生黏性
③ 裸麥中含有稱為聚戊醣（pentosan）的高水合多醣類，與水結合後黏性增強

大家或許會覺得黏性太強、無法產生麵筋，而產生完全無法膨脹的想法，但實際上還是會有略微的膨脹。

這樣的裸麥麵團若添加裸麥酸種會如何呢？這是除了酵母之外，與附著在裸麥上的乳酸菌作用有很大的關係。

裸麥粉加水進行起種時，乳酸發酵會活躍地進行，在反覆進行續種時，乳酸菌、酵母的數量會增加。即使在剛開始，乳酸菌以外的菌種佔了優勢，但隨著乳酸發酵的進行，乳酸菌也會增加，藉由生成的乳酸使麵團的 pH 下降，酸性也會變強。

在此時，游離胺基酸增加、酵母的增殖變活躍等，各式菌種與酵素的活動相互影響，待4～7天，裸麥酸種就完成了。最後 pH 値會降低到4.5～5.0，裸麥的醇溶蛋白（gliadin）黏性被抑制，產生微量的氣體保持性。

因此，若配方比例能充分累積酸性的裸麥酸種來製作麵團，酸會對麵團產生作用。因爲沒有麵筋組織連結，麵團因此會變得脆弱、成爲膨脹少且紮實的柔軟內側，但這些就成了具特徵的口感，而且是口感良好的麵包。

風味也很獨特，乳酸或醋酸等有機酸的風味、游離胺基酸也能呈現出焦香的美味。

Q 162 什麼是老麵？
＝何謂老麵

A 在日本，指的是使用酵母長時間發酵的麵種，或是保留之前製作的部分麵團，再使其長時間發酵的麵團。

所謂老麵，原本在中國指的是用於饅頭或點心等的發酵麵團（種）。留下部分作好的麵團放著，作爲下次製作麵團的發酵種來使用的「剩餘麵團」，因此並非市售商品，而是各餐廳或店家留傳下來的。

另一方面，日本國內麵包製作方式的老麵，就像使用酵母（麵包酵母）製作LEAN類麵團，經過長時間發酵製作的法國 Levain levureu 一樣，或是像製作法國麵包般 LEAN 類麵包時，取下部分發酵麵團保留下來，低溫或冷藏長時間發酵的麵團。

在製作正式麵團時，會使用 10 ～ 20% 左右。因爲加入長時間發酵的麵團，因此雖然可期待能縮短正式麵團的發酵時間，並改善麵包風味，但是相對的，必須注意麵團的沾黏和坍垮等狀況。

並且，現在使用老麵這個名詞越來越少，同樣的東西現在較多會使用「剩餘種」或「剩餘麵團」來稱呼。

Q 163 為什麼冷凍麵團呢？另外，要怎麼樣才能巧妙地冷凍麵團呢？
＝適合麵團的冷凍方法

A 利用冷凍保存，不但可以減輕勞力，還能提供現烤的麵包。以-30～-40℃以下急速冷凍，並保存於-20℃的溫度下。

麵包店爲了提供每天現烤的麵包，要從深夜或清晨開始製作麵包，才能在早上陳列於店面。現烤的麵包散發香氣，看起來也非常吸引人，可以提高客人的購買慾，但是會堅持現烤，並非只有上述的理由。

麵包完成烘焙後經過一段時間，香脆的表層外皮會吸收濕氣變軟，而柔軟內側會因爲澱粉的老化（β 化）變硬（⇒**Q38**）、變乾燥，降低美味，這也是理由之一。但要提供現烤的麵包，需要非常大量的勞力。

爲了減輕勞力的方法之一，就是「冷凍」。麵包店爲了能提供相同品質的現烤麵包，不斷進行冷凍麵團的研究。

在此提到的「冷凍麵團」，並非以家用冷凍室的冷凍麵團。家用冰箱的冷凍室溫度，根據 JIS 規定爲 –18℃以下。這個溫度，適合維持市售的冷凍食品等，保持已經凍結的商品品質，但無法急速降下溫度（急速冷凍）常溫食品的中心。以家用冰箱的冷凍室凍結常溫帶食品時，食品的溫度緩慢下降（緩慢結凍），在組織中冰的結晶會變大、損傷細胞，就是品質下降的主要原因。

麵包麵團中麵筋薄膜會因爲冰的結晶而受損，解凍後麵團會坍垮，麵包膨脹也會變差。而且對酵母（麵包酵母）而言，也是阻礙發酵的環境。因此，不建議在家冷凍麵包麵團。

工廠所生產的冷凍麵包麵團，因爲是以 –30 ～ –40℃以下的溫度進行急速冷凍，因此冰的結晶會以細小狀態分散在麵包麵團中。小的結晶不容易損傷酵母的細胞，能抑制對酵母的損傷，防止麵包麵團的品質下降。急速冷凍後，若持續此溫度保存，明顯地會阻礙酵母活性，因此以 –20℃保存（⇒**Q166**）。

現在，冷凍麵團的需求日益增加，也正在深入研究開發，提高冷凍麵團的麵包製作性。

急速冷凍與緩慢冷凍

水慢慢結凍就會變成大的結晶，這就稱為「緩慢結凍」。把水倒入寶特瓶凍結時，瓶子會膨脹就是因為這個原因，特別是溫度下降時，若保持在 -1 ～ -5°C的溫度帶時間越久，冰的結晶會越大。這個溫度帶被稱為最大冰晶產生溫度帶。緩慢結凍時，食品細胞內外的水分會形成大的結晶，損傷細胞或食品的組織。在解凍食品時，從受損的細胞流出的水分會成為水滴，無法保持住水分的食品，就會造成品質劣化。

另外，「急速冷凍」因為是短時間通過最大冰結晶產生溫度帶，所以冰的結晶細小而分散，不易損傷細胞，因此容易保持結凍前的品質。

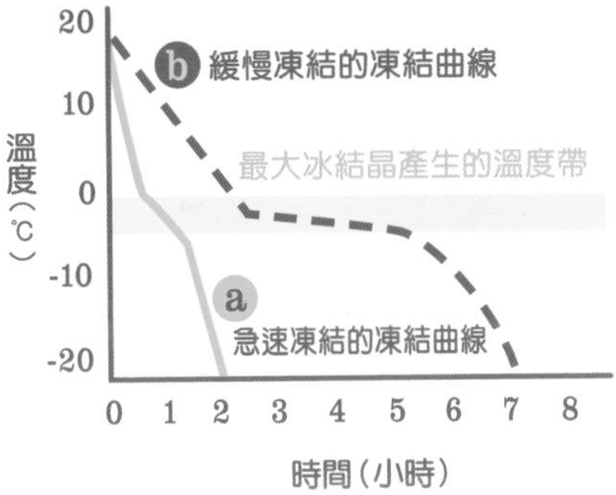

Q164 麵包店要如何活用冷凍麵團呢？
＝冷凍麵團的優點

A 活用在空間或費用、勞動力的削減、商品種類的充實等方面。

具有中央工廠的大規模麵包店，提供給店舖的各種冷凍麵團，是由工廠生產、適當地凍結，經保存、物流配送到各個店鋪。因爲是以冷凍的狀態保存，因應需要進行解凍～烘焙，可以保持相同品質，又有充實的商品陣容可陳列在店內。

像這樣將中央工廠與店面確實分工，可以精簡各別需要的設備及空間與減省費用，技術人員也不需要太多，也能縮短勞動時間更具效率。

另一方面，小規模麵包店為了充實商品陣容，也有很多會活用冷凍麵團，有在店內製作麵包麵團，短時間冷凍保存的方法，也可以向販售業者採購工廠生產的冷凍麵團。

Q 165 冷凍麵團的製品，有哪些種類呢?

=冷凍麵團的種類

A 每個製造步驟都有冷凍麵團產品，因此可以配合各店用途地使用。

現在，麵包製造業界所使用的冷凍麵團產品，大致可分為下列3種類。

① 攪拌後冷凍的產品

・將麵團分割為大塊後冷凍（解凍後，分割、滾圓～烘焙完成）

・將麵團分割為產品的大小（重量），滾圓後冷凍（解凍後，整型～烘焙完成）

・像可頌或丹麥麵包般折疊的麵團，呈片狀冷凍（解凍後，分切、整型～烘焙完成）

② 成型後冷凍的產品

③ 最後發酵後冷凍的產品

冷凍麵團，基本上是解凍後使用，但最後發酵完成再冷凍的產品，也有可以直接以冷凍狀態烘烤的。

Q 166 一旦冷凍麵團，為什麼麵包製作適性就會變差?

=麵團組織和酵母的冷凍障礙

A 在結凍時與保存時會發生阻礙，因此酵母的二氧化碳產生力低落，麵團的氣體保持力也變弱。

冷凍麵團的麵包製作性低落，原因是因為麵團組織因冷凍受到損傷，以及發酵所需要的酵母（麵包酵母）發生冷凍（結凍）障礙。因此，酵母的二氧化碳產生力、麵團的氣體保持力容易變得低落。另外，因為冷凍產生阻礙，分為冷凍引起障礙，以及因保存冷凍產品所產生的障礙。

●麵團組織的冷凍障礙

麵團的組織凍結所受到的損傷，列舉如下。

因冰的結晶增大，麵筋薄膜的損傷

食品一旦結凍，在細胞內外的水分就變成冰的結晶，其體積會增大，食品的細胞或組織受損。特別是麵包麵團，因結晶的增大而使麵筋薄膜受損，解凍後麵團坍垮，使得發酵、烘焙時膨脹變差。

相較於未發酵的麵團，這個情況在凍結發酵後的麵團時會更加明顯。那是因爲麵筋薄膜因發酵延展成薄層狀擴散，容易受到冰結晶的損傷。

蛋白質的變性

蛋白質會因凍結，使立體構造產生變化而性質改變（變性）。魚或肉冷凍時，部分表面會成爲海綿狀，就與凍結損傷相同，麵包麵團也多少會發生。麵筋組織本身是蛋白質，不僅會因冰的結晶增大而受損，麵筋本身也會因變性而導致其機能降低。

因為冰的結晶增大，麵團的水和成分脫水

麵團中含有溶於水並存在於麵團內的成分，但是因爲凍結使水分變成冰的大結晶，麵團的組織受損。冰在解凍麵團時會變成水流出來，因此冷凍前與解凍後麵團中的水分分布狀態也會有變化。

從受到冷凍障礙的酵母，流出穀胱甘肽（glutathione）的影響

因凍結使酵母的細胞受損，會流出原本在酵母細胞內的還原型穀胱甘肽。穀胱甘肽會切斷麵筋組織的連結（S–S結合），因此麵團會坍垮且氣體的保持力低落。（⇒**Q69**）

●酵母的冷凍障礙

以一般所使用的酵母而言，比較直接冷凍酵母，與冷凍使用酵母完成發酵的麵團，製作成麵團時，會有明顯的酵母冷凍障礙。

原因是酵母若是休眠狀態，會有高冷凍耐性。但是，酵母在發酵開始後立即進行代謝活動，當細胞成爲活性化狀態時，就容易受到冷凍障礙影響。

所以，在麵團凍結前必須抑制並儘可能避免酵母的活性化。但若抑制酵母的發酵，會同時發生麵團的熟成（⇒p.214·215「發酵～麵團中發生了什麼事？～」）不足，因此會出現麵團風味變差的問題。

因此，需要不斷持續研究、開發提高麵團發酵後的冷凍耐性，優化對低溫環境抗壓耐性的冷凍耐性酵母（結凍耐性酵母），並使其產品化。

Q 167 在材料上多下工夫，是否能防止冷凍麵團受冷凍障礙呢？
＝緩和冷凍障礙的配方比例

A 選擇具冷凍耐性的酵母和麵粉，或使用砂糖，雖然有效，但一般而言，還是會使用添加物。

冷凍麵團中，除了使用具冷凍耐性的酵母之外，還會使用蛋白質含量多、受損澱粉（⇒Q37）少的冷凍麵團用麵粉。

此外，副材料中使用砂糖，也可以讓麵團狀態變好。因冷凍（凍結）的障礙也有和水分相關的問題。例如，麵團中的水合成分因冷凍而脫水，麵團中的水分分佈就會產生變化。但藉由砂糖的吸濕性和保水性（⇒Q100·101），可以改善與水分相關的這些影響。

一般而言，會藉由加入添加物（⇒Q139～142）來調整麵團的物理性質和品質，進行改良。添加物的種類和效果也有許多種類，市場也持續研究、開發並推出新的產品。

Chapter 6

麵包的製程

用製程追究
構造的變化

麵包的製作方法，是以物理性施力於麵團，使其緊實收縮的作業（攪拌、壓平排氣、滾圓、整型），和靜置麵團作業（發酵、中間發酵、最後發酵），相互交替組合而成，也可以說是重覆「緊實」和「鬆弛」的作業。

例如，滾圓作業中施加上物理性力量時，可以使麵筋的構造變得緊密而被強化。像這樣麵筋一旦「緊實」，就能強化麵團的黏彈性（黏性和彈力）以及抗張力（拉扯張力的強度）。另一方面，在接下來的中間發酵，放置、麵團靜置、「鬆弛」麵筋，使麵團回復延展性（易於延展的程度）。如此一來，之後的整型作業，即使再次施以物理性力量，麵團也不會斷掉或龜裂等，可以柔軟地被延展。請注意，僅僅因爲麵筋在靜置時“鬆弛”，並不意味著麵團的黏彈性和拉伸強度會恢復到滾圓過程之前的狀態。總之，就是爲了能更容易進行下一個整型作業，鬆弛緩和麵筋的「緊實張力」。

像這樣麵包製作過程中，藉由進行「緊實」、「鬆弛」的交替作業，緩慢地使麵團變化呈具黏彈性、抗張性、伸展性等，使其取得平衡狀態，一步步地接近完成具有體積麵包的製作。在最後的烘烤時，完成烤焙彈性極佳的成品，都是在每一個步驟過程，經常確認麵團狀態，同時控制好「緊實」和「鬆弛」之下，才能得到的成果。

那麼，在各項作業過程中，是如何進行？以及當時麵團會產生何種的構造變化？讓我們依序追究吧。

攪拌

第1階段〈混合材料〉

材料水合，活化酵母。仍是黏呼呼的狀態

● 作業與麵團的狀態

混合麵粉、酵母（麵包酵母）、鹽、水等材料。麵團的狀態仍是黏呼呼，幾乎沒有連結。

● 用科學來看麵團的變化

水分散在全體麵團中，容易溶於水的成分產生水合。酵母吸收水分，開始活性化。

第2階段〈揉和麵團〉

形成麵筋，產生黏性

● 步驟和麵團的狀態

將混拌後的麵團放在工作檯上磨擦般揉和。剛開始時材料尚未均質混拌，因此麵團容易被撕開。此外，水尚未完全融入，麵團表面呈現黏著。揉和過程中，全體均勻柔軟，一旦繼續揉和，就會增加黏性並產生彈力。

● 用科學來看麵團的變化

麵粉中含有的蛋白質，有醇溶蛋白（gliadins）與麥穀蛋白（glutenins）2種，藉由揉和這樣的物理性刺激，使其變化成為具有黏性和彈力的麵筋組織。此外，鹽也具有強化麵筋組織的作用。

第3階段之1〈再次揉和麵團〉

麵筋組織形成薄膜，產生彈力和光澤

● 步驟和麵團的狀態

麵團敲打在工作檯上同時進行揉和。如此就能增加彈力，使表面沾黏消失變得有光澤。

● 用科學來看麵團的變化

藉由揉和，重覆使麵團成為易斷裂（麵筋構造短瞬暫時崩壞），和可連結（麵筋組織回復相互連結）的狀態，因為這樣的過程，使麵筋組織被強化，而增加彈力。麵筋組織是網狀結構，一旦確實揉和就會延展。這樣重覆漸次的產生層次，麵筋會包覆澱粉形成薄膜。

第3階段之2〈混合奶油〉※不使用奶油的麵團不需要這個作業

奶油沿著麵筋薄膜被推展，成為滑順麵團

● 步驟和麵團的狀態

使用奶油時，會在這個階段混入。最初麵團具有彈力不易融入，但麵團細細地拉扯增加表面積、或切成小塊的奶油被混拌至其中時，奶油和麵團接觸的面積會隨之增加，使奶油易於融

入。揉和完成時，麵團會變得滑順並呈現光澤。

● 用科學來看麵團的變化

至此為止，揉和的麵團彈性變強，雖然奶油不易融入，但麵筋組織已經完全成為具層次的狀態，將奶油混入其中，不但不會妨礙麵筋組織的形成，還能藉由油脂帶給麵團更好的延展性和滑順感。

奶油因具有可塑性，一旦麵團被按壓後，就會像黏土般改變形狀成為薄膜狀，沿著麵筋組織的薄膜（或是澱粉粒子）延展分散。以此狀態，麵團被拉開延展時，呈現薄膜狀的奶油，會與被拉開延展的麵筋組織往同一方向延展。再者，奶油具有防止麵筋組織間的沾黏以及潤滑作用。因此，麵團呈現延展性（易於延展的程度），會比添加油脂前更容易延展。

第4階段〈擀壓麵團確認狀態〉

麵筋組織的網狀結構變得細密，具彈性的膜狀薄薄地被延展

● 步驟和麵團的狀態

感覺到麵團充分產生彈力後，取一小部分麵團，用指尖推開延展地確認麵團狀態。如此一來，具彈力的薄膜會薄薄地延展。加入奶油時，可以更薄地被延展開來。

● 用科學來看麵團的變化

被強化的麵筋組織，網狀構造變得細密的麵團，是可以拉扯延展的。添加了奶油的麵團，奶油會在麵筋薄膜間產生潤滑油的作用，因此麵團可以更加滑順且輕薄地被延展。

第5階段〈使表面緊實再放入發酵容器內〉

藉由拉提緊實以強化表面的麵筋組織

● 步驟和麵團的狀態

揉和完成後，緊實麵團表面地整合，使光滑面朝上地放入發酵容器內。

● 用科學來看麵團的變化

若麵團表面拉攏緊實，那麼就是該部分的麵筋組織可被強化呈現緊繃狀態。接著在下個步驟，就能保持住發酵作業中產生的二氧化碳，成為不坍塌的膨脹麵團。

發酵

第1階段〈發酵前半〉

藉由酒精發酵，麵團開始膨脹

● 步驟和麵團的狀態

放入發酵容器的麵團，放進25～30°C的發酵器內使其發酵。

● **用科學來看麵團的變化**

藉由酵母（麵包酵母）的酒精發酵，產生二氧化碳和酒精。麵團中會產生無數的二氧化碳氣泡，當氣泡變大時，會推開周圍的麵團，使全體膨脹起來。

第2階段之1〈發酵中期〉

藉由有機酸及酒精，軟化麵團使其鬆弛，削弱彈力

● **步驟和麵團的狀態**

隨著發酵的推進麵團膨脹起來，適度保持張力同時減弱彈力，使麵團柔軟鬆弛。

● **用科學來看麵團的變化**

麵團中的乳酸菌和醋酸菌，進行乳酸發酵和醋酸發酵等，使其產生有機酸（乳酸、醋酸等），以及酵母的酒精發酵產生的酒精，就能軟化麵筋組織，使麵團鬆弛。

第2階段之2〈發酵中期〉

同時引發麵筋組織的形成和軟化，增加體積

● **步驟和麵團的狀態**

麵團可以更加柔軟地延展，再更加變大膨脹。

● **用科學來看麵團的變化**

因二氧化碳推開麵團，對麵筋組織而言雖然微弱但仍是刺激，自然也能形成麵筋組織。與之相反，因有機酸和酒精的作用，也同時能軟化麵筋組織，因此產生了麵團的延展性（易於延展的程度）。

第3階段〈發酵後半〉

酒精與有機酸形成芳香成分作用，能促進麵團的熟成

● **步驟和麵團的狀態**

發酵時間變長，就能產生出香氣和風味。

● **用科學來看麵團的變化**

酵母產生的酒精、細菌或酵母產生的有機酸等，也是麵包香氣及風味的來源。這些成分若能生成更多，就能更添風味和香氣。

第4階段〈確認發酵狀態〉

能保持強化與軟化麵筋組織的平衡，使其達到膨脹的巔峰

● **步驟和麵團的狀態**

麵團充分膨脹且輕輕按壓時，會殘留痕跡的鬆弛程度。

用科學來看麵團的變化

藉由麵團中被強化的麵筋組織所產生的彈力，以及因有機酸和酒精所產生的軟化作用，取得二者之平衡，成為在鬆弛的同時又能充分保持膨脹的狀態。

壓平排氣

第1階段〈按壓麵團排出氣體〉

排出氣體，使麵團內的氣泡細小地分散。活性化酵母，強化麵筋組織

步驟和麵團的狀態

發酵巔峰時，由發酵容器內取出麵團，用手掌按壓、折疊，以排出內部的氣體。如此一來，從發酵而膨脹鬆弛的麵團中排出二氧化碳後，麵團會因而緊縮結實。

用科學來看麵團的變化

藉由壓平排氣來破壞麵團中二氧化碳的大氣泡，也使小氣泡得以分散在麵團中。經由這個作業，就能使完成烘焙的柔軟內側紋理更加細緻。

此外，酵母(麵包酵母)因發酵時自體產生的酒精，會讓麵團中的酒精濃度變高，致使活性變低，但藉由排出二氧化碳的作業，使得酒精連同一起釋出，又同時混入氧氣，再度刺激使其活性化。

因此，藉由按壓這樣強烈的刺激，以強化麵團中的麵筋組織。

第2階段〈緊實表面放入發酵容器內〉

強化了麵團表面的麵筋組織

步驟和麵團的狀態

整合形狀、緊實表面後，放入發酵容器內。麵團表面滑順且呈現緊實的狀態。

用科學來看麵團的變化

表面緊實，特別是能強化該部分的麵筋組織。

第3階段〈使其再度發酵〉

因酒精發酵而使麵團膨脹

步驟和麵團的狀態

放入25～30℃的發酵器內使其發酵。麵團再次膨脹，當這個膨脹達到巔峰時，確認發酵狀態。試著輕輕按壓時，會留下痕跡的鬆弛程度即可。

用科學來看麵團的變化

酵母活躍也進行酒精發酵後，產生二氧化碳，麵筋組織被強化後的麵團接受了這些氣體，就能夠在麵團內保持膨脹狀態。

分割

第1階段〈分切麵團〉

切口被按壓，打亂麵筋組織的排序

● **步驟和麵團的狀態**

將麵團分切成想製作的麵包重量。此時，為避免損傷麵團，使用刮板按壓分切。即使是漂亮地進行分切，切口處的麵團也會因被按壓而略有拉扯，呈現沾黏的狀態。

● **用科學來看麵團的變化**

切口的澱粉因為被拉扯、切斷而呈現排序紊亂的狀態。

滾圓

第1階段〈切口揉向內部地滾圓〉

表面的麵筋組織被強化，漸次重整內部麵筋組織排序

● **步驟和麵團的狀態**

麵團切口揉和至內部，邊使麵團表面緊實邊進行滾圓。完成滾圓後的麵團滑順且呈現彈力與張力。

● **用科學來看麵團的變化**

因分割使得麵團切口的麵筋組織排序紊亂，但切口一旦被揉和至麵團內部後，隨著時間的推移，會自然地重整排序。此外，經由滾圓這個物理性刺激，使麵團表面的麵筋組織被強化。

中間發酵

第1階段〈在適溫下靜置麵團〉

漸次少許進行酒精發酵，會大一圈地膨脹起來，麵團鬆弛

● **步驟和麵團的狀態**

滾圓的麵團略加靜置（小型麵包是10～15分鐘、大型麵包是20～30分鐘）時，麵團會大一圈膨脹起來，滾圓成球狀的麵團會因鬆弛而略微攤平。

● **用科學來看麵團的變化**

酵母的酒精發酵，氣體發生雖少但會持續，麵團會略略膨脹。同時，利用乳酸等產生的有機酸和酵母的酒精發酵，藉由產生的酒精軟化麵筋組織使麵團鬆弛。此外，麵筋組織的網目構

造被打亂的部分，會自然地重整排序配置。

根據這樣的變化，即使施以擀壓等外力，麵團也不容易收縮，成為容易整型的麵團。

整型

第 1 階段〈做成完成時的形狀〉

整型後，滑順緊實的狀態，可以強化表面的麵筋組織

● 步驟和麵團的狀態

擀壓、折疊麵團、包捲、滾圓等，製作出圓形、棒狀的形狀。使麵團表面緊實地作出成品的形狀。

● 用科學來看麵團的變化

因緊實麵團表面，強化麵筋組織形成緊實的狀態。因此在下一個步驟最後發酵時，得以保持住麵團內產生的二氧化碳、維持膨脹，不會坍軟並保有形狀及彈性。

最後發酵

第 1 階段〈最後發酵前半〉

伴隨酒精發酵的活化，麵團開始膨脹

● 步驟和麵團的狀態

放入 30 ～ 38℃的發酵器內使其發酵，在較高的溫度下使其發酵讓麵團更加膨脹。

● 用科學來看麵團的變化

在最後發酵時，以比攪拌後發酵更高的溫度來進行。如此麵團內的溫度可以接近酵母（麵包酵母）最活躍的 40℃，酒精發酵活躍並產生二氧化碳，麵團因而被推開延展。

第 2 階段〈最後發酵中期〉

有機酸和酒精使麵團軟化，麵團鬆弛且能保持形狀及彈力

● 步驟和麵團的狀態

因發酵溫度高，變大膨脹後麵團因而被延展。

● 用科學來看麵團的變化

因酵母或酵素在高溫下活躍地產生較大量有機酸和酒精，使麵團軟化。如此就增加了麵團的延展性（易於延展的程度），配合二氧化碳的增加，使得麵團變得更加柔軟膨脹。

第3階段〈最後發酵後半〉

有機酸和酒精，作為芳香成分，促進麵團的熟成

● 步驟和麵團的狀態

使麵團的香氣和風味更加豐富。

● 用科學來看麵團的變化

因乳酸菌和醋酸菌而產生的有機酸、因酵母而生成的酒精和有機酸，不僅可以軟化麵團（參照左頁），還是麵包香氣及風味的來源。

第4階段〈確認發酵狀態〉

使麵團適度鬆弛，膨脹達到巔峰前的狀態

● 步驟和麵團的狀態

最後發酵，是在膨脹達到巔峰前，在麵團仍殘留緊實的狀態下即完成。用指腹輕輕按壓，仍可以感覺到隱約微微的彈力。

● 用科學來看麵團的變化

因為接下來的步驟是烘焙完成前半，酵母的酒精發酵最為活躍，會產生大量二氧化碳，因此最後發酵在膨脹達到巔峰前即完成，可以讓麵團略殘留緊繃，保持膨脹不坍軟的狀態。

烘焙完成

第1階段〈完成烘焙前半〉

酒精發酵活躍地進行，麵團膨脹變大

● 步驟和麵團的狀態

用180～240℃烘焙，放入烤箱稍待麵團會膨脹變大。

● 用科學來看麵團的變化

在這個階段中，酵母的酒精發酵蓬勃地進行，二氧化碳產生量增加，麵團因而膨脹。內部溫度達55～60℃時，因高溫使酵母死亡，因酒精發酵的麵團膨脹也幾乎停止。

第2階段〈完成烘焙中期〉

柔軟內側完成後，表層外皮才剛開始形成

● 步驟和麵團的狀態

麵團持續更加膨脹，待麵筋組織熱凝固後就停止膨脹。

用科學來看麵團的變化

酵母死亡後，因熱而引起的二氧化碳等膨脹、酒精的氣化以及接下來的水分氣化。藉由這些，使得麵團更加膨脹。

麵筋組織在75℃左右就會完全凝固，澱粉在85℃時會完成糊化（α化）。之後，由糊化澱粉中蒸發掉水分，就變成海綿狀的柔軟內側了（⇒ **p.178「柔軟內側的形成」**）。

第3階段〈完成烘焙後半〉

表層外皮完成後，呈現烘烤色澤，散發美味焦香氣息

步驟和麵團的狀態

開始呈現茶色的烘烤色澤，散發美味焦香。

用科學來看麵團的變化

麵團中一旦水分蒸發後減少，表面乾燥溫度會隨之升高。表面溫度升至140℃前後，表層外皮開始呈色，從160℃開始充分呈色，散發美味焦香。表面溫度上升至180℃為止，表層外皮就此完成。

柔軟內側的形成

40℃～	・酵母（麵包酵母）的酒精發酵在40℃最為活躍，二氧化碳生成量也會變多
50℃～	・酵母的活動會持續至50℃左右，持續生成二氧化碳，約55～60℃死亡，至此藉由麵團發酵而膨脹。 ・二氧化碳的熱膨脹、溶入酒精和麵團中水分內的二氧化碳氣化，接著是水分氣化。所以經由這些增加的體積，使得麵團膨脹。 ・澱粉分解酵素的作用而開始分解受損澱粉。此外，蛋白質分解酵素的作用，軟化了麵筋組織。因為這些變化，使得溫度達50℃左右時麵團產生液化，讓麵團變得更容易產生烤焙彈性（oven spring）。
60℃～	・麵筋組織的蛋白質因熱而開始凝固，保持於其中的水分開始分離。 ・澱粉細密構造因高溫而損壞，吸收蛋白質中分離的水分或麵團中的水分，開始糊化。
75℃～	・麵筋組織的蛋白質熱變性後完全凝固，因而麵筋組織的薄膜變硬，麵團的膨脹也變得較為和緩。
85℃～	・澱粉糊化完成，製作出麵包膨鬆柔軟的口感。
～即將達100℃	・藉由糊化澱粉中蒸發掉的水分，與蛋白質的熱變性交互作用，變化成半固態構造，形成麵包的質地。

表層外皮的形成

烘焙前半	烤箱中充滿水分，這些凝聚在麵團表面，成為覆蓋水蒸氣薄膜的狀態。這期間不會呈現烘烤色澤，表層外皮也尚未形成。
烘焙中期	藉由烤箱的熱度，使麵團表面乾燥，開始形成表層外皮。
烘焙後半	蛋白質和胺基酸與還原糖因高溫加熱，產生了褐色色素的香氣反應（胺羰反應（amino-carbonyl reaction 梅納反應），140°C左右表層外皮開始呈色，160°C時已充分呈色。隨著溫度再更升高，因糖聚合引起反應（焦糖化反應），糖類也會呈色並產生焦糖般的香氣。麵團表面溫度升高至180°C，表層外皮成形。

準備工作

麵包製作的準備

在糕點製作時常提到「量秤和工具的準備，要在開始作業前就完全備齊」，用於麵包製作也一樣。沒有準備就無法開始製作，絕非言過其實。

麵包製作，從準備階段就已經開始，讓我們確實地掌握進行吧。

●測量

所有的麵包製作中，最重要的共同步驟。材料的測量，基本上是開始麵包製作之前，必須要全部完成備用。為了能正確地執行，包含液體的全部材料都要測量「重量（質量）」（⇒**Q170**）。

●水溫的調節

製作麵包時，必須注意的要素之一，是揉和完成的麵團溫度（揉和完成溫度），依麵包的種類而決定適切的溫度。揉和至麵團中的酵母（麵包酵母），在麵包完成烘焙過程中，幾乎都會持續地發揮作用，因而營養、水分以及適切的溫度都是必要的（⇒**Q172**）。

●油脂的溫度調節

奶油、乳瑪琳、酥油等大部分的油脂，都置於冷藏室等低溫處保存。製作麵團時，油脂的溫度較低、呈堅硬狀態會不容易混拌，可能無法做出均質的麵團。為防止產生這樣的狀況，要預先從冷藏室取出，調節成易於混拌的硬度非常重要。

奶油大約是13～18℃左右，乳瑪琳、酥油會因商品而有所不同，但也大約在10～30℃之間，是最能發揮可塑性的溫度帶，按壓時略有阻力，同時手指可以順利地按入油脂中的狀態就是參考標準（⇒**Q109, 112, 114**）。

使用剛從冷藏室取出的冰冷油脂，爲了使油脂能易於混拌至麵團中，可以先以擀麵棍等敲打，強制地使其軟化。

●奶粉的準備

奶粉一旦與空氣有接觸，吸收了濕氣就容易結塊。若是這樣的狀況，就無法在麵團中順利的分散開，殘留下硬塊。所以測量後立即與配方的粉類或細砂糖混拌，又或是爲了避免結塊立即包覆上保鮮膜。

奶粉中若混入潤澤性高的上白糖等，也會變得容易結塊，此時就要避免先混合。若奶粉結塊，可以在攪拌時用部分配方用水溶化後使用。

奶粉混拌至細砂糖中（左）、混拌至上白糖中結塊的狀況（右）

●烤盤與模型的準備

使用烤盤或吐司模等烘焙模型時，必須要在麵團整型前預備好。預先刷塗油脂（酥油或脫模油等）備用（⇒**Q181**）。

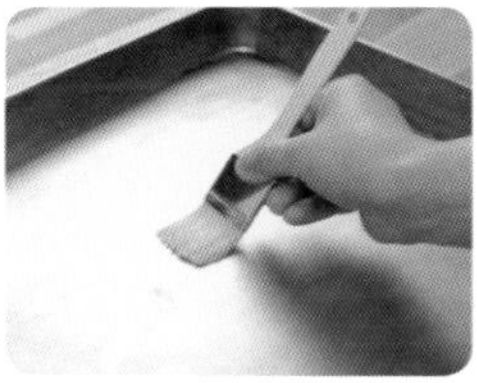

酥油

使用毛刷等均勻塗抹在全體

脫模油

使用在烤盤或烘焙模型的專用油脂。有固態和液態之分，液態還有填充在噴霧瓶中的商品

Q168 麵包製作需要在什麼樣的環境？
＝麵包製作時最適合的溫度和濕度

A 作業時室溫是25℃，濕度在50～70%的程度即可。

利用本身就是微生物的酵母（麵包酵母）作用而製成的麵包，環境（主要是溫度和濕度）會對成品有很大的影響，因此特別是發酵中溫度及濕度的管理，非常重要。話雖如此，實際上大多的發酵器，具有調節溫度及濕度的機能，因此控制也並不困難。

另一方面，攪拌、分割、滾圓、整型的作業，多是在室溫下進行，實際上此時的溫度（室溫）與濕度都必須要注意。

室溫在攪拌時是影響麵團揉和完成溫度的重要因素，在分割、滾圓、整型作業時，也關係到麵團溫度的降低或上升。

濕度若過高，則攪拌時麵團會沾黏，也會導致揉和時溫度變高。在分割、滾圓、整型作業時，濕度過低會導致麵團乾燥。此外，對麵包製作者而言，作業場所的環境也很重要。

那麼，到底什麼樣的溫度、濕度最適合麵包製作呢？大概是溫度25℃、濕度50～70%的程度，可以順利進行。

話雖如此，但依地區或季節等，有些狀況真的難以設定這樣的環境。此時，分割、滾圓以及整型等作業時，迅速地執行就能減少麵團溫度的變化。另外，爲防止麵團過度乾燥，也要避免直接受風，多下點工夫覆蓋上塑膠袋或保鮮袋等就能解決。

Q169 所謂的烘焙比例是什麼？
＝烘焙比例的考量

A 表示麵包的配方

所謂烘焙比例，是麵包配方非常方便的標記法之一，以使用的粉類用量爲基準，表示出各材料配方的比例。相對於全體用量爲100的比例標示，烘焙比例是以粉類合計用量爲100，其他材料相對於粉類的百分比。

採用這樣獨特的標示方法，是因爲以麵包製作時使用量最大，且不可或缺的粉類用量爲基準，只要用簡單的乘法計算，就能算出所有材料的用量，十分合理。

麵包店每天可能會有不同的麵團預備用量，也會有以當日想要製作的麵包個數，反算回去計算材料的預備用量。此外，一旦習慣麵包製作後，只要看到烘焙比例中標示的各項材料比例，就能看出麵包的柔軟度、入口即化的程度，以及可以保存的天數等特徵。

例）

① 用麵粉2kg預備麵團時

高筋麵粉和低筋麵粉合計2kg時，套用烘焙比例來看，就是高筋麵粉1800g、低筋麵粉200g（右側表格紅字的部分）。其餘的材料分量，以粉類總量的2kg，乘上烘焙比例計算出來。

② 用40g分割製作95個麵包時

麵團總重量是40g×95個＝3800g（右側表格藍字的部分）。這樣烘焙比例的合計約是190%。由此，使用烘焙比例，計算各項材料的必須用量。

材料	烘焙比例（%）	分量（g）
高筋麵粉	90	1800
低筋麵粉	10	200
砂糖	8	160
鹽	2	40
脫脂奶粉	2	40
奶油	10	200
雞蛋	10	200
新鮮酵母	3	60
水	55	1100
合計	190	3800

但實際製作麵包時，會因麵團發酵使得重量減少（發酵耗損），或作業時產生耗損等，麵團總重量幾乎都不會完全依照計算。

Q 170 測量時需要什麼樣的測量器材（秤）呢？

＝麵包製作的量秤

A 能正確量秤重量，最小單位為0.1的量秤最方便。

材料的測量對麵包製作而言，非常重要。若沒有正確地測量，就無法確實地製作麵包。液體ml或cc等，也可以用「液體量（體積）」來測量，但基本上包含液體，所有的材料都是用g或是kg的「重量（質量）」來測量。

材料的計量時使用的量秤，雖然以最小單位0.1g的種類會非常方便，但若粉類使用會在1kg以上時，使用最小單位是1g的，應該也足夠了。

機械式上皿秤

數位上皿秤。也有可以測量到0.1g單位的類型

上皿天平秤。測量時左邊設定砝碼，右邊盤皿上擺放麵團，用天平搖擺的幅度來判斷重量

數位上皿秤，適合正確計量。有可以測量最小單位刻度0.1g的，也有最大量可量秤10kg以上的。家庭使用可以從1g測量至1～2kg的量秤即可。

分割麵團時，麵包店大多會使用稱爲上皿天平秤的特殊量秤。這種天平秤的一端設置砝碼，另一端是可以擺放麵團的盤皿，當與砝碼等重，天平秤桿即呈水平的測量方式。

以需要將麵團分割成100g爲例，使用數位量秤測量時，每次麵團放上盤皿，就必須讀取「85g所以不足15g」、「110g所以超過10g」等數字，要有數字差別的意識。

但若是使用上皿天平秤，只要先設置了100g的砝碼，就可以無意識地用天平秤上下搖擺平衡的幅度判斷其重量來作業，因此習慣使用後，這樣的方法操作性更佳。

Q 171 配方用水、調整用水是什麼呢？

=麵包製作時的水分

A 配方用水是配方標示的水分，調整用水是將配方用水取出部分。

所謂的配方用水，指的是在製作麵團時使用的水（配方表中的水）。調整用水，則是用於調節麵團軟硬度的水分，在預備麵團製作時，由配方用水中先取出部分備用的水分。

即便使用的是相同的粉類，也會因天候、季節、房間溫度及濕度、粉類乾燥程度等，造成吸水量的變化。因此，爲了烘焙出與平常相同品質的麵包，而有必要調節麵團的軟硬度。

若在攪拌最初就放入所有的配方用水，待發現麵團過於柔軟時，就無法挽回了。所以會邊確認麵團狀態邊加入調整用水。另外，有時也會有調整用水不需全部添加，或不足需要追加的狀況。

Q172 配方用水的溫度多少℃才適當？要如何決定呢？
=配方用水的溫度算式

A 適當水溫可以用計算得出。

配方用水的水溫調節，是以接近揉和完成的麵團溫度爲目標的數值（⇒**Q192，193**）。麵團揉和完成的溫度，因爲對發酵有極大的影響，接近目標數値非常必要。所以在攪拌前，要先決定配方用水的水溫。基本上會以下列的算式來計算出水溫。

①
揉和完成溫度
=（配方用水的溫度＋粉類溫度＋室溫）÷3＋摩擦導致麵團上升的溫度

這個算式是以攪拌機揉和麵團時，以揉和完成溫度爲需求目標，若要計算出配方用水溫度的算式，則是如下的②。

②
配方用水的溫度
=3×（揉和完成溫度－摩擦導致麵團上升的溫度）－（粉類溫度＋室溫）

摩擦導致麵團上升的溫度，會因攪拌或麵團配方量、配方等而有變化，因此可依實際數次製作相同用量的相同麵團來找出數値。此外，藉由累積這個數値的經驗，也能看出②的算式對③的變化。

③
配方用水的溫度
=配方麵團的常數 －（粉的溫度＋室溫）

所謂配方麵團的常數，是作爲目標的麵團揉和完成溫度，和摩擦導致麵團上升的溫度而決定的，在②算式的前半部，也就是將「3×（揉和完成溫度－摩擦導致麵團上升的溫度）」常數化的數値。幾乎所有的麵團，大約都在50～70的範圍內。

但若無法順利用上述算式來計算，無論如何最重要的是每次預備麵團時，都記錄下當時的數據（室溫、粉溫、水溫、揉和完成溫度等），累積數値。

完全沒有數據資料時，首先測量室溫和粉類溫度，然後也測量配方用水的溫度，再揉和麵團，測量揉和完成麵團的溫度，連同麵團完成時的狀態一併記錄下來，就能探尋出適切的水溫。

但首要的是因爲酵母（麵包酵母）有活動溫度帶（⇒**Q63, 64**），希望水溫大約可以在5～40℃的範圍內。

Q173 調整用水和配方用水，使用相同水溫可以嗎？另外，多少的分量是必要的？

＝調整用水的溫度與分量

A 調節好溫度的配方用水，分取出約粉類的2～3%左右備用。

調整用水由調節好溫度的配方用水中分取出使用。由配方用水中分取的分量，相對於粉類，請以烘焙比例的2～3%程度的分量爲參考。

分取出的量完全用掉還需要追加時，請加入調整成與配方用水相同溫度的水。

Q174 用相同配方製作麵包，但為什麼麵團的硬度卻不盡相同呢？

＝粉類的吸水量

A 因粉類的麵筋組織量、受損澱粉量、房間的溫度等影響，吸水量也會改變。

即使製作相同配方的麵包，也會因爲麵粉的狀態及作業場所的濕度等各種條件，使得麵包硬度隨之改變。麵團的硬度，會因吸水量而有很大的影響，攪拌當下與粉類吸水相關，有以下條件。

●蛋白質的量

麵團中爲了形成麵筋組織（⇒**Q34**），水是必要的。麵粉中稱爲醇溶蛋白（gliadins）與麥穀蛋白（glutenins）的蛋白質會吸收水分，賦予揉和這樣的物理性刺激時，就會形成麵筋組織。因使用的麵粉不同，蛋白質含量也相異，若使用蛋白質含量多的麵粉時，吸水量就會增加。

●受損澱粉的量

小麥製成粉類時，用滾輪機碾碎麥粒的過程會產生「受損澱粉」（⇒**Q37**）。本來攪拌時是不會吸收水分的，但受損澱粉不同於一般的澱粉（健全澱粉），細密的構造已被破壞，因此即使在常溫下也會吸收水分。

所以，使用的麵粉中含較多受損澱粉時，麵團就會變得柔軟，也容易坍軟，嚴重時會黏呼呼地難以順利製成麵包。

●房間的溼度

房間的濕度變高，有時也會因粉類吸收濕氣而減少配方用水。反之，粉類乾燥時，則會增加吸水量。

水分的增減，會在攪拌時進行。爲了能在過程中調節麵團的軟硬度，因此配方用水的分量不會在一開始就放入全量，而會先取出部分作爲調整用水備用，視麵團的狀態（軟硬度）再添加。

吸水量對麵包製作的影響

		吸水量過少時	吸水量過多時
攪拌	**時間**	變短	變長
	麵團溫度	容易上升	不容易上升
	作業性	麵團變硬難以揉和	麵團過度坍軟難以揉和
發酵	**時間**	變長	變長
分割滾圓	**作業性**	麵團易斷難以滾圓	麵團過度坍軟難以滾圓
整型	**作業性**	麵團延展差，作業性差	麵團雖易延展，但沾黏，作業性差
完成烘焙	**體積**	小	小
	表層外皮的狀態	厚且呈色深濃	厚且呈色差
	柔軟內側的狀態	氣泡粗，乾燥粗糙	雖然氣泡粗大，但口感潤澤

Q 175 剛打開袋子的麵粉和快使用完的麵粉，是否改變配方用水的量比較好呢？

＝配方用水的分量調節

A 以揉和完成的麵團感覺，或完成烘焙的麵包狀況來判斷。因此每次製作時的數據資料都非常重要。

麵粉與保存期間無關，每次的麵包製作都必須要調節配方用水。

麵粉所含的水分量，會因季節、作業場所的溫度與濕度等而有所變化。此外，也會因麵粉是何時製成、保存多久、保存在哪裡等（乾燥場所、高濕度場所、高溫場所等）等狀況而被影響。

實際上配方用水要增減多少，只能靠攪拌時麵團的觸感、或對照一向以來的經驗來決定。然後，以最後完成麵包的好壞，來判斷水分量是否適度。

因此，相同的麵包無論製作多少次，保留數據資料很重要。最低限度需要的資料是室溫、粉溫、水溫、麵團揉和完成的溫度，但同時也必須記錄下當天的預備用量、日期時間、天候等。

Q 176 塊狀的新鮮酵母怎麼使用比較好？
＝新鮮酵母的使用方法

A 細細搓散後，溶於配方用水使用。

新鮮酵母是固態，因此不適合以塊狀直接攪拌。

基本上，細細搓散後即可使用，但相較於直接加入粉類混拌，先溶於配方用水再使用的方法，更容易分散。

具體來說，加入調溫好且預先取出調整用水的配方用水中，打散新鮮酵母、略微放置後，再以攪拌器混拌使其溶化。將此用於攪拌作業時，新鮮酵母會連同水分一起分散在全體麵團中。

新鮮酵母搓散至水中後稍加放置，是爲了避免立即混拌時，新鮮酵母很容易沾黏在攪拌器上，反而不易溶化。

搓散新鮮酵母放入

略微放置後混拌使其溶化

Q 177 乾燥酵母的預備發酵是什麼？
＝乾燥酵母預備發酵的方法

A 使休眠的麵包酵母活性化的方法

所謂乾燥酵母的預備發酵，是給予乾燥酵母水分、營養以及適當的溫度，使得因乾燥而休眠的麵包酵母回復水分，使其活性化，成爲可以用於麵團的狀態。

舉一具體範例，將乾燥酵母重量1/5程度的砂糖撒入溶化在溫水（乾燥酵母重量5～10倍，調溫至約40℃的水）中，避免溫度降低地維持10～20分鐘，在吸收水分的同時也回復發酵力。

預備發酵的準備，是由開始預備麵團的時間逆算回去，並且預備發酵使用的水分用量必須由麵團的配方用水中扣除。

乾燥酵母剛撒入溫水時（左）、放置15分鐘後的狀態（右）

乾燥酵母的預備發酵

將砂糖加入溫水中，用攪拌器充分攪拌使其溶化。

撒入乾燥酵母。

不混拌地直接放置約10～20分鐘。

發酵後液體表面膨脹，升起極小的氣泡。

用攪拌器混拌全體後用。

Q 178 即溶乾燥酵母可以溶於配方用水後使用嗎？
＝即溶乾燥酵母的使用方法

A 會使用在攪拌時間較短的麵團中。

即溶乾燥酵母可以混拌至粉類中使用，這個特點更輕鬆方便，並且即使溶化在配方用水中使用也沒關係，優點是可以很容易地分散在麵團中。

特別是攪拌時間較短的麵團，若即溶乾燥酵母直接用在麵團準備工作時，可能會無法完全分散開，因而會預先溶於水中。

此時配方用水的溫度若太低，則有可能會降低發酵力，因此，會取部分配方用水，將水溫調至15℃以上使其溶化。

另外，不論是直接與粉類混合、或加水溶化再添加，完成烘焙的麵包感覺不出差異。

Q 179 麥芽精黏稠不易處理，要怎麼使用比較好？
＝麥芽精的使用方法

A 溶於水中使用。

麥芽精（麥芽糖漿）（⇒**Q143**）是黏性強烈的糖漿狀，直接使用在攪拌時，難以均勻分散在麵團全體中，因此一般是先溶於配方用水後再行添加。

此外，因爲黏稠也難以進行測量，因此在麥芽精使用較頻繁的麵包店等，會預先將麥芽精與等量的水稀釋成稱爲「麥芽液」的狀態來使用。麥芽精一旦用水稀釋後，保存性會變差，因此使用麥芽液時必須置於冷藏室保存，並儘早使用完畢。

再者，與麥芽精具有相同效果的是麥芽粉。這是乾燥麥芽後粉碎、精製而成的產品，若是粉末則能方便測量，攪拌時也能直接與粉類混拌使用。

麥芽精（左）、麥芽粉（右）

在麥芽精中加入等量的水混拌，為了方便使用地稀釋。右邊是稀釋後的麥芽精

Q180 製作麵包時使用的模型有哪些呢?
=麵包的模型

A 有完成烘焙用的模型和發酵用模型。

麵包製作時使用的模型,大致可分放入烤箱使用的模型和不放入烤箱的模型。

●放入烤箱的模型

從整型到完成烘焙爲止使用的模型。吐司或布里歐模型等就是屬於這類,被稱爲「烘烤模型」。

主要是金屬模,但也有紙製或矽膠製品。基本上使用金屬模型前會先刷塗油脂(⇒p.181「烤盤與模型的準備」)。

●不放入烤箱的模型

整型起至完成最後發酵時使用的模型。

主要是硬質麵包,用於烘焙時直接烘烤(⇒Q223),又稱爲「發酵籃」、「睡眠籃」,大多是藤製品,但也有塑膠製品。

使用前會在籃子內側篩撒上粉類(麵粉或裸麥粉等),可以避免完成整型的麵團沾黏。撒在籃內的粉類會殘留在麵團表面,完成烘焙時會呈現籃子的圖案。

在模型(發酵籃)內側篩撒上粉類

Q181 希望吐司能漂亮地脫模,該如何做才好呢?
=模型的準備

A 在模型內側刷塗油脂備用。

麵團放入模型後烘焙的麵包代表,再怎麼說就是吐司吧。其他也有像僧侶布里歐(brioche à tête)般,使用特殊形狀模型的麵包,但關於模型的準備幾乎都是相同的。

烘焙模型主要是以金屬製成,若直接使用麵團會沾黏,因此爲使烘焙完成的麵包容易脫模,會預先在金屬模型內側刷塗油脂備用。此時必須避免遺漏地均勻刷塗,就是重點。

通常會使用尼龍製的毛刷，將柔軟的固態油脂均勻刷塗在模型內。使用毛刷可以均勻地刷塗到模型的各個邊緣和角落。此外，也有稱爲脫模油的模型專用油脂（⇒p.181「烤盤與模型的準備」）。

另外，也有爲了避免麵團沾黏在模型內側，使用樹脂加工的製品，基本上就不必刷塗油脂了。

左、中／固態油脂使其柔軟後用毛刷塗抹
右／噴霧型的脫模油可以均勻地噴霧

Q 182 模型尺寸與食譜不同時，該怎麼做才好呢？
＝放入模型的麵團重量計算法

A 沒有與食譜相同尺寸的模型時，可以配合模型如下述計算出麵團的重量。

① **算出使用模型的容積(cm³或ml)**

方形模：長(cm)× 寬(cm)× 高(cm)

圓形模：半徑(cm)× 半徑(cm)× 3.14(圓周率)× 高(cm)

若上述的計算式無法算出，圓形模或方形模以外的模型容積，可以在模型中裝水，測量裝入的水量。水 1g ＝ $1cm^3$ ＝ 1ml，因此測量出的數值就直接是容積了。請先確認模型是否會漏水後再進行測量。

② **算出模型麵團比容積**

食譜的模型容積(cm³或 ml)÷ 食譜的麵團重量(g)

模型麵團的比容積，是顯示烘焙時模型中要放入多少程度的麵團量，才能烘焙出最適當體積的麵包。

③ **算出實際必要的麵團重量(g)**

使用的模型容積(在①中算出的數值)÷ 模型麵團比容積(在②中算出的數值)

如此一來，相對使用的模型，計算出適當的麵團用量。

攪拌

何謂攪拌？

「混拌、揉和」材料，日文當中稱為「混捏」。雖然與英文的「kneading」意思相同，但日本麵包製作業界，大部分都會使用英文的「mixing」。無論哪個單字，都是意味著「揉和麵包材料以完成麵團」。

雖然用單字表達非常簡單，但是攪拌關係到最後完成麵包的優劣，是非常重要的步驟。麵包的種類，當然還有季節、天候、製作者對成品的想像等，攪拌的方式也會隨之產生變化。攪拌可以說是最早能看出麵包師傅技術的步驟吧。

攪拌的目的，是使各種材料均勻分散、連同空氣一起混合、使各種材料吸收水分、以製作出具適當黏彈性（黏性和彈力）和延展性（易於延展的程度），並能保持住氣體的麵團。依據攪拌進行的程度，大致可分為4個階段。在此舉的是容易確認麵團狀態，以手揉和的攪拌例子。

攪拌的步驟

《其1》分散材料及混合階段：混合階段（blend stage）

使材料分散、混拌

使各種材料均勻分散地混合。使其他材料不偏不倚地分散在主要材料麵粉粒子間的步驟。

各種材料和水緩慢地混入拌合，成為沾黏狀態。幾乎還沒有結合

《其2》麵團開始結合的階段：**拾起階段（pick up stage）**

進入麵粉的水合

分散在麵粉粒子間的砂糖、奶粉等溶於水的副材料，以及麵粉中的受損澱粉（⇒**Q37**）等吸收水分，使麵團全體與水融合。而麵粉的蛋白質也吸收了水分，加上揉和的物理性刺激，麵筋組織開始慢慢形成（⇒**Q34**）。

抓住麵團拉扯時，會很容易扯斷，麵團表面仍是沾黏呈現黏著性。

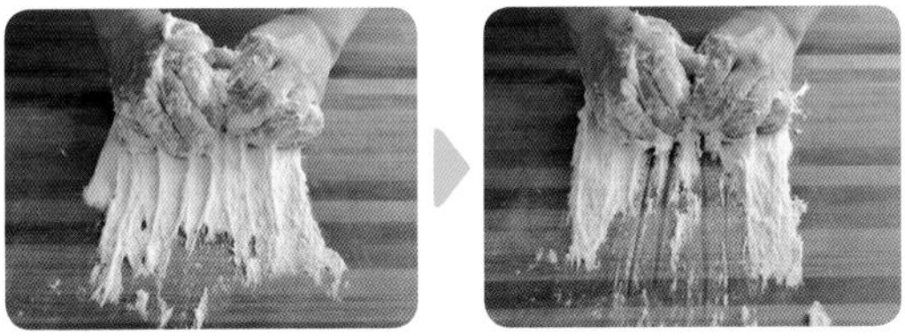

很難從工作檯上剝離的麵團，漸漸變得容易剝離了

《其3》麵團去水（水合）階段：**成團階段（clean up stage）**

麵筋組織的形成

持續攪拌就能更加強化麵筋組織，增加黏彈性（黏性和彈力）和延展性（易於延展的程度），形成網狀結構的組織。麵團表面的沾黏已消失。

麵團結合更甚，也能從工作檯上完全剝離

《其4》麵團結合、完成階段：**擴展階段(development stage)、最終階段(final stage)**

完成麵團

麵筋組織更加強化，用手取部分麵團延展撐開，可以確認麵筋組織被延展成薄且平滑的薄膜狀。麵團表面略乾呈現光澤的狀態。因製作的麵包不同，麵筋組織薄膜的薄度或展延狀況也會改變。

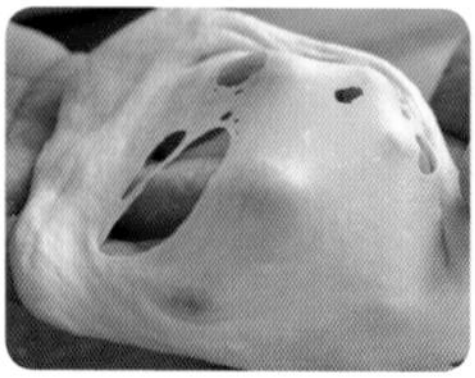

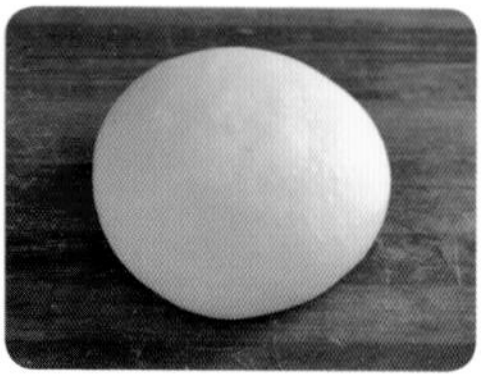

可以延展開成薄膜狀（左）、揉好的麵團光滑（右）

為確認麵團狀態的延展方式

①用手取出1個雞蛋大小程度的麵團。

②用兩手的指尖或指腹，邊注意不扯破麵團邊拉扯，由中央向外側延展。

③手持麵團的位置少許漸次地移動，與②同樣地延展麵團。

④重覆數次③的動作，緩慢地薄薄延展至麵團破裂為止。

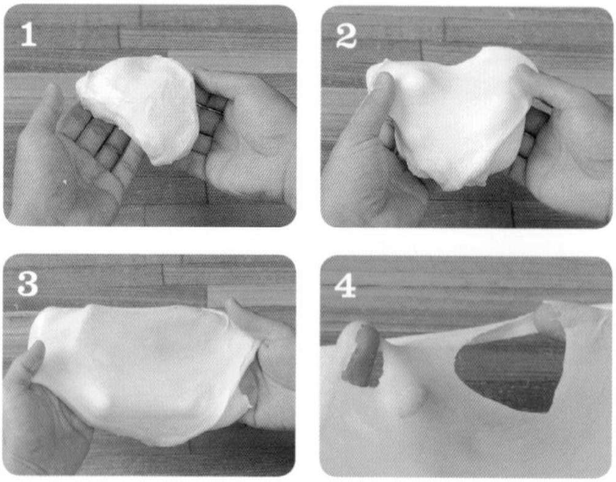

比較軟質和硬質麵包的攪拌

攪拌對麵包製作而言，是最初也是最重要的步驟。軟質與硬質麵包在攪拌階段開始，麵團的狀態就不相同。在此以軟質的奶油卷、硬質的法國麵包爲例，使用攪拌機各別在攪拌的4個階段，試著依序相互比較吧。

雖然依麵團的種類，各階段的狀態會有所不同，但重要的是最後麵筋組織會結合至何種狀態。邊想像完成的理想麵包，邊進行攪拌步驟，是製作麵包最初的關鍵。

軟質（奶油卷）／直立式攪拌機

《其1》分散材料及混合階段

1

將材料放入攪拌缸中，開始攪拌。

2

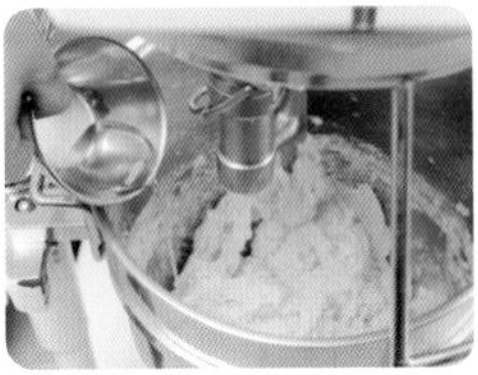

各種材料與水混合、分散開。在這個階段添加調整用水。

3

麵團幾乎還沒有結合，表面粗糙，相當黏稠。

《其2》麵團開始結合的階段

4 

麵筋組織開始逐漸形成。表面雖然略有滑順感，但仍是沾黏狀態。

5 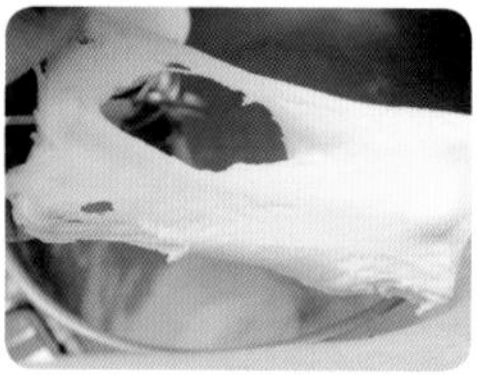

抓著麵團拉扯時，會很容易扯斷。能感覺到黏性和彈力。

《其3》麵團去水（水合）階段

6 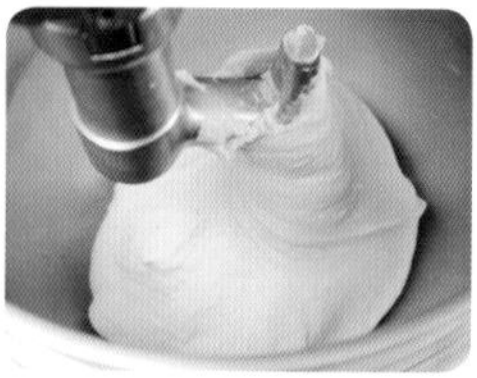

麵筋組織的結合變強，增加黏彈性（黏性和彈力）和延展性（易於延展的程度），麵團表面的沾黏已消失。

7 

麵筋組織形成網狀結構，開始可以延展成薄膜狀。

8 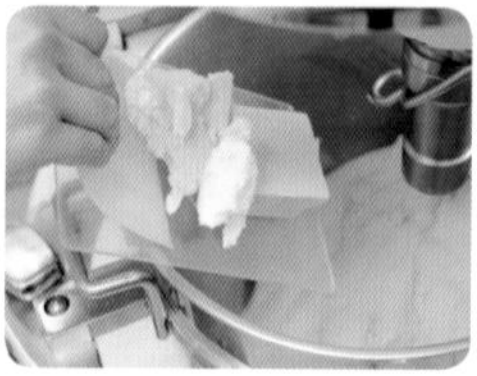 

軟質麵包，基本上在這個階段添加油脂。

《其4》麵團結合、完成階段

9 

麵筋組織的結合更強，可以整合成團了。麵團表面滑順且略乾。

10 

用手指頂著麵團延展時，可以透視到下方指紋的程度，延展成極薄透且光滑的薄膜狀。

硬質（法國麵包）／螺旋式攪拌機

《其1》分散材料及混合階段

1 

各種材料與水混合、分散開。在這個階段添加調整用水。

2 

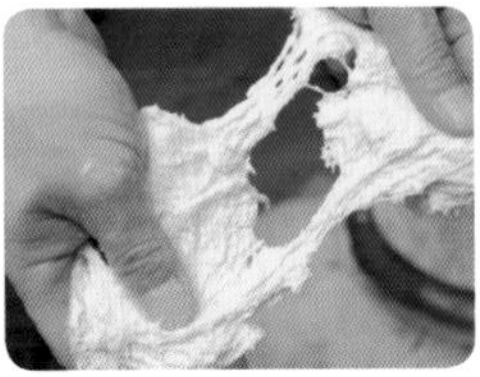

麵團幾乎還沒有結合，表面粗糙，相當黏稠。

《其２》麵團開始結合的階段

3 

麵筋組織開始逐漸形成。麵團表面雖然略有滑順感，但仍是沾黏狀態。

4 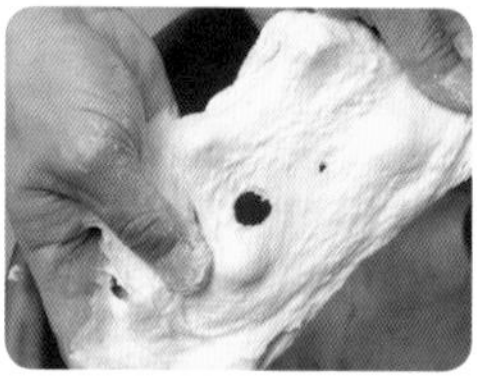

抓住麵團拉扯時，會很容易扯斷。產生黏性和彈力，但表面仍能感覺到沾黏。

《其３》麵團去水（水合）階段

5 

麵筋組織的結合變強，增加黏彈性（黏性和彈力）和延展性（易於延展的程度），麵團表面的沾黏已消失。

6 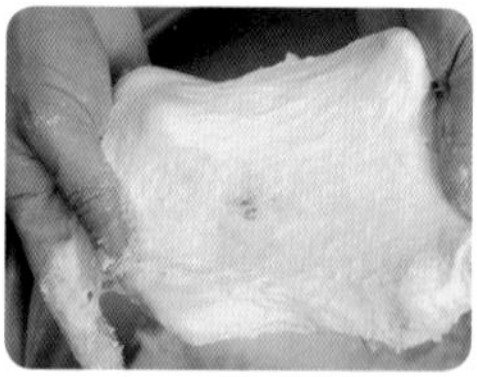

麵筋組織形成網狀結構，開始可以延展成薄膜狀。

《其４》麵團結合、完成階段

7 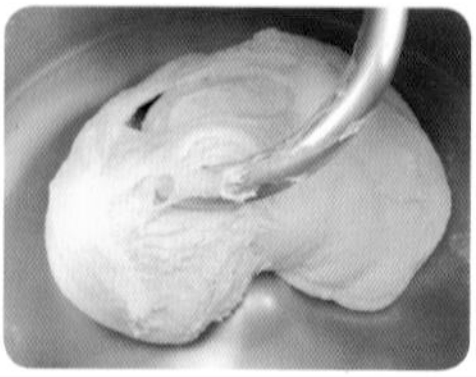

麵筋組織的結合更強，可以整合成團。麵團表面滑順且略乾。

8 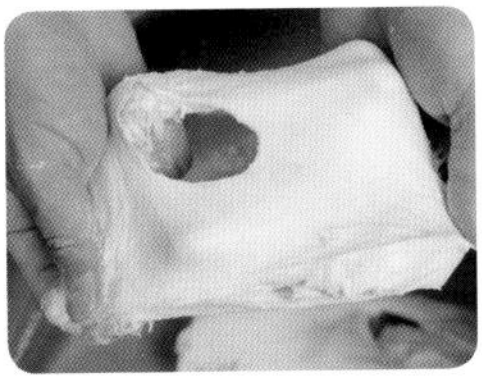

即使用手指頂著麵團延展，也無法像軟質麵團般可以透視到下方指紋的程度，但麵團表面變得滑順。

法國麵包的攪拌與發酵時間的關係

法國麵包或鄉村麵包等 LEAN 類配方的硬質麵包，會使用較少的酵母（麵包酵母），長時間發酵。是為了最大限度品嚐小麥粉的滋味，並且藉由麵團的熟成而散發出強烈的香氣與風味。所謂熟成的香氣與風味，主要是藉由附著在材料、或由空氣中進入麵團的乳酸菌和醋酸菌等，在麵團發酵時，產生有機酸（乳酸、醋酸等）而生成。可以說發酵時間越長，有機酸生成越多，就越能增加麵包的香氣與風味。

利用少量的酵母進行長時間發酵時，藉由攪拌使麵團中的麵筋組織強化至必要程度以上，反而會使麵團的膨脹變差。法國麵包雖然是利用簡單的配方，烘焙成紮實具咀嚼感的麵包，但完成烘焙時若沒有適度的膨脹，也會削弱法國麵包特有的口感。因此，法國麵包會使用蛋白質含量略少的麵粉，也會儘可能抑制攪拌地進行製作。

Q 183 直立式攪拌機和螺旋式攪拌機如何區分使用呢？

＝直立式攪拌機和螺旋式攪拌機

A 直立式攪拌機適合軟質；螺旋式攪拌機適合用於硬質麵團的攪拌。

業務用麵包製作的攪拌機有許多種類。在此針對一般 Retail bakery 使用的2款攪拌機進行說明。

●直立式攪拌機

主要是適合軟質麵包的攪拌。揉和麵團的攪拌棒是「鉤狀（hook型）」，在攪拌缸內側以敲扣麵團方式進行揉和。

適合需要充分形成麵筋組織的軟質麵團，但若是使用於硬質的麵包攪拌時，只要調整攪拌機的時間和強度，也一樣可行。

並且也可以改爲安裝球狀(攪拌器)攪拌棒，因此也可以用在麵團以外的用途。

●螺旋式攪拌機

主要適合硬質麵包的攪拌。揉和麵團的攪拌棒是「螺旋狀」，因而被稱爲「螺旋式攪拌機 spiral mixer」在攪拌盆內側以敲扣麵團方式進行揉和。配合攪拌槳的轉動，攪拌缸也會轉動，可以十分有效率地揉和麵團。

相較於直立式攪拌機，麵筋組織更穩定形成，雖然不適合必須強力攪拌的麵團，但只要拉長攪拌時間，一樣也可以適用於軟質麵包的攪拌。

直立式攪拌機(左)、螺旋式攪拌機(右)

直立式攪拌機的攪拌棒是勾狀(左)、螺旋式攪拌機是螺旋狀(右)

Q184 最適當的攪拌是什麼呢?
=受到麵包特徵左右的攪拌

A 能呈現想要製作麵包特徵的攪拌法。

所謂最適當的攪拌，會因麵包的種類、製作方法、材料、配方，更甚至會因製作者的想法，而有各種不同的變化。硬質麵包和軟質麵包就有極大的差異，可頌等折疊麵團則又是完全不同的考量。

雖然光是攪拌，不足以完全決定麵包的特徵，但在此針對4種麵包進行簡單的敘述，主要使用的麵粉和一般攪拌的重點，以及完成揉和的狀態。

實際上，製作者完成自己想像中麵包的攪拌，可說就是對麵包最適當的攪拌法吧。

依不同麵團所完成揉和地狀態

① 吐司(略偏 LEAN 類的軟質麵包)

【使用麵粉】高筋麵粉

【攪拌】為使麵包能充分呈現體積並且有細緻氣孔,因此用強力攪拌進行作業。使麵筋組織可以確實結合。

【揉和完成的麵團】延展麵筋組織成極薄的薄膜狀,指腹頂住薄膜時,可以薄透到看見指紋(左)。用指尖戳破麵團薄膜時,破口呈現光滑的裂口(右)。

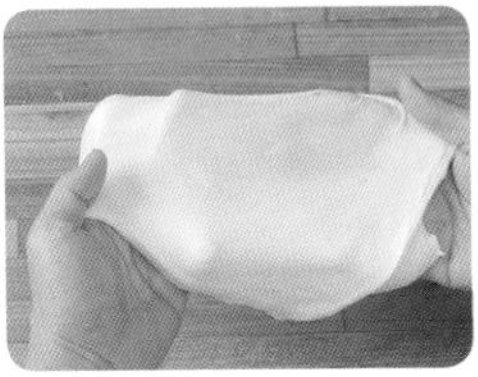

② 奶油卷(RICH 類的軟質麵包)

【使用麵粉】準高筋麵粉,或高筋麵粉與低筋麵粉的混合粉類

【攪拌】為使麵包能有適度膨脹的體積以及入口即化的口感,攪拌時會略抑制地縮短進行時間。

【揉和完成的麵團】延展麵筋組織成薄膜狀,用指腹頂住薄膜時,可以薄透到看見指紋(左)。用指尖戳破麵團薄膜時,破口不光滑,而是硬生生扯破般的裂口(右)。

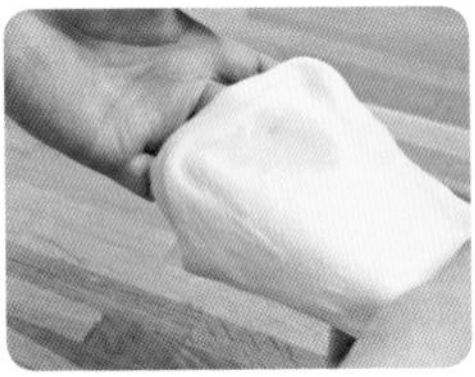

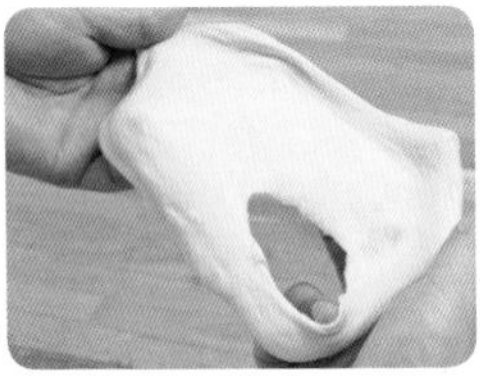

③ 法國麵包(LEAN 類的硬質麵包)

【使用麵粉】法國麵包專用粉

【攪拌】抑制地進行最低限度的攪拌。以形成麵筋組織的最小限度。

【揉和完成的麵團】麵筋組織的薄膜略厚無法延展(次頁左)。用指尖戳破時,破口不光滑,而是硬生生扯破般的裂口(次頁右)。

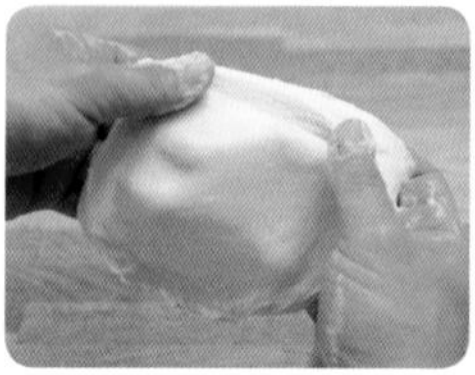
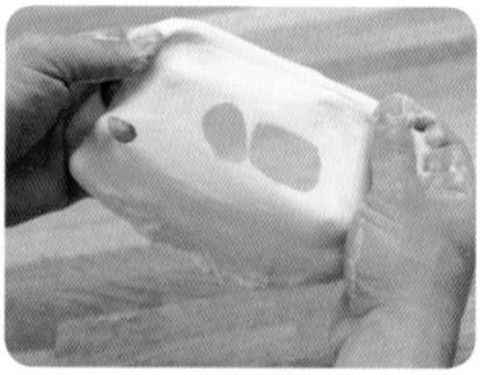

④ 可頌（折疊麵團的麵包）

【使用麵粉】法國麵包專用粉，或準高筋麵粉

【攪拌】以麵團包覆油脂，用壓麵機擀壓等作業，這能帶給麵團與一般攪拌相同的效果，因此攪拌會在材料整合成團的程度（麵團的拾起階段⇒**p.195**）即停止。

【揉和完成的麵團】幾乎不使麵筋組織形成，因此也幾乎沒有麵筋組織的薄膜。

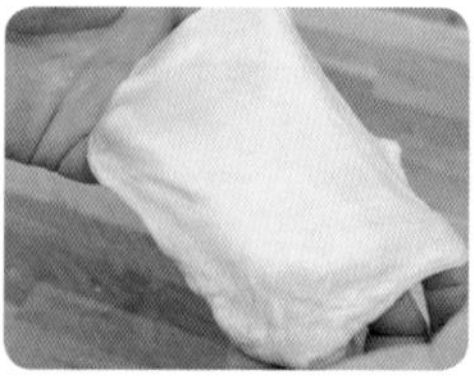
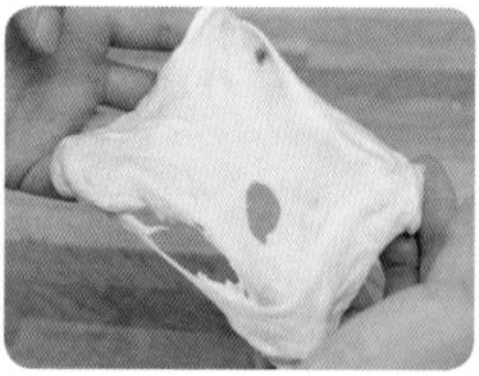

Q 185 攪拌時必須注意的是什麼？
＝攪拌的要訣

A 確認是否均勻混拌，將麵團溫度調節至目標的完成溫度。

麵團攪拌時必須注意的有以下幾點。

●攪拌缸中的材料都順利揉和了嗎

材料是否均勻混入，要用雙眼確認。例如，在過程中添加固態油脂的麵團，若油脂的硬度不適當，就無法與全體麵團均勻混拌。

固態油脂過硬時，可以用手抓捏使其柔軟後添加。若比適當的硬度稍軟時，可以用手撕開麵團，就能比較容易與油脂混合進行作業了。

●因應需要刮落麵團

攪拌過程中會有麵團沾裹在攪拌勾上，而無法全體均勻揉和的狀況。此時，可以使用刮板等將麵團刮落。當攪拌柔軟的麵團時，也會因沾黏在攪拌缸內側而沒有完全混拌，此時也同樣必須刮落麵團。

另外，在刮落麵團時，請務必確認攪拌機完全停止，才能將手放入攪拌機缽盆中，並迅速刮落。

●注意麵團的溫度

攪拌完成時麵團溫度（揉和完成溫度）要符合目標值，對麵包製作而言非常重要。所以也要留意攪拌過程中麵團的溫度。

例如，若揉和完成溫度變高，可以在攪拌缸下方墊放水（冰水）以降低麵團溫度；反之，則可以墊放熱水以提高麵團溫度。

Q186 調整用水要在何時添加才好呢？
＝添加調整用水的時機

A 把握住麵團的硬度，儘早添加即可。

調整用水，基本上是在攪拌開始後，儘量在初期階段（材料的分散及混合階段 ⇒p.194）添加。

這是因為在攪拌的初期階段，麵團的結合力較弱，麵筋組織尚未形成，在此時添加的水分也較容易均勻混拌。此外，麵筋組織形成時水分十分必要，因此這也是儘早添加會比較好的原因。

話雖如此，在攪拌的初期階段，麵團的軟硬度仍不太容易判斷時，稍後再添加調整用水也沒關係。但必須要注意，若在揉和完成前才添加，則必須要拉長攪拌時間才能使麵筋組織充分形成。

Q187 固態油脂也會有在攪拌初期添加的狀況嗎？
＝固態油脂添加的時機

A 想要抑制麵筋組織形成時，在初期階段添加，可以縮短攪拌時間。

製作添加固態油脂的麵包時，不會在揉和開始即添加油脂。至攪拌中期，麵團中的麵筋組形成、麵團結合至某個程度後，才會添加。原因是一旦在開始就添加油脂，油脂會阻礙麵粉中的蛋白質結合，使得麵筋組織難以形成（⇒Q117）。

話雖如此也有例外。即使是硬質麵包，也有使用少量酵母(麵包酵母)進行長時間發酵的種類，並不像軟質麵包般需要麵筋組織。因此，當油脂配方量在3%的程度時，攪拌初期就添加也不會有影響(⇒p.199～201「硬質(法國麵包)／螺旋式攪拌機」)。

再者，可頌等折疊麵團的麵包，抑制麵筋組織形成，進行攪拌是其特徵，這是因爲與折疊作業有關。

折疊麵團製作時，是用冷藏發酵的麵團，包裹片狀的固態油脂(奶油)，用壓麵機薄薄地擀壓，進行三折疊之後再次擀壓，進行數次這樣的折疊作業(⇒Q120, 212)。如此麵團經數次擀壓的物理性刺激，會強化麵筋組織。若麵筋組織的力道變強，擀壓過的麵團就會縮回原來的形狀，所以會在攪拌時儘量抑制麵筋組織的形成。

因此，製作折疊麵團，在攪拌初期添加油脂，主要以低速攪拌揉和，攪拌時間也會縮短。甚至會比一般麵團添加更多的油脂，更加提升延展性(易於延展的程度)以便於更薄地擀壓。在p.204的可頌麵團，油脂配方量是10%，比一般的麵包增加近2倍的用量。

Q 188 葡萄乾或堅果等混入麵團時，要在哪個階段混入較佳呢?

=混拌葡萄乾或堅果的時機

A 麵團完成後再加入混拌。

基本上會在麵團完成後加入。爲了能均勻地混拌至麵團全體，混拌用量較多時，也可以分2次以上加入。

攪拌會以低速攪拌爲主。用手揉和時，先將麵團攤開在工作檯上，將要混入的果乾或堅果材料全部撒上，與麵團一起折疊，在工作檯上摩擦般地混入。

另外，混拌至麵團中的食材也會影響麵團溫度，因此儘可能使其與揉和完成溫度相同。過低時，可以放入發酵器內提高溫度，過高時可以放入冷藏室降溫。

Q 189 要如何判斷攪拌完成呢?
＝攪拌完成的標準

A 麵團平順光滑地延展，能形成想製作麵包的麵筋組織，即完成。

在攪拌時，麵團的結合達到什麼樣的程度，也就是麵筋組織形成的程度，非常重要。

麵筋組織具有黏性及彈力的特性，因此隨著攪拌的進行，會成為拉扯麵團時可以薄薄延展的程度。利用這個特性，可以用眼睛和手來確認麵團結合至什麼程度，進而判斷攪拌進行的程度與判斷標準（⇒Q184）。

麵團中麵筋組織完全形成、麵團結合時，就能薄薄地擀壓。像高筋麵粉或準高筋麵粉般含有較多蛋白質的粉類，麵筋組織形成的也較多，確實地揉和就能延展出輕透的薄膜。若在延展拉扯過程中斷裂，就是麵筋組織的形成尚未完整，必須持續攪拌。

麵團延展拉扯而形成的薄膜，被稱為「麵筋薄膜」，在最初開始攪拌時，即使可以拉扯出薄膜，麵團表面也會粗糙不光滑，並且只會形成厚膜狀，一拉扯很容易就扯出破口、斷裂，這就是麵筋組織結合尚薄弱的證明。

再持續攪拌後，就能薄薄地光滑地延展了。到了這種狀態時，麵筋組織已充分結合。但並非麵筋組織十分有力，就一定是好麵包，依麵包不同，攪拌完成的時間點也各異。

一開始為了熟知麵團的變化，在攪拌過程中可以數次取出部分麵團進行確認。不僅是麵筋薄膜，還能瞭解拉扯延展麵團時漸漸增加的阻力、觸摸麵團時的沾黏越來越少，以及麵團結合的判斷標準。

Q 190 請問揉和完成的麵團，適合的發酵容器大小與形狀?
＝發酵容器的尺寸

A 請預備麵團3倍程度大小的容器。

揉和完成的麵團會放入容器內發酵，但此時容器的大小會影響發酵。過小時會因空間不足麵團無法充分發酵；過大時，麵團會有容易坍垮之虞。

發酵容器大約是麵團的3倍大最爲適當，像缽盆般圓形、麵團可以同等均匀發酵最好。但實際上，因爲麵團發酵的設備或環境不同，很多時候使用四角形容器，也不會有問題。

相對於麵團用量，容器過小（左）、適當（中）、過大（右）

Q 191 揉和完成的麵團整合時需要注意些什麼？
＝揉和完成麵團的整合

A 使全體表面呈現張力地整合，平順光滑面朝上地移至發酵容器中。

混拌完成後，將揉和完成的麵團由攪拌缸中取出，使全體表面呈現張力地整合，放至發酵容器中。完成整合的麵團狀態，就像表面覆蓋了一張平順光滑的表皮般。

在整合麵團時，使麵團表面略略拉提地呈現張力，此時部分麵筋結構會因而緊實，更容易保存住在發酵時由酵母釋放產生的二氧化碳，並且也可以更容易判斷發酵的狀態。

若是在缽盆中發酵，就整合成圓形。是四方形容器時，基本上也同樣滾圓整合，但有時也會配合容器的形狀進行整合。

一般麵團的整合方法

1 

取出揉和完成的麵團

將麵團從攪拌缸中取出，利用重量的垂性延展，用右手和左手交替拿取麵團，使表面呈現平順光滑地整合成圓形。

2 

使表面呈現張力地整合

麵團全體表面滑順且呈現張力狀態地滾圓整合。

3 

放入發酵容器內

放入塗抹油脂的發酵容器內，平順光滑面朝上地放入。

柔軟麵團的整合方法

1 

取出揉和完成的麵團

將麵團從攪拌缸中取出，放至發酵容器內。

2 

使表面呈現張力地整合

拿取麵團一側拉扯，延展出的部分折起覆蓋在麵團上，另一側也同樣進行。

3 

放入發酵容器內

改變方向地放置在發酵容器中央。

硬麵團的整合方法

1 

取出揉和完成的麵團

將麵團從攪拌缸中取出放在工作檯上，將麵團一側朝另一側向中央折起，並用手掌根部按壓。

2 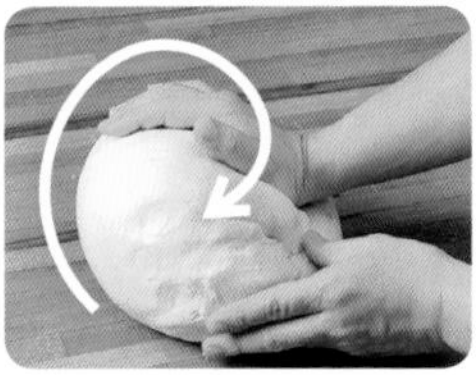

使表面呈現張力地整合

少許逐次地轉動麵團方向，折入按壓的動作重覆數次，滾圓。

3 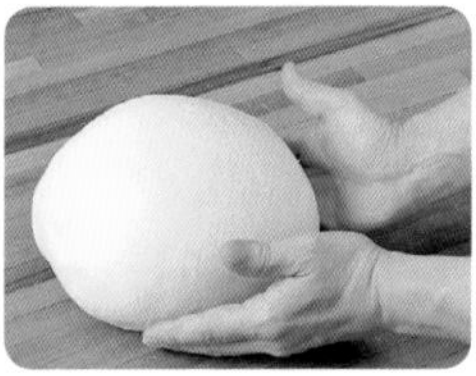

放入發酵容器內

放入塗抹油脂的發酵容器內，平順光滑面朝上地放入。

Q 192 揉和完成的溫度為何?

＝何謂麵團揉和完成的溫度

A 是攪拌完成時麵團的溫度。

所謂揉和完成的溫度，是攪拌完成時麵團的溫度，依麵包的種類而定，大致是固定的。

揉和完成的溫度，是攪拌後整合成漂亮形狀，放入發酵容器的狀態下，用溫度計插入麵團中央測得。

影響揉和完成溫度的主要因素，首先可以列舉出粉類和水等材料的溫度。

並且，室溫也會有很大的影響。若沒有空調等的調節，炎熱時室溫上升，溫度也會上升，寒冷時即相反。

攪拌過程中麵團與攪拌缸的摩擦而產生的摩擦熱，也會導致麵團溫度上升。特別是攪拌時間較長的麵團，或是揉和完成溫度較低的布里歐等麵團，就必須注意避免溫度過度升高。

Q 193 揉和完成的溫度要怎麼決定呢？

＝麵團揉和完成溫度的設定

A 麵包依其種類而定，發酵時間越長的，揉和完成的溫度就會較低。

麵團揉和完成溫度，依麵包種類大致是固定的，大多在24～30℃。

經攪拌而完成的麵團，放入25～30℃的發酵器使其發酵，但通常發酵器會設定得較麵團揉和完成溫度高，然後慢慢地升高麵團溫度。再經過從分割到整型的步驟之後，是最後發酵，會比最初發酵的溫度更高，因此麵團溫度也會更加上升。像這樣使麵團溫度漸漸升高，至放入烤箱時的麵團溫度，若可以達到32℃就能烘焙出很棒的麵包。因爲以上已經確知的溫度，所以在攪拌階段的揉和完成溫度，在考量爾後發酵時間的長度以及發酵環境，才會逆推的決定放入烤箱前的溫度大約是32℃。

麵團揉和完成後到分割爲止，大致上發酵1小時，麵團溫度就會升高1℃。一般發酵時間較長的麵包，設定的揉和完成溫度會較低；短時間發酵的麵包，設定的揉和完成溫度會比較高。

Q 194 揉和完成的溫度若與目標溫度不同時，該如何處理?
＝若無法如預期般達到揉和完成溫度時的對應法

A 以上下調整發酵器的溫度、增減發酵時間來管理發酵狀態。

實際麵包製作時，會有完成揉和溫度比目標溫度低（或高）的狀況。此時的應對方法，如下所述。

●±1℃以內

幾乎可以直接進行下個作業。雖然有時也需要調整幾分鐘的發酵時間，更長（或更短）一點，但可以做出不遜於揉和完成溫度與目標相同的麵包。

●±2℃的程度

只要調高（或調低）發酵器的溫度2℃左右，就可以成爲良好的狀態。依發酵狀況，也有必要增減時間。若不調整發酵時的溫度，很難做出良好的麵包。

●更多

與 ±2℃時同樣地處理，但比較難烘焙出良好的麵包。

揉和完成的溫度接近目標值，是製作好麵包很重要的事。僅調整配方用水的溫度，已難控制揉和完成溫度時，要測量攪拌中的麵團溫度，因應必要調高或調低。具體上會在攪拌缸底部墊放水（冰水）或熱水，以調整麵團溫度。

發酵

何謂發酵？

所謂麵包製作的發酵，指的是利用酵母（麵包酵母）吸收麵團中的糖類生成的氣體（二氧化碳），使麵團全體膨脹的狀況。這樣的酵母活動稱爲酒精發酵，除了氣體之外，也會生成酒精（⇒**Q61**）。

此外，同時材料所含有的、或是空氣中混入的乳酸菌與醋酸菌等，也會在麵團中生成有機酸（乳酸、醋酸等）。

這些酒精和有機酸，會影響麵團的延展性（易於延展的程度），使麵團延展得更好。因發酵使氣體增加，由內部推壓開麵團使其膨脹時，麵團也會比較容易平滑地延展。

再者，加上酒精和有機酸，藉由酵母的代謝物質而生成的有機酸，會變成香氣及風味，賦予麵包更深層的滋味。

充分理解這些原理，就能知道酵母生物活動的酒精發酵該如何控制，以及對於成品的麵包好壞有著深刻的關連。

這並不是到了發酵階段才需要特別注意，而是從決定麵包的配方就要開始。其實就是根據使用麵粉的蛋白質含有量，麵團中形成的麵筋量也會隨之改變，因此必須配合膨脹方式地決定酵母的使用量。此外，攪拌後的麵團揉和溫度要能調節成目標值，非常重要（⇒**Q193**）。發酵時，發酵器的溫度相對於麵團溫度地調節等，控制麵團溫度也同樣重要（⇒**Q194**）。

發酵食品～發酵與腐敗～

所謂發酵食品，以極簡單的說明，就是「利用微生物（酵母、黴菌、細菌等）使食物發酵」。

自古以來，在日本有醬油、味噌、納豆、醃漬物等，世界各國則有麵包、優格、起司等，很多發酵食物被製作出來。此外，穀物或水果發酵後製作出的日本酒、啤酒、葡萄酒等釀造酒，也算是發酵食物（⇒Q58）。

一般會說發酵與腐敗僅一線之隔。因微生物的作用，製作出對人體有益的物質時，稱為「發酵」，但若是生成有害人體的物質，就稱為「腐敗」。

亦即是，微生物的活動，由人類的立場而將其分為「發酵」和「腐敗」。

發酵～麵團當中到底發生了什麼事呢～

發酵中的麵團內部產生的變化，大致可以分以下二種。

●產生能讓麵團延展變好的物理性變化

為了讓麵包膨脹，藉由酵母（麵包酵母）產生的氣體不可或缺。而且與此同樣重要的是，必須讓產生的氣體保持在麵團中，隨著氣體的體積增加，麵團延展且保持膨脹狀態。

攪拌步驟時，若麵團充分混拌使麵筋組織完全形成，在發酵作業中產生氣體時，麵筋薄膜會吸收氣體所形成的氣泡，發揮保持住氣體的作用。

隨著發酵的進展，氣泡一旦變大，麵筋組織薄膜會由內側向外推壓，宛如橡皮氣球般平滑地膨脹伸展，麵團全體脹大起來。

像這樣麵團平滑地延展，是藉由麵筋組織形成使得麵團產生彈力，但另一方面發酵中生成的酒精和有機酸等，會使麵筋組織微微地產生軟化。另外，有機酸當中特別是乳酸的形成，會使麵團的 pH 值偏向酸性，也能使麵筋組織軟化。

若麵團無法像這樣平滑地延展時，隨著氣體產生但麵團無法膨脹，最後會導致麵筋薄膜破裂，與旁邊的氣泡結合，薄膜變厚、氣體變大，就會製作出氣泡粗大的麵包。

也就是藉由攪拌而形成的麵筋組織，在發酵中稍微軟化的狀態，並與氣體同時發生，所以麵團才能保持住氣體達到膨脹的狀態。

但也並非單純地能平滑地延展就好，保持住麵團膨脹，不僅是延展性（易於延展的程度），還必須要有抗張力（拉扯張力的強度）。爲了避免麵團過度鬆弛，張力也是必須的。

●製造出成為香氣及風味來源的物質

發酵過程中生成的酒精，會成爲麵包的香氣及風味。此外，同時生成的有機酸當中，乳酸誠如大家所知的是酸種的主要成分，而且具有特殊的香氣，與醋酸或檸檬酸等都是關乎香氣的物質。

發酵時間越長，因麵團中的乳酸菌和醋酸菌等會生成有機酸，長時間發酵的麵團產生的芳香物質越多，所以麵包的香氣和風味也隨之增加，這也稱爲麵團的熟成。

Q 195 發酵器是什麼？

＝發酵器的作用

A 能為麵團作出最適當溫度和濕度的專用機器。

專門用於使麵團發酵的機器，發酵器（發酵機）或是稱爲ホイロ。可以設定溫度和濕度，製作出最適合麵團發酵的環境。使用發酵器，可以穩定地進行麵包製作，因此在麵包製作的專業工坊，幾乎可說是必備的機器。家庭製作麵包時，使用適合家庭用的發酵器，就能穩定地進行麵團發酵了。

無法預備專用發酵器時，有必要花點工夫找到替代品。若烤箱具有發酵麵團機能，當然也能加以利用，但若烤箱沒有這個機能時，可以使用餐具瀝水籃或保麗龍箱，或是塑膠製的收納箱等，儘可能使用附蓋容器。

溫度與濕度的調節，是在容器底部直接注入熱水，或是將裝有熱水的其他容器（杯子或缽盆等）放入來進行。容器中的溫度，請用溫度計確認。濕度可以用濕度計來確認，但若沒有溫度計，就用發酵麵團的表面狀態來判斷。基本上，只要不會乾燥就沒有問題。覆上蓋子進行溫度與濕度的調節，當溫度降低時，請替換熱水。

完成整型的麵團，基本上是放在烤盤上進行最後發酵。因此發酵器內，必須要能平放烤焙用烤盤的大小。

發酵室是大型發酵機，照片的是能設定從冷凍到發酵溫度帶的冷凍發酵櫃（dough conditioner）。

家庭用發酵器
（日本ニーダー株式会社）

附蓋的食材瀝水籃也可以替代作為發酵器

Q196 最適合發酵的溫度大約是幾度？
＝最適宜的發酵溫度

A 攪拌後，發酵器設定在25～30℃。

酵母（麵包酵母），大約在40℃左右最能產生氣體。無論是較高或較低，越是遠離適宜溫度，活動力就越低下。

攪拌後的發酵作業，一旦氣體急速地大量產生，麵團被勉強拉扯開，反而會受損，因此會將麵團揉和完成的溫度，設定在酵母最大活性化溫度略低的24～30℃左右，再放入設定在25～30℃的發酵器內，略略抑制酵母的活動。

經過時間使其發酵，麵團溫度大約是以1小時1℃的速度升高。此外，藉由酒精和乳酸等生成，麵團的pH值會降低，軟化麵筋組織，因此麵團產生延展性（易於延展的程度），與氣體的生成量達到平衡的狀態，因此膨脹起來（⇒Q63）。

Q197 請問麵團和pH值的關係？
＝發酵與麵團的pH值

A 麵團的pH值，會影響酵母作用及麵團的狀態。

通常麵團從攪拌至烘焙爲止，都會保持在弱酸性pH值5.0～6.5之間（⇒Q63）。因爲麵包製作時使用的材料大多是弱酸性，攪拌後的麵團會在pH值6.0附近。之後，因麵團的發酵、熟成而生成的有機酸，其中還有乳酸菌因乳酸發酵而生成的乳酸，這些都會使麵團的 pH 值降低，因此發酵結束時 pH 值會降到 5.5 左右。

在這個 pH 值的基礎下，因酸性而使麵筋組織適度軟化，麵團的延展變好。並且，麵團的氣體保持力，在 pH 值 5.0 ～ 5.5 時最大，若數值更低時，保持力就會急遽下降了。

據說酵母（麵包酵母）活性化最適合是在 pH 值 4.5 ～ 4.8，若麵團的 pH 值降至更低時，麵團狀態會變差。發酵時，雖然酵母活躍地產生氣體非常重要，但形成的氣體要由麵團保持住，成爲膨脹的麵團，也必須能夠平滑延展，形成平衡的狀態，才能保持住麵團膨脹的形狀。另外，當氣體不斷地生成，麵團急遽被拉扯延展，反而會難以承受。

因酵母而生成的氣體量，即使麵團多少偏離酵母活躍最適當的數值，也不會有過於顯著的減少。因此，會將保持麵團最適當的 pH 值設定在 5.0 ～ 6.5。

在此 pH 值範圍內，從攪拌至烘焙，可以自然良好的狀態完成。

pH 值對麵團膨脹力的影響

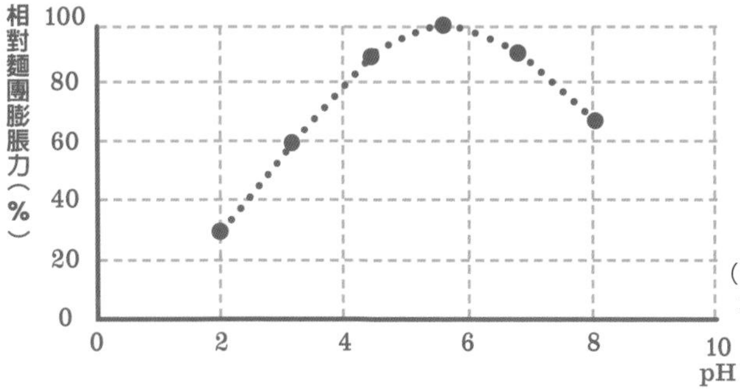

（資料提供：
オリエンタル 酵母工業株式会社）

Q 198

發酵完成要如何判斷？

＝手指按壓測試

A

在麵團表面用手指按壓出孔洞，用孔洞狀態來判斷。

麵團發酵至充分膨脹、適度熟成爲止是基本，但發酵完成的時間，會因配方、麵團的溫度、發酵器的溫度等各種因素而改變，因此無法單純用時間來決定。

麵團的發酵、熟成程度，雖然觀察體積、香氣等判斷也很必要，但在此說明一般以物理層面，用雙眼確認發酵狀態的方法。

在此介紹的是基本方法之一，依照麵包的種類和製作者的想法等，判斷方法及時間點也會有所不同。

手指按壓測試（finger test）

最廣為人知的方法。用手指沾裹手粉後，插入麵團立刻抽出手指，確認孔洞的狀況。

將手指插入麵團

發酵不足

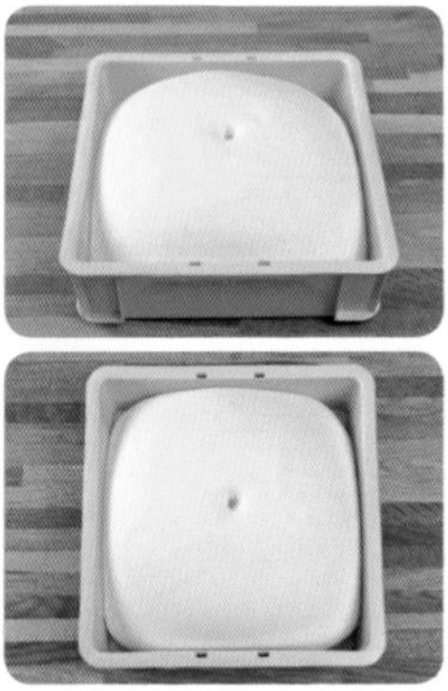

麵團像要回復中，孔洞變小

適度發酵

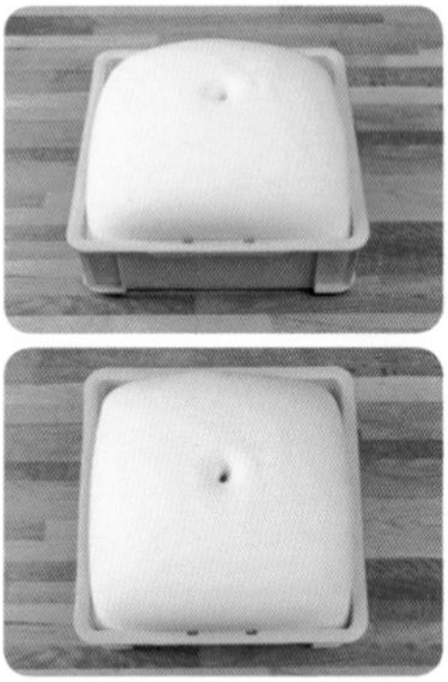

雖然孔洞略小，但幾乎維持原狀

發酵過度

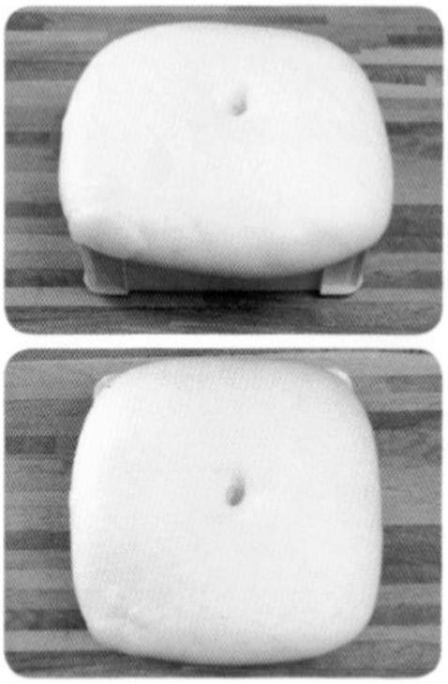

孔洞周圍萎縮，麵團表面出現大的氣泡

用指腹輕壓麵團

用蘸取手粉的指腹，輕輕按壓麵團，確認麵團的彈力。

接著手指離開麵團，確認手指留下痕跡的狀態。

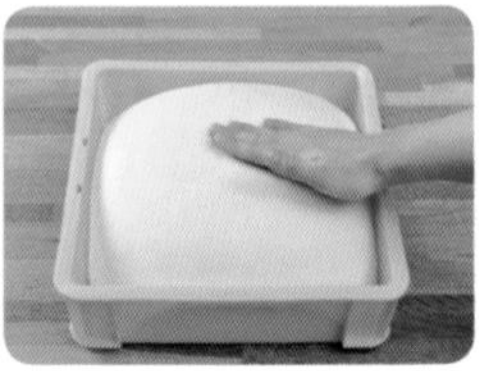

用脂腹輕輕按壓麵團表面

發酵不足	適度發酵	發酵過度

按壓處回復，手指痕跡消失	手指痕跡幾乎原樣保留	麵團表面萎縮，出現大的氣泡

Q 199 什麼是低溫發酵？
＝麵團的低溫發酵

A 用比揉和完成的麵團更低的溫度使其發酵的方法。

通常麵團的發酵，會以較揉和完成更高的溫度來進行。但也有稱爲低溫發酵的方法，是用較揉和完成麵團更低的溫度來使其發酵。

低溫發酵有2種方式，一個是利用5℃以下冷藏的方法，揉和麵團後置於冷藏室一夜，翌日進行分割滾圓，再完成麵包製作。主要用於水分或油脂等配方量較多的柔軟麵團，以一般的溫度發酵時，會難以進行。

這個方法，是麵團在酵母（麵包酵母）活動溫度的下限，進行徐緩發酵。與其說是使麵團發酵，不如說更重視操作性。冷藏後冰冷的麵團雖然比較容易進行作業，但若直接進行，麵筋組織連結較弱，延展性（易於延展的程度）也會變差，因此必須要等待麵團溫度回復。

另一個方式，是利用較揉和完成麵團更低的溫度，使其長時間發酵的方法（低溫長時間發酵），麵團揉和完成後，從數小時到數十小時緩慢地使其發酵，也能充分地產生氣體和生成有機酸，主要用於硬質麵包。減少酵母量，但因爲使其長時間發酵，因此麵團變得柔軟、麵筋組織的力道減弱，因此會重覆進行數次的壓平排氣，以增加麵團的力道。反之，有時也會完成力道薄弱的麵包。

長時間發酵，酵母的作用雖徐緩，但仍持續一直進行，因此爲避免發酵過度地管理溫度和時間也非常重要。

此外，折疊麵團發酵後的折疊步驟，一旦溫度過高，奶油會變軟而無法烘焙出漂亮的層次，因此必須以低溫發酵（冷藏）來進行。

壓平排氣

何謂壓平排氣？

揉和完成的麵團到分割爲止，都是在發酵。發酵過程中折疊膨脹的麵團、用手掌按壓，這個作業就稱爲壓平排氣。

一聽到壓平排氣，或許會有需要用力敲打麵團的想像也說不定，但實際上幾乎沒有強力敲打這回事。雖然依麵團而異，但要十分注意不能損傷麵團。

並且，壓平排氣不僅要視發酵種類，也會因發酵狀態而改變壓平排氣的方法及強度。

壓平排氣的目的，主要有以下3項。

① 發酵中產生的酒精連同氣體一起從麵團中排出，混入新的氧氣。藉此提高酵母（麵包酵母）的活性。這是因為酵母自身產生的酒精，導致麵團中的酒精濃度上升，使得活性降低。藉由這個作業將酒精排出麵團之外，提升活性。

② 藉由物理性力量，使麵筋組織的網狀更緊密並強化，強化鬆弛麵團的抗張力（拉扯張力的強度）。

③ 擊破麵團內的大氣泡，增加細小氣泡的數量。

壓平排氣的順序

壓平排氣，是將發酵的麵團取出至工作檯後進行。大多的場合，麵團表面是濕潤的，因此從發酵容器中取出麵團時，爲避免麵團沾黏，會先在工作檯上撒手粉，或是在工作檯上舖放布巾，再擺放麵團。

進行壓平排氣作業之後，將發酵時朝上的表面，再次朝上地放入發酵容器，繼續進行發酵。

由發酵容器中取出麵團

1 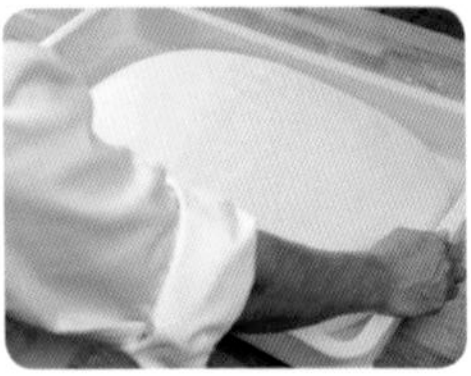

從發酵器中取出放著麵團的容器。

2 

光滑面（發酵時朝上的表面）朝下地傾斜發酵容器，將麵團仔細地取出至撒有手粉的工作檯上。

3 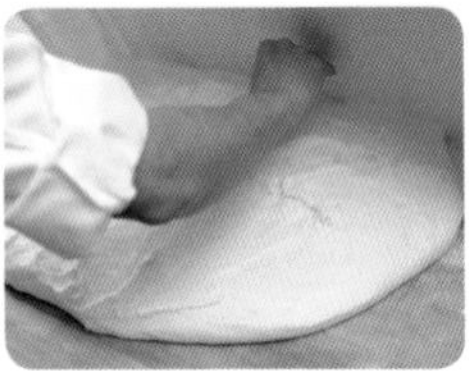

若麵團沾黏在容器內，可以使用刮板等使其少量逐次地剝離。

排出麵團中的氣體，放回發酵容器內

1 

用手掌均勻地按壓麵團全體。

2

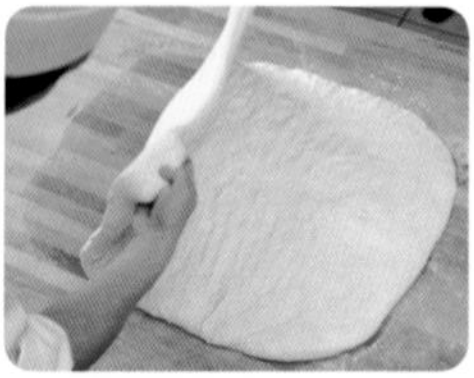

從左右向中央折疊，每次都用手掌按壓折疊部分。

3

光滑面朝上（壓平排氣時朝下的那一面）上下翻面放回發酵容器內。

酵母是一種很難對抗自己所生成酒精的生物!?

酵母要能活躍地進行酒精發酵，必須要有調整好的水溫以及pH值的環境條件，並且也要有糖分（⇒**Q63**）。

以葡萄酒為例，葡萄酒的原料葡萄，因含有糖分而能進行酒精發酵，一般而言酒精濃度會是14度左右。葡萄的糖度有某個程度的上限，但並非使用糖度較高的葡萄汁，就能製作出酒精濃度20度以上的成品。估且不論酵母自己生成的酒精，隨著酒精發酵的進展，酒精濃度一旦升高，就是酵母死亡滅絶的開始。因此，通常酒精的濃度大約會控制在14度左右。

麵包也是相同的道理。因發酵而膨脹的麵團中酒精增加時，酵母會因自身生成的酒精而變弱。但是在壓平排氣、分割、滾圓、整型的作業中，因為從麵團內將氣體排出的同時，也排出了酒精，因此酵母就能再次活躍地進行發酵。

Q 200 為什麼有的麵團要壓平排氣，有的麵團不用呢？
＝壓平排氣的作用

A **相對地緩慢發酵、使其熟成的麵團會進行壓平排氣作業，發酵時間較短的麵團則不需要。**

基本上壓平排氣會用在硬質等 LEAN 類麵團、酵母（麵包酵母）使用量較少、麵團發酵熟成進行較緩慢的麵包類型。此外，無關發酵種類，想要製作的成品呈現較大體積時（法國麵包、吐司等），也會進行壓平排氣。

不進行壓平排氣的麵團，大多主要是軟質 RICH 類麵團，或爲縮短發酵時間（60分鐘以內），而使用較多酵母的麵團。這些類型相較於藉由發酵、熟成產生香氣和風味，更希望彰顯、釋放出配方材料的風味和香氣（奶油卷、甜麵包卷等）。

Q 201 壓平排氣要在什麼時間，進行幾次呢？
＝壓平排氣的時機及次數

A **雖然也有例外，但通常是隨著發酵階段進行1次。**

壓平排氣，雖然是在攪拌結束與分割作業之間的發酵過程中進行，但進行的時機及次數，會因製作目的而異。通常揉和完成的麵團，在充分地完成發酵時會進行1次。

其他柔軟的麵團，以及對於不經強力攪拌揉和的麵團，想要增加麵團強度時也會進行壓平排氣。此時，壓平排氣的時機點，大多會落在發酵中期，麵團尚未十分膨脹的狀態時。此時次數通常也是進行1次，但也有時候會進行2次。

Q 202 強力地進行壓平排氣，或是略微輕柔地進行，要如何判斷？
＝壓平排氣對麵團的變化

A **壓平排氣的強弱，會因麵團種類和壓平排氣的目的而有所不同。**

基本上強力的壓平排氣，主要會用在軟質 RICH 類配方的麵包，或是像吐司需要確實膨脹的種類，力道較小的壓平排氣，主要是用在硬質 LEAN 類配方的麵包，或酵母（麵包酵母）用量較少的種類。

此外，即使是同樣的麵包，也會因麵團的強度及酵母作用而有強弱之分。具體舉例來說，攪拌較弱、壓平排氣時麵團會有坍軟趨勢時，此時會以較平常更強力地進行壓平排氣作業，以強化麵筋組織。

感覺有點過度發酵的麵團，通常會以較弱的壓平排氣來進行，以防止氣體過度排放、或損傷麵團。

強力壓平排氣的方法（例：吐司）

1 

平順光滑面（發酵時朝上的那一面）朝下地取出放至撒有手粉的工作檯上，用手掌按壓麵團全體。

2 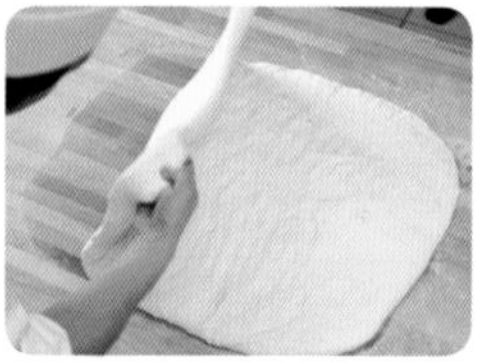

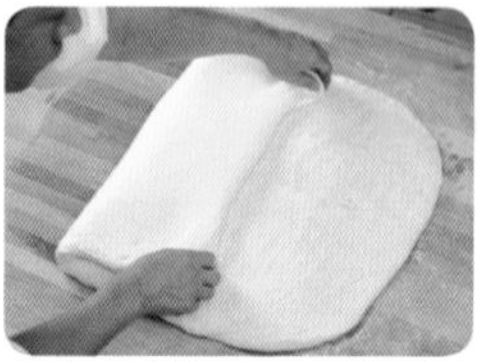

拿取麵團一端折疊。

3 

折疊部分用手掌按壓。

4 

另一側也同樣折疊，並用手掌按壓。

5 

靠近自己身體這端的麵團和另一端也同樣地進行。

6  

平順光滑面（之前朝下的那一面）朝上地放回發酵容器內。

與壓平排氣前（左）比較，壓平排氣後（右）的麵團變小了一圈。

較弱的壓平排氣方法（例：法國麵包）

1  

麵團取出放在撒有手粉的工作檯上，拿取麵團一端折疊，折疊部分用手掌按壓。

2 

另一側也同樣折疊，並用手掌按壓。上、下二端也同樣進行。

3  

平順光滑面（之前朝下的那一面）朝上地放回發酵容器內。

與壓平排氣前（左）比較，壓平排氣後（右）的麵團變小了一圈。但體積沒有像用力壓平排氣的差異那麼明顯。

分割・滾圓

何謂分割？

配合想製作的麵包大小、重量、形狀，進行分切麵團的作業。正確地測量重量，避免麵團乾燥、麵團溫度降低等狀況，迅速進行作業非常重要。

分割的步驟

1 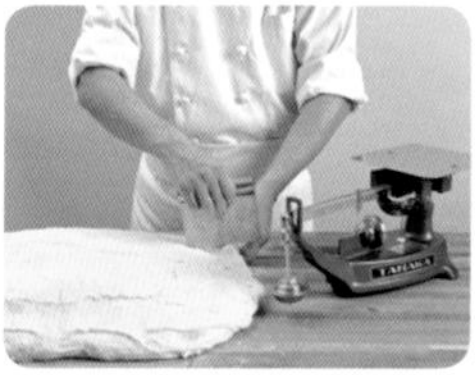

配合分割重量地設置上皿天平秤（⇒Q170）的砝碼，放置在慣用手的另一側。爲使麵團方便擺放，將天平秤皿放在身體前方。在工作檯上撒手粉，將麵團從發酵容器內取出。此時，麵團放置在握持刮板的慣用手旁。

2  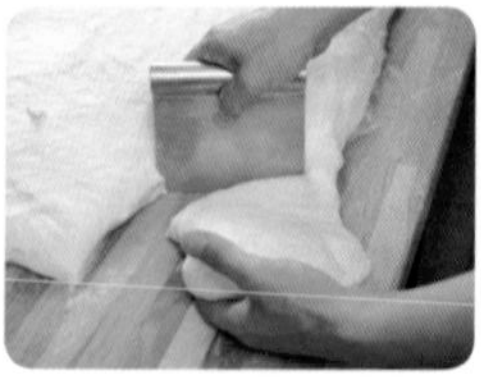

用切板按壓分切麵團，避免切開後的麵團沾黏，立刻往身體的方向拉開。配合分切重量，儘可能切成大的四方形。

3 

分切好的麵團，每次都要用天平秤測量重量，便於達到分割重量地進行微調。

Q 203 請教能巧妙分割的方法。

＝分割的訣竅

A 分切麵團、測量重量，都要避免損傷麵團地小心進行。

分割時，必須小心儘量避免損傷麵團。

用切板分切麵團時，必須由正上方垂直地按壓切下。一旦前後拉動地分切，切口會沾黏上麵團而難以切開，也會損傷麵團。由上按壓分切時，切面的狀態也會更好。

分切好的麵團用天平秤測量重量，配合目標重量地補足麵團、或切下麵團以調節重量。為避免切下的碎麵團過多，儘可能用最少次數達到目標重量。

分切麵團

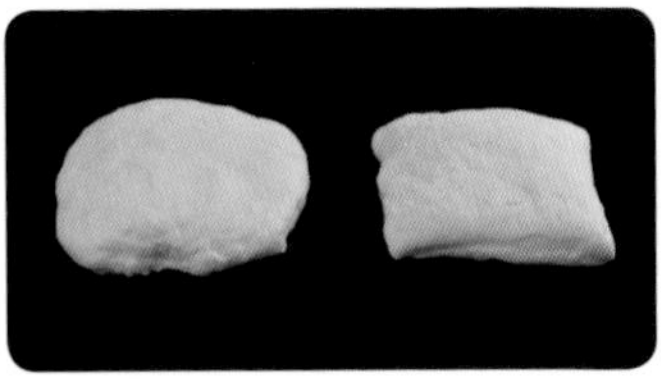

前後拉動刮板分切的麵團（左），由正上方垂直分切的麵團（右）

測量重量（良好範例）

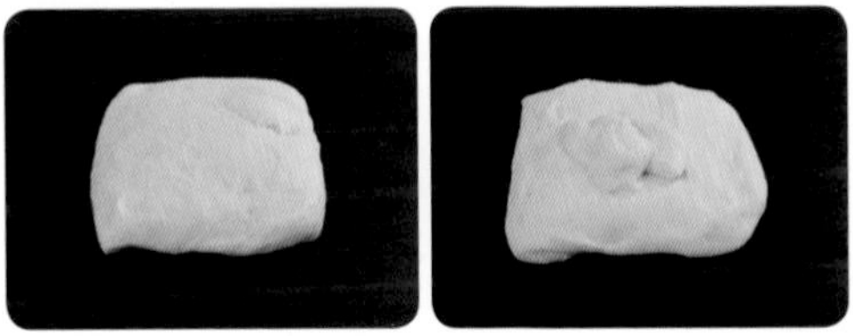

1次就能分切出重量的最佳狀態（左），補足麵團達到分割重量，或是少量次數即完成補足重量的較佳狀態（右）

測量重量（不良範例）

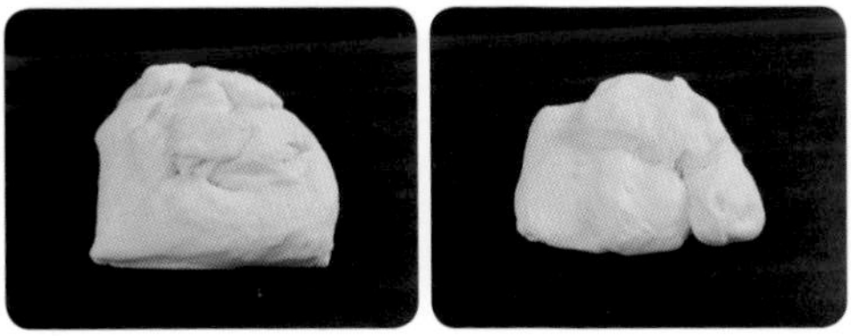

因數次增減麵團調節重量，而擺放上幾個小麵團的狀態（左），幾個不完整的重量或形狀的麵團堆疊成的狀態（右）

何謂滾圓？

將分割的麵團形狀整理成適合接下來整型作業的步驟。正如文字所示，將麵團圓形地整合，依照整形作業的需求，也會有整合成橢圓形或棒狀的情況。

滾圓的目的，是藉由一定方向的動作滾圓，以重整麵筋組織的排序，將麵團製成相同形狀。此外，將因分割作業切開產生的沾黏切面，方便處理地滾至麵團內部，同時也使表面呈現出張力，將氣體易於保持在麵團內。

雖然會因發酵種類及發酵狀態，滾圓的強度也會隨之不同，但無論強弱，都是要使全體麵團呈現均勻的狀態，並且要注意避免麵團表面破損地仔細進行。

滾圓的步驟

依發酵種類與分割重量，滾圓的方法及強度（方法及次數等）也會隨之不同。並且也會因麵團的發酵狀態，而改變滾圓的強度（⇒Q204）。

●小型麵團的滾圓(使用右手進行時)

1 

光滑面朝上地放在工作檯上，用手掌包覆住麵團。

2 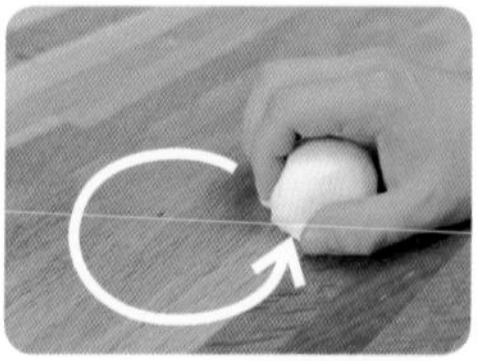

將手以逆時針方向，邊動作邊滾圓麵團。

3 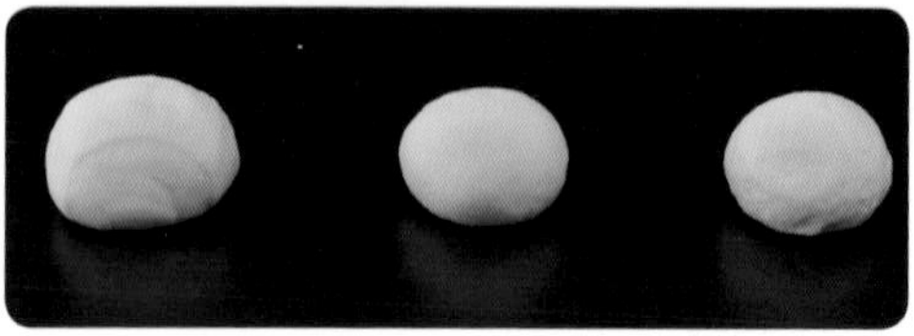

麵團表面緊繃成為光滑狀時完成。

未成為均勻狀態（不圓，滾圓力道薄弱）的麵團（左）、適度完成滾圓的麵團（中）、滾圓力道過強，表面破損的麵團（右）

●大型麵團的滾圓(使用右手進行時)

1

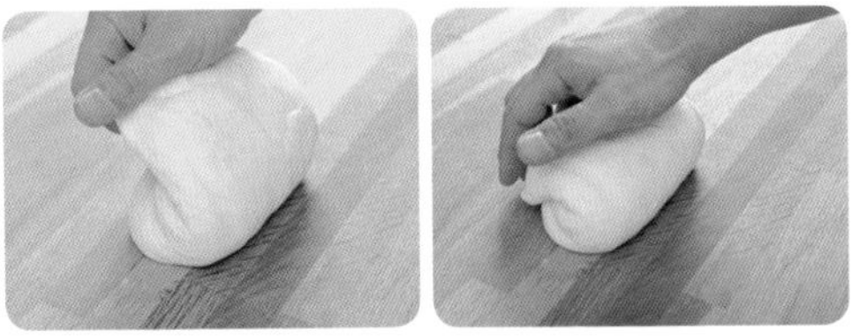

將麵團從身體方向朝外對半折疊，使表面略呈緊實狀態。

2

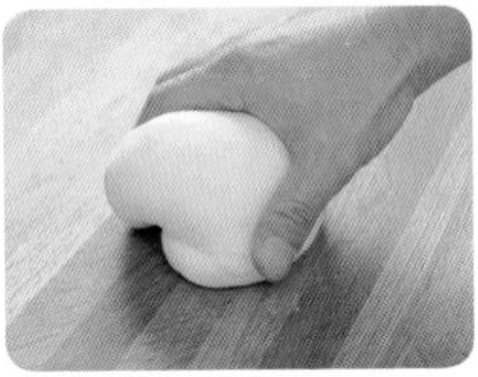

將麵團方向90度轉動，像抓取麵團般在麵團外側以姆指以外的4指抵住，將麵團側邊朝下推送。

3

像照片一般，手抵在麵團上，指尖朝麵團右下方向，邊畫弧狀動作，同時手朝身體方向拉回地使麵團滾動。手離開麵團，再同樣地以指尖抵住麵團的另一側，重覆同樣的動作。

4

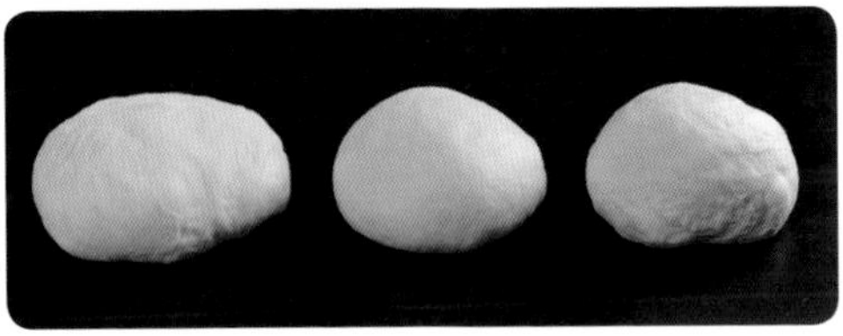

表面緊繃成爲光滑狀時完成。

未成為均勻狀態(不圓，滾圓力道薄弱)的麵團(左)、適度完成滾圓的麵團(中)、滾圓力道過強，表面破損的麵團(右)

●棒狀麵團的整合

1 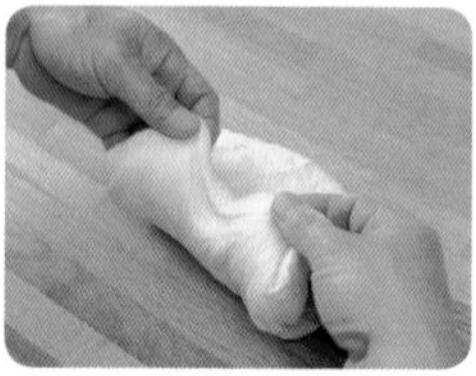

完成分割作業的麵團，由身體方向朝外對半折疊。

2 

從麵團外側用2手輕輕拉向身體方向，略緊實麵團。

3 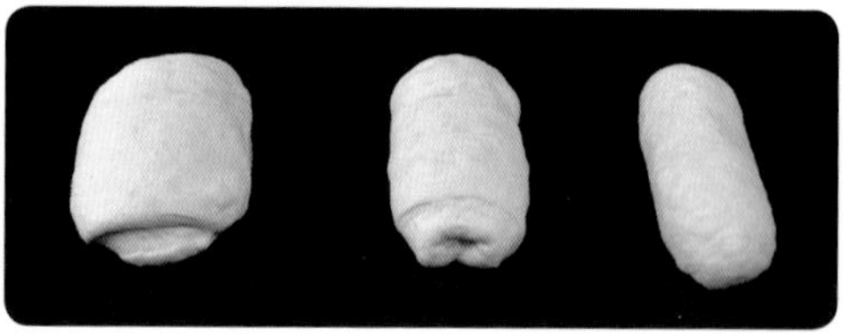

以麵團的緊實方法（整合），可以施以不同的強弱。

整合力道薄弱（左）、適度（中）、整合力道強（右）

Q 204 滾圓的強弱，該以什麼基準來決定？
＝滾圓與體積的調整

A **想要呈現出麵包體積時，可以強力滾圓，想要抑制體積時，則力道較弱地滾圓。**

滾圓分切好的麵團這個作業，幾乎每種麵團都會進行，但滾圓的強弱，會因麵團種類或發酵狀態而改變。無論哪種麵團，中間發酵後，要使麵團成爲適合整型的鬆弛狀況，最後能烘焙出如預想的麵包，這個時候調整滾圓的強度就非常重要。

●軟質麵包

想要呈現出麵包成品的體積，因此確實進行攪拌後，爲了形成能夠保持氣體的麵筋組織，使麵團更緊實，滾圓作業也會強力執行。但要注意避免損傷完成滾圓的麵團表面。

●硬質麵包

相較於軟質麵包，需要更花時間使其徐緩地發酵。為避免麵筋組織過度生成，會以較弱的力道攪拌，較少量的酵母（麵包酵母）以減緩發酵力道（⇒p.201「法國麵包的攪拌與發酵時間的關係」）。麵包成品不想要過度膨脹體積時，會以較弱的力道進行滾圓。因麵包種類而有所不同，有幾乎不需滾圓的，也有輕輕折疊整合即可的情況。

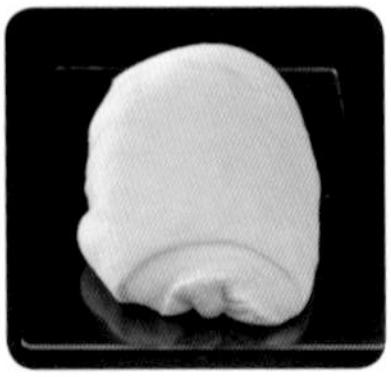

法國麵包（長棍麵包）麵團的滾圓（整合）

●過度發酵時

較一般麵團鬆弛時，有可能是過度發酵。這時為了避免過度施力損傷麵團，需要力道較弱的滾圓。

●發酵不足時

較一般麵團緊實時，有可能是發酵不足。此時，可以藉由滾圓使麵團不再緊實，需注意施力強弱，以較弱的力道進行滾圓。除此之外，為了使麵團能鬆弛成便於整型的狀態，可以拉長中間發酵的時間。

Q 205 完成滾圓的麵團，該放置在什麼地方？

＝滾圓後麵團的放置場所

A 滾圓後的麵團會靜置在發酵器中，因此為了能方便移動，放置在板子上。

完成滾圓後的麵團，基本上就進入中間發酵。

中間發酵，大多是將麵團再次放回分割作業前就設定好溫度的發酵器內，因此會將麵團放置在板子等方便移動的物件上。為避免麵團沾黏，會在板子上輕撒手粉或舖放布巾，再放置麵團。

此外，在室溫下進行中間發酵時，要避免麵團乾燥，覆蓋上塑膠袋或PE袋等。

中間發酵

什麼是中間發酵？

藉由滾圓緊實的麵團，爲了能順利進行下個整型作業，而必須適度靜置。這個靜置時間，就稱爲中間發酵。

中間發酵時，除了經時間推移重整麵筋組織的排序之外，也因少量逐次的持續發酵，生成的酒精及乳酸可以軟化麵筋組織。如此一來，可以鬆弛因滾圓而緊實的麵筋組織（⇒p.214·215「發酵～麵團當中到底發生了什麼事呢」），麵團中回復的彈力被減弱，也更容易整型。

中間發酵期間，麵團會發酵，雖然大多會靜置於與分割作業前相同發酵條件的場所，但相較於分割前，麵團表面更容易乾燥，因此要多注意濕度的設定。過濕時，整型作業就必須多撒上手粉，也有可能因此造成麵團表面乾燥，因此保持適度的溫度和濕度，非常重要。

大體上，中間發酵的必要時間，小型麵包約是10～15分鐘，大型麵包約是20～30分鐘。

中間發酵前後的麵團變化

各別比較中間發酵前的麵團（左）和中間發酵後適度鬆弛的麵團（右）

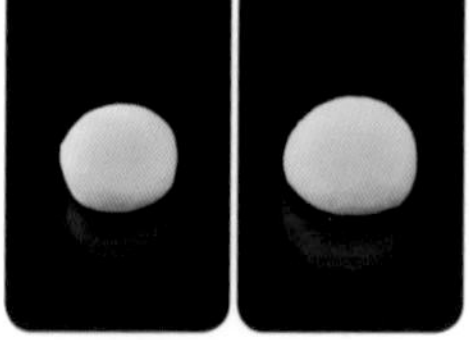

滾圓的麵團（小）

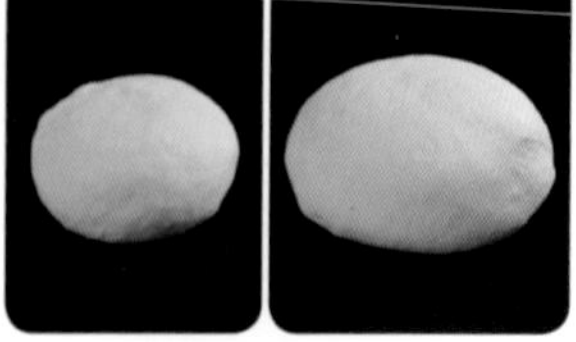

滾圓的麵團（大）

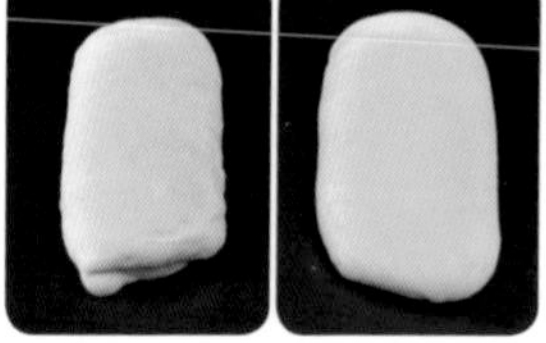

棒狀（整合）的麵團

Q 206 麵團至什麼樣的狀態，可以視為完成中間發酵呢？
＝適當中間發酵的判斷方法

A **麵團略為鬆弛，變得易於整型時就表示完成。**

中間發酵，是爲了使下一個整型作業能順利進行而來，讓因爲滾圓（整合）而產生的彈力，能夠再次鬆弛而靜置麵團。要靜置多少時間較適合，會隨麵包的種類、完成分割的麵團大小、滾圓的強度而有所不同。

具體的方法，是觀察麵團的狀態、用手觸摸來判斷。外觀上，相較於剛完成滾圓時，略有膨脹且有時會稍稍坍軟。觸摸判斷時，用手或手指輕輕按壓麵團，收手時會直接留下按壓痕跡的鬆弛程度，就代表完成中間發酵了。

整型時麵團彈力變強、或收縮，就表示該麵團的中間發酵不足。

中間發酵時的麵筋組織

剛完成分割、滾圓後的麵團，即使用擀麵棍擀壓也會收縮。但滾圓之後，再經過中間發酵的麵團，就不容易收縮。為什麼呢？在此讓我們聚焦在麵筋組織的構造變化，加以思考看看吧。

麵筋是以網狀結構形成在麵團中，當揉和麵團或施力改變麵團形狀時，麵筋組織的結構會被勉強拉扯、或扯斷等，導致結構紊亂。

麵筋組織的網狀結構，原本是規則正確的網狀排序，即使結構紊亂，也能再次被構築起來，自然地變化成規則正確的排序，這需要某個程度的時間。

假設在麵筋組織結構紊亂的狀態下，要擀壓麵團，會因而助長麵筋組織內的紊亂，使得回復原本大小、形狀的力道作用，因而造成麵團的收縮。但只要再稍加放置，麵筋組織的排列再次整理，之後再擀壓麵團，因所有的排序已再次整合，在某個程度上麵筋組織不再勉強，就能順利延展開了。

這個麵筋組織的再次排序，即使是不經發酵的餅乾、麵條類等麵團，也一樣會產生。麵團中因其他發酵所產生的酒精及各種有機酸，使得麵筋組織因而軟化，這也是麵團更容易延展的原因之一。

整型

何謂整型？

整型，就是配合想要製作的麵包，整理麵團形狀的作業。

在中間發酵時靜置的麵團，鬆弛了滾圓後緊實具張力的麵筋，經過減弱彈性以便於整型。麵包製作的步驟中，就是重覆「緊實」與「鬆弛」的作業，使其達到製作者想要呈現的體積膨脹、又兼具口感的麵包（⇒p.170「構造的變化」）。整型是緊實麵團的最後作業，爲了能夠達到烘焙完成時的形狀，而強化麵團的黏彈性（黏性及彈性）。

視麵團的狀態，酙酌力道地進行整型吧。

整型的步驟

大多數的麵包，基本上是圓形或棒狀。整型成圓形的麵團再薄薄地擀壓成圓盤狀、折疊後捲起，也可以做成吐司。也有整型成棒狀的麵團，薄薄地延展後由一端捲起，或使用數根長條麵團編捲起來等等。

●圓形的整型（用右手進行時）｜小型麵團

1 

用手掌按壓排出氣體，麵團上下翻面，將光滑面朝下。

2 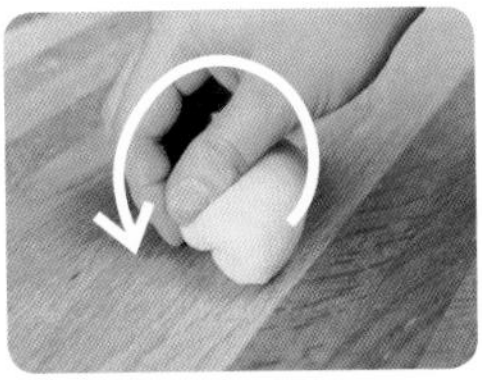

麵團由身體方向朝外側翻折。

3 

用手掌包捲一般，將手以逆時針方向，邊動作邊使表面形成張力般滾圓麵團。

4 

因表面緊實張力而形成光滑狀態，抓取底部的麵團確實閉合。閉合接口朝下放置。

●圓形的整型（用右手進行時）｜大型麵團

1 

用手掌按壓排出氣體，麵團上下翻面，將光滑面朝下。

2 

麵團由身體方向朝外側翻折。

3 

將麵團方向90度轉動，用手指抵住麵團的外側，將麵團側邊朝下推送，使表面形成張力。

4 

指尖朝麵團右下方向，邊畫弧狀般動作，同時手朝身體方向拉回使麵團滾動。將手離開麵團，再同樣地以指尖抵住麵團的另一側，重覆同樣的動作。

5  

因表面緊實張力而形成光滑狀態，抓取底部的麵團確實閉合。閉合接口朝下放置。

●棒狀的整型

1 

用手掌按壓排出氣體，麵團上下翻面，將光滑面朝下。

2 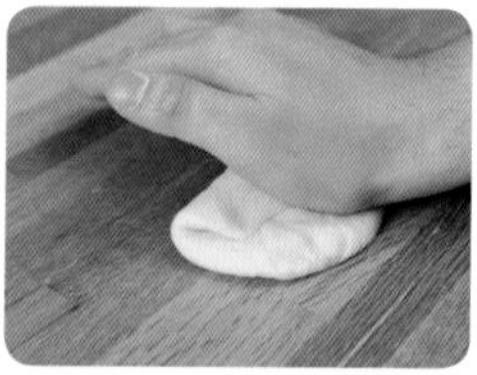

麵團由外側朝身體方向翻折1/3，以手掌根部按壓麵團使其貼合。

3 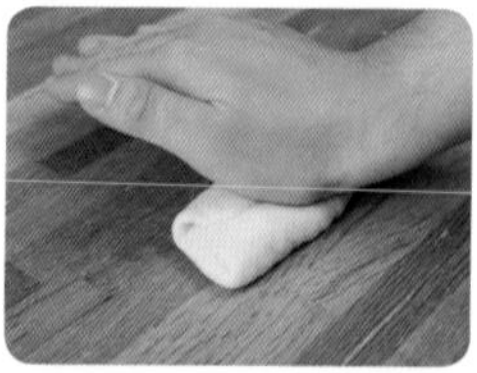

方向轉180度，同樣地翻折1/3，以手掌根部按壓使其貼合。

4 

從外側朝身體方向對折，同時用手掌根部確實按壓麵團邊緣，使其閉合。

5 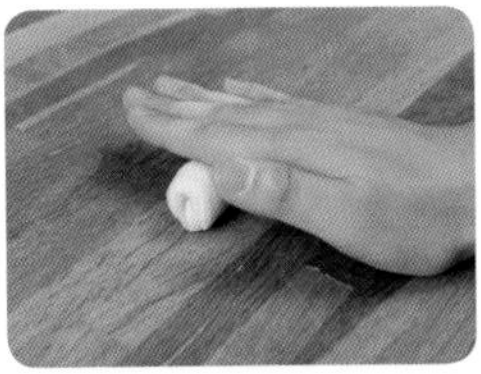

單手放在麵團中央處，輕輕施力並滾動麵團，使中央部分變細。

6 

接著，以雙手擺放在麵團上，同樣施力滾動麵團，朝兩端搓揉延展。

7 

表面緊實有張力、呈均勻的粗細即可。

●從圓形開始的整型變化 ｜ 圓盤狀的整型

1 

由麵團的中央朝身體方向滾動擀麵棍，壓排出氣體。

2 

繼續由中央向外側滾動。

3 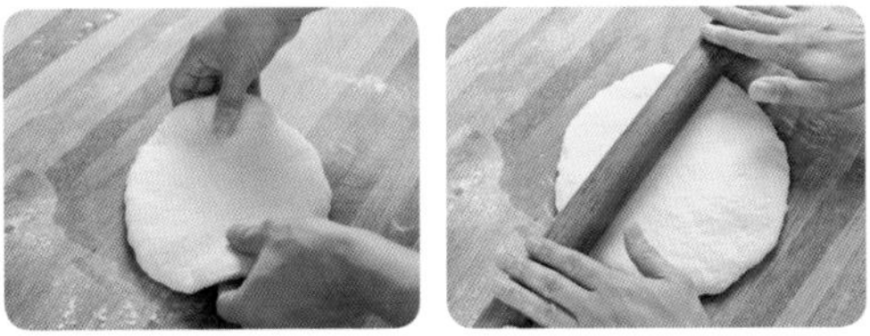

必要時，可以轉換麵團方向，滾動擀麵棍，排出氣體。

4 

待厚度均勻，氣體恰到好處地排出即可。

●從圓形開始的整型變化 | 橢圓形的整型（吐司模型等烘焙時）

1 

整型成圓盤狀（⇒**p.237·238**），使其成爲確實排出氣體的狀態。

2 

麵團上下翻面，使光滑麵朝下。將麵團從外側朝身體方向折入1/3。

3 

從身體方向朝外同樣地折入1/3，用手按壓貼合。

4 

將麵團轉90度，從麵團外側折入少許，輕輕按壓作成中芯。

5 

從外側朝身體方向，用姆指輕輕按壓使表面呈現張力，邊緊實邊捲起。

6 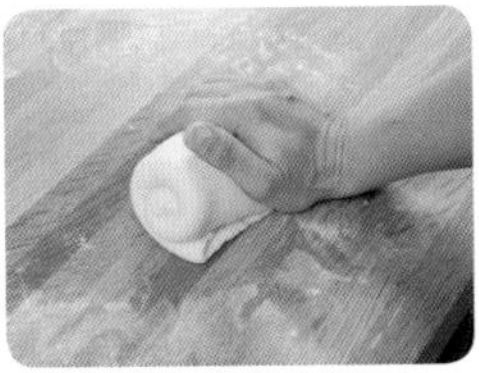

捲至最後邊緣時，用掌根確實按壓閉合麵團。

7 

閉合接口處朝下地放入烘烤模型中。

●從棒形開始的整型變化 ｜ 奶油卷的整型

預備整型（淚滴狀）

1 

整型成棒狀（⇒**p.236·237**），使表面具張力，成爲粗細均勻的棒狀。

2 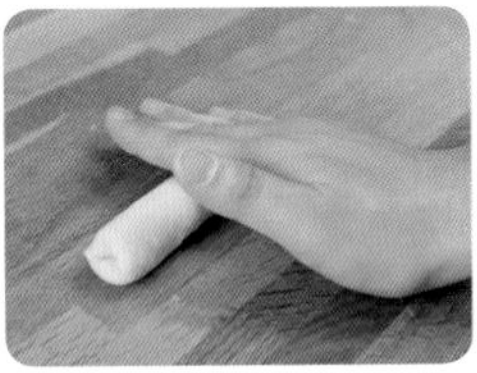

單手放在麵團的中央部分，往小指方向漸次地滾動變細，使單側成爲細長淚滴形的棒狀。在室溫下靜置5分鐘。

正式整型

3 

靜置後的淚滴狀麵團，粗的一端朝外側擺放，用擀麵棍由麵團中央朝外側擀壓，以排出氣體。

4
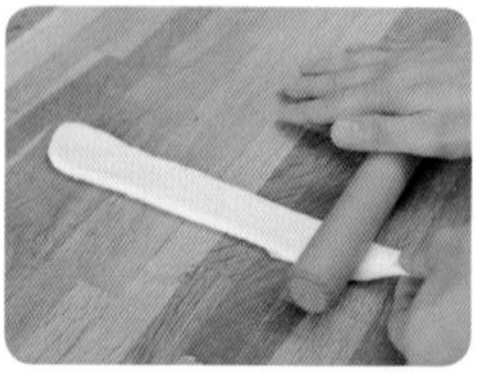

手拿著麵團較細的那一端，邊向身體方向拉長，邊由中央朝身體方向滾動擀麵棍，排出氣體。擀壓成爲均勻的厚度。

5
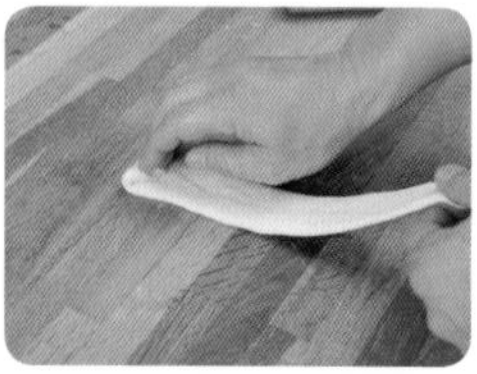

整型成棒狀時的閉合接口（⇒p.236「棒狀的整型4」）處朝上放置，麵團寬幅較窄的一端用手拿著，寬幅較寬的一端少許折入後，輕輕按壓作成中芯。

6
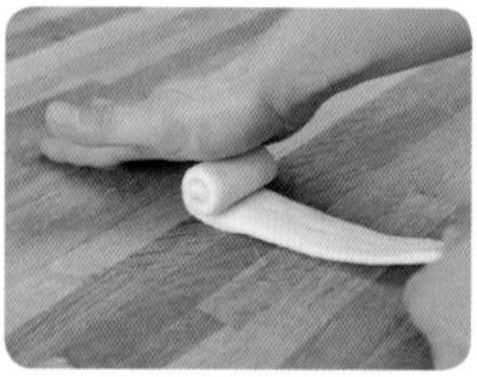

由外側朝身體方向捲動。

7

捲至最末端時貼合麵團。

8

若捲好的麵團各層厚度均勻，就是最佳狀態。

●從棒形開始的整型變化 ｜ 三股編織的整型

1 將完成棒狀整型(⇒p.236·237)的麵團，搓揉延展成兩端變細的狀態。

2 

同樣地做出3條，進行三股編織，收緊麵團末端使其固定。

Q 207 整型時要注意哪些重點？
＝整型時的施力程度

A 必須注意避免損傷麵團，同時也要施以適度的力道，以強化麵筋組織地整合形狀。

配合麵團的種類及想要的麵包類型，斟酌對麵團的施力。

加諸於麵團的力道若過強，麵團被強力施壓會導致斷裂等，使得麵團無法在最後發酵及烘焙完成時膨脹而延展，成爲體積不足的麵包。

反之，施於麵團的力道較弱時，麵團的緊繃狀態變弱，無法確實的承受最後發酵時產生的氣體，導致無法膨脹，如此會形成體積不足的成品。

整型時力道增減的平衡，會影響最後發酵所需的時間，以及完成烘焙時麵團的膨脹，造成無法完成均勻的成品。因此整型後與滾圓時，同樣需要讓麵團成爲表面平順、光滑，且具張力的狀態，並且避免乾燥也非常重要。

Q 208 完成整型的麵團是以什麼狀態進行最後發酵呢？
＝整型後的最後發酵

A 擺放在烤盤上、放入烘烤模型、放置在布巾上、放入發酵籃內等，配合麵包製作方法，進行最後發酵。

因麵包不同，完成烘焙的方法也各異，因應各種需求來決定該以何種狀態進行最後發酵。主要方法如次頁所述。

●擺放在烤盤上

整型後，大部分的麵包會擺放在烤盤上。

此時必須注意的是，完成整型的麵包之間，必須有充分的間隔。完成整型的麵團，在最後發酵時，體積約會膨脹2～3倍左右。接下來烘焙時，還會再更加膨脹，因此必須將這些列入考量地決定麵團間距。

一旦間距過窄，麵團之間會相互沾黏，即使沒有沾黏，也會因麵團間太過接近，使烤箱的熱度難以流動，而導致烘焙不均，或受熱不良的狀況。

間距較大時，基本上沒有特別的問題，但也必須考量到製作的效率。考量1片烤盤上擺放的麵包個數也很重要。另外，要注意的是若1片烤盤上麵團的間距各不相同，完成烘焙的麵包也會出現差異。

剛完成整型（左）、完成最後發酵的狀態（右）。膨脹2～3倍。

●放入烘烤模型中

吐司或布里歐，有特定烘焙模型的產品，會放入模型中。吐司在模型中放入複數完成整型的麵團，必須全部大小相同，並以相同的間距放入。

分切成3等分，填入專用模型的吐司麵團

放至專用模型的布里歐麵團

●擺放在布巾上

法國麵包等硬質麵包，大多會在整型後擺放在麻布或帆布等，絨毛較少的布巾上。在烘焙時，會直接將麵團擺放在烤箱內底部（爐床、窯床），以稱爲「直接烘烤」的方法來進行烘焙（⇒**Q223**）。

最後發酵擺放在布巾上進行，是因爲發酵完成的麵團在烘焙前，會先用稱爲「slip belt」的專用入窯設置移動進去(⇒Q224)。

必須注意的是，因爲麵團的形狀也會有不同的變化。整型成棒狀的麵團，擺放至布巾時，利用布巾做出皺摺以隔開麵團。考慮到麵團膨脹地調節麵團與布巾的間隔，以及布巾皺摺的高度。

整型成圓形麵團的注意重點，與擺放在烤盤上幾乎相同，麵團間必須要有充分的間距。但若是放在布巾上進行最後發酵，僅需考慮膨脹的部分即可。

無論是哪個狀況，考量到移入移出發酵器的便利性，會將布巾舖在板子上。

棒狀的麵包

擺放完成整型麵團的布巾和板子。布巾為避免產生折疊痕跡，可以攤平或捲成筒狀來保存管理

擺放麵團後，在放置下個麵團前，作出皺摺

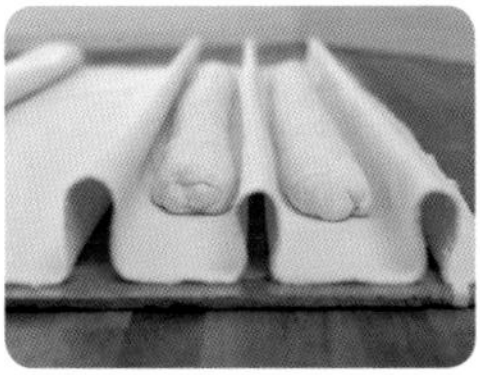

麵團兩側適度地留下間隔後作出皺摺，皺摺的高度要高於麵團約1～2cm

圓形或小形麵包

考量到膨脹，麵團間要留下間距

●放入發酵籃內

硬質麵包，像鄉村麵包等麵團柔軟，且最後發酵時麵團會坍軟，難以保持形狀，因此放入發酵籃(banneton、basket等)。烘焙時，翻轉模型倒扣出麵團，因此要將光滑面朝下放入。

banneton(左)、basket(右)。無論哪款都是光滑面朝下地放入。

Q 209 山形吐司，為什麼麵團要整型成好幾個?
=吐司麵團是複數填入模型

A 相較於整型成一個麵團的山形吐司，可以使氣泡變多，更能充分膨脹，做出柔軟口感。

本書中，以分割、整型後的麵團，分3個放入模型，製作出3個麵團的山形吐司爲例(⇒p.238·239「從圓形開始的整型變化｜橢圓形的整型(吐司模型等烘焙時)」)，無論是山形或是方形吐司，也有稱爲枕形(one loaf)1個山形的吐司，或整型成2個山形吐司的情況。

相同大小的模型時，複數麵團的塡入方法，可以讓全體氣泡變多，膨脹更好，並有柔軟的口感。此外，麵團的力量(麵筋的強度)增大，全體麵團的強度也會增強，也較不容易產生caving(「攔腰彎折」⇒Q229)。

整型成枕形(one loaf)時，因氣泡較複數麵團少，因此會呈現較有咀嚼口感的麵包。

吐司整型變化例

※麵團分切成2個，做出2個山形的吐司時，麵團填入模型後會有空隙產生。模型與麵團之間，麵團與麵團之間，哪個地方有間隙都沒有關係，但必須留出均等的間隔。

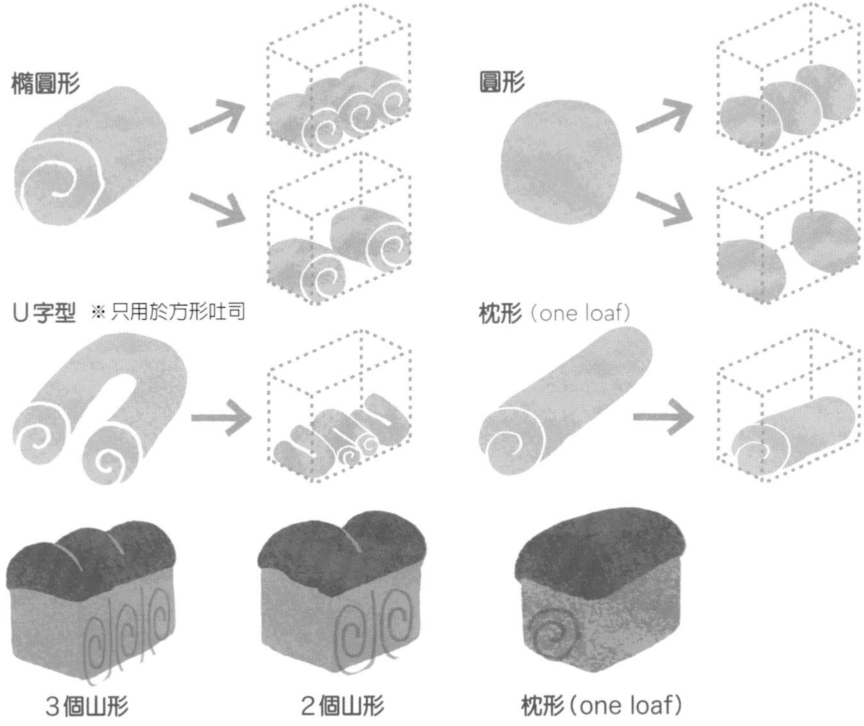

Q 210 方形吐司，為什麼要加蓋烘焙？食用時與山形吐司有什麼不同？
＝方形吐司與山形吐司的差異

A **方形吐司的彈力較強，增加嚼感，柔軟內側是潤澤的口感。**

據說原本誕生於英國的山形吐司，傳到美國後，變成了適合在工廠生產的方形吐司。現在即使是日本，方形吐司也多半是在工廠生產。

但這也並非爲了追求效率而已，也有部分是爲了呈現不同的口感和形狀。並且，使用 RICH 類配方而想要更加提升柔軟度時，也會蓋上蓋子。

方形吐司藉由蓋上蓋子，可以避免柔軟內側的紋理（氣泡）縱向延伸，讓氣泡成爲均勻的圓，相較於山形吐司，就能更增加彈性及口感了。

另外，烘焙時水分不易散出，完成烘焙的麵包水分含量，較山形吐司多，就能做出口感潤澤的柔軟內側。因此，也可以說傾向於製作三明治等，不經烘烤直接食用的場合。

Q 211 菠蘿麵包上方覆蓋不同麵團，最後發酵會妨礙下方麵團的膨脹嗎？

＝菠蘿麵團的覆蓋黏貼方法

A 完全包覆上菠蘿麵團時，會使膨脹變差，因此不會覆蓋到底部。

麵團上包覆其他麵團整型時，膨脹上會受到影響。特別是菠蘿麵包，若菠蘿麵團（biscuit 麵團）完全將麵團包覆至底部，麵團的膨脹會變差，因此大多不會包覆至底部。此外，菠蘿麵團若過於厚重，膨脹也會略受影響。

製作菠蘿麵包時，希望大家能多注意，整型後要以菠蘿麵包中的奶油（油脂）不會融化的溫度來進行最後發酵。並且菠蘿麵包的特徵是表面的裂紋，會伴隨著最後發酵的麵團一起延展，以及之後烘焙時的烤焙彈性（oven spring）而產生。

Q 212 可頌的折疊和整型要特別注意什麼？

＝可頌的折疊與整型

A 重要的是必須避免奶油過度柔軟，麵團以冰涼狀態進行。

可頌是將具可塑性（⇒**Q 109**）的油脂（主要是奶油），包入完成發酵的麵團內折疊製作的特殊麵包。用與糕點的派皮麵團相同的手法製成，相異之處在於使用的是以酵母（麵團）發酵的麵團。

麵團最初用 25℃左右短時間發酵後，再移至 5℃的冷藏室內靜置約 18 小時，使其低溫發酵（⇒**Q 199**）冷卻麵團，避免之後折疊的奶油變得過度柔軟。接下來用麵團包裹擀壓成片狀的奶油。用壓麵機薄薄地擀壓後進行三折疊，置於冷凍室靜置約

30分鐘後，再次薄薄地擀壓、進行三折疊地重覆數次這樣的作業（⇒Q 120）。之後進行整型。以下針對「折疊」和「整型」進行更仔細的說明。

●折疊

每次進行三折疊後，都要將麵團靜置於冷凍室，讓變得柔軟的奶油冷卻，保持在能發揮可塑性13～18℃的溫度帶，與適當的硬度。

此外，藉由薄薄地擀壓，給予和揉和相同的刺激，使麵團產生彈性，縮回原狀的力道能強烈地作用。因麵團靜置，麵筋組織的彈力鬆弛，而能順利進行下一次的折疊作業。

一旦麵團的溫度升高，因發酵而產生的氣體會使麵團中的氣泡變大，擀壓麵團時，氣泡破掉，會使油脂向外漏出，也會失去麵團表面的光滑。這些都是必須冷卻麵團的原因。

一般酵母基本上在4℃時會進入休眠狀態，一旦麵團低於這個溫度，會抑制發酵，油脂的可塑性也會消失。適度地調整變得柔軟的油脂，加上麵筋組織的鬆弛，靜置於冷凍室30分鐘左右可有效達成。如此，在抑制酵母活動的同時，也能使油脂成爲能發揮可塑性的狀態，使下次的折疊作業得以順利進行。

並且，若長時間放入冷凍室而凍結，無法立刻進行時，也必須適時地移至冷藏室等進行管理。若使用的是在10℃左右即停止活動的冷藏麵團用酵母，冷藏室靜置也是一個方法。

●整型

一般的可頌，會將擀壓成薄片狀的麵團用刀子分切成等腰三角形，從麵團底邊開始向頂點捲起整型。

此時也一樣要充分冷卻麵團，並且使用好切、銳利的刀子，避免破壞折疊完成的麵團層次非常重要。切面具層次的切口，也要避免觸摸地捲起，切開的麵團一旦溫度上升，層次也會因而被打亂、坍垮，必須迅速地進行整型。

最後發酵

何謂最後發酵？

回復因整型而緊實具張力麵團的延展性（易於延展的程度），使之後的烘焙作業，能充分產生烤焙彈性（oven spring），以期待能製作出體積膨脹的麵包，而進行的發酵、熟成最後階段。

在此，利用軟化麵筋組織來鬆弛因整型而緊實的麵團（⇒ p.170「構造的變化」）。藉由最後發酵，麵團狀態及物理性質變化的機制，與攪拌後的發酵一樣（⇒ p.214・215「發酵～麵團中發生了什麼事？～」），因生成酒精和乳酸等有機酸，來軟化麵筋組織，使麵團延展性變得更好。並且，這些酒精和有機酸，會成爲麵包的香氣和風味。

與攪拌後的發酵不同的是，會提高發酵溫度的設定（攪拌後的發酵是以25～30℃左右）。在短時間內升高麵團溫度，也會提高酵母（麵包酵母）和酵素的活性。

Q 213 適合最後發酵的溫度約是多少呢？
＝最後發酵的作用

A **提高酵母的活性，以30～38℃的略高溫度，使其短時間發酵。**

根據麵包的種類不同，最後發酵的溫度也各異。大致上用在重視發酵產生風味的硬質麵團時，會設定在略低的30～33℃左右。想呈現膨鬆柔軟的軟質麵團時，會是略高的35～38℃左右。

特殊情況，像是布里歐般奶油較多的揉和麵團，或折入奶油的可頌，爲避免奶油融出，設定在30℃以下。

通常利用前述溫度的發酵器發酵時，硬質麵團的溫度會上升3～4℃、軟質麵團則是5～6℃，最後發酵完成時的麵團溫度，則會是32～35℃。

關於這樣的發酵溫度設定，可以試著用酵母（麵包酵母）的生態來思考。酵母在40℃左右會產生最多二氧化碳氣體，越遠離這個適合溫度，活動力就越低（⇒**Q63**）。

攪拌後的發酵，若二氧化碳氣體一次大量產生，會因過度勉強拉扯麵團而致損傷，因此只能略略抑制酵母活性，將發酵器的溫度設定保持在25～30℃之間。經過發酵過程，麵筋組織軟化，並伴隨著麵團的延展性變好，在二氧化碳氣體發生與麵筋組織軟化，呈現平衡狀態下，麵團就會膨脹起來。

但最後發酵與攪拌後的發酵有一點不太相同的考量。在最後發酵階段，因整型而使麵團內的氣泡變細且分散，最後發酵時必須使這些氣泡變大，之後在烘焙時因熱膨脹而成爲核心。

因此，爲提高酵母活性，放入提高溫度的發酵器內。但若長時間持續高溫狀態，會導致麵團坍軟，所以會設定爲短時間。這些狀況，相較於攪拌後的發酵，最後發酵後仍留有緊實張力，在烘焙的過程中，麵團還可以有較大的烤焙彈性（oven spring）。

並且，雖然濕度是以70～80%爲主，但依麵包不同，有些會在濕度50%程度的乾燥發酵室，也有在濕度85%以上的高濕發酵室，進行最後發酵。

Q 214 請問完成最後發酵時的判別方法。
＝最後發酵完成時的狀態

A 利用整型時開始的膨脹狀態，與麵團表面的鬆弛程度來判斷。

完成最後發酵的麵團，必須預留還能膨脹的餘地。麵團在進入烘焙時，還必須再繼續膨脹。話雖如此，但在這個階段一旦發酵不足，就無法充分回復麵團的延展性（易於延展的程度），在烘焙時無法膨脹出體積，會變成小且口感不良的麵包。

相反的，若發酵過度，麵筋組織過度軟化會導致麵團過度鬆弛，因而在烤箱中膨脹時麵團會難以承受，導致與發酵不足產生同樣的狀況，無法呈現膨脹的體積。並且，過度發酵時，每個氣泡過大，使得完成烘焙的麵包，柔軟內側的質地粗糙。再加上酵母（麵包酵母）是以糖分為營養成分進行酒精發酵，發酵時使用糖分的結果，就是麵團中殘留的糖分變少，也會難以形成烘烤色澤。

要製作出美味麵包，必須能判斷適度發酵的程度。首先，整型時開始膨脹至什麼程度（麵團的體積比剛完成整型時增加多少）？先用眼睛觀察。其次，用手觸摸確認麵團的鬆弛程度。確認時用指尖試著按壓膨脹的麵團，用彈力和殘留的手指痕跡狀態，來判斷麵團的鬆弛程度。

最後發酵的確認方法（例：奶油卷）

●觀察膨脹狀態

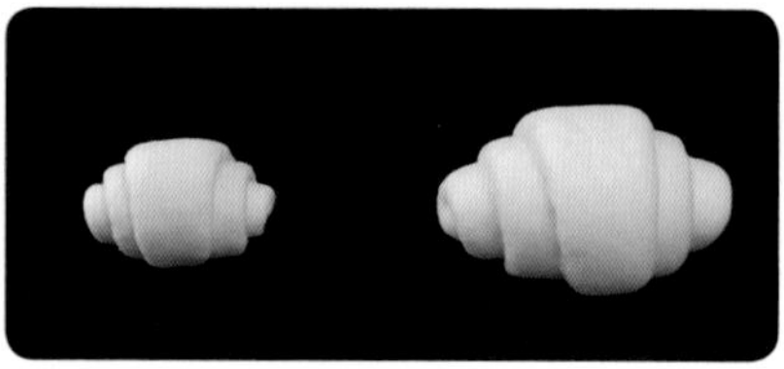

發酵前（左）、適度的最後發酵（右）

●觀察手指輕壓後的痕跡狀態

發酵不足

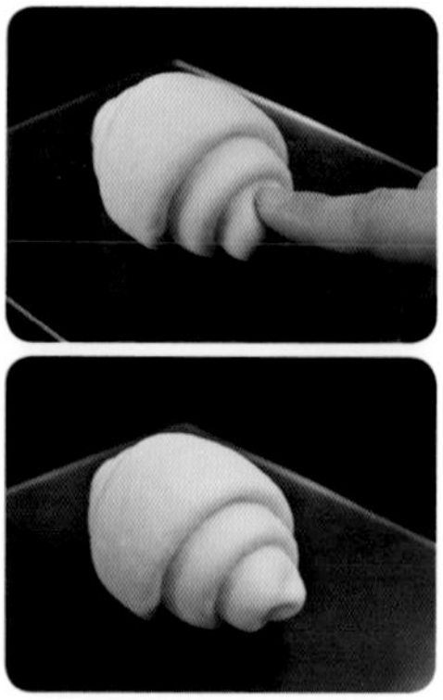

指尖按壓痕跡立即回復

適度發酵

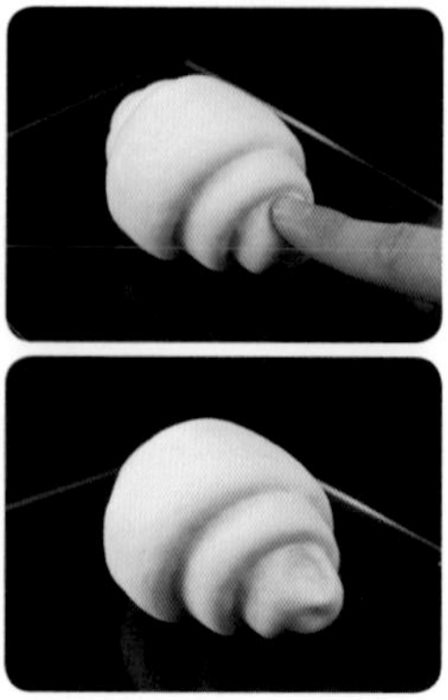

指尖按壓痕跡略略回復

過度發酵

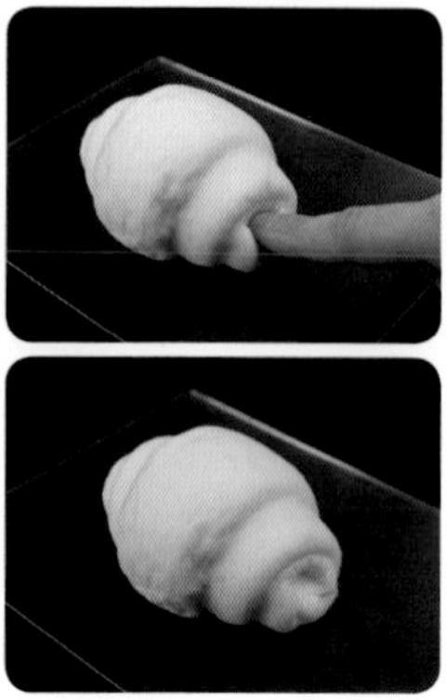

指尖按壓痕跡原樣殘留

Q 215 方形吐司的邊角變成圓形。要如何才能做出漂亮的直角呢？

＝方形吐司最後發酵的判斷

A 最後發酵不足時，就無法做出直角。大約膨脹至模型體積的7～8成，就是最後發酵的參考標準。

吐司烘焙時，雖然是模型加蓋地放入烤箱，但是視最後發酵進展的程度，不止是烘烤完成的體積，連同外觀也會有所不同。

適度的最後發酵判斷參考，是麵團膨脹至模型容積的7～8成左右。若發酵適度，則烘焙完成的方形吐司上，會隱約帶著圓形的邊角。若發酵不足時，烘焙出的就是圓形的邊角。發酵過度時，邊角會過度突出，也容易產生caving（「攔腰彎折」⇒**Q229**）。

發酵程度不同，完成烘焙的方形吐司邊角的差異

	發酵不足	適度發酵	過度發酵
最後發酵後	 模型體積6成左右的膨脹狀態	 模型體積7～8成左右的膨脹狀態	 模型體積9成左右的膨脹狀態
完成烘焙後	 上方邊角有大缺塊	 上方邊角略帶圓形，是適中的狀態	 上方邊角過度突出，且側面彎曲凹陷（caving）

Q 216 烘焙完成的奶油卷縮減變小，是為什麼？
＝奶油卷最後發酵的判斷

A 可以想見是過度發酵。

可以試著比較奶油卷，隨著最後發酵進展完成烘焙的成品。

最後發酵的時間無論是過短或是過長，完成烘焙的麵包體積都會小於適度發酵的成品，但是其原因卻各不相同。

最後發酵時間過短的成品，酵母（麵包酵母）的二氧化碳產生量少，而造成膨脹不良，再加上特徵是奶油卷的捲邊會裂開。這是因爲發酵不足使得麵團的延展性（易於延展的程度）變差的原因。完成烘焙時二氧化碳的體積變大，將麵團推壓展開時，麵團的延展性變差，勉強拉扯的情況，進而造成捲邊裂開的狀態。

另一方面，發酵時間過長，無論有多少二氧化碳產生，完成時一樣會萎縮變小。這是因爲發酵時間拉長，麵筋組織過度軟化，使麵團鬆弛而無法保持住氣體的適度張力，導致造成坍垮。並且麵團過度鬆弛，烘焙時的烤焙彈性（oven spring）減少，也是麵團體積無法展現的重要原因。

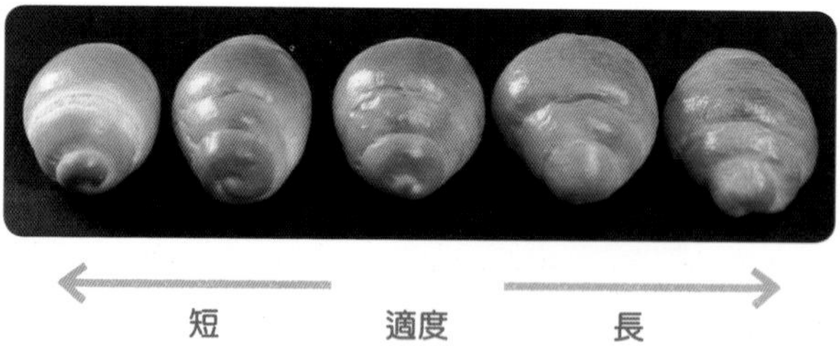

完成烘焙的奶油卷。由左向右的順序是：最後發酵時間的長度、中央是適度完成最後發酵的成品

烘焙完成

何謂烘焙完成？

從攪拌開始，經過長時間的發酵、熟成的麵團，終於變化成麵包食品，是製作麵包的最後步驟。

將完成最後發酵，膨脹至完成烘焙時80%程度的麵團放入烤箱中，仍不斷地膨脹，過一陣子膨脹會停止，麵團表面開始變硬。

接著會開始呈色，隨著時間的推移，烘烤色澤會變得更深濃。終於烘焙至麵團變得金黃且散發香氣完成時，就成爲特別具有魅力的風味，且口感良好的麵包。

溫度變化與烘焙完成的流程

完成最後發酵時，麵團的中心溫度是32～35℃。放入烤箱後，中心溫度會慢慢地上升，完成烘焙時，約上升至近100℃。在這期間，麵團時時刻刻都在變化。

《1》麵團膨脹

① 藉由酵母的酒精發酵產生二氧化碳

即使放入烤箱，也不會立刻停止發酵，酵母（麵包酵母）在40℃左右的活性最大，生成的二氧化碳和酒精也會增加。此時至50℃上下爲止，作用最是活躍，會生成大量的二氧化碳和酒精，至55℃左右才會死亡滅絕（⇒**Q63**）。

② 二氧化碳、酒精、水的熱膨脹

酵母產生的二氧化碳，會直接存在於麵團中，因熱膨脹而增加體積。部分的二氧化碳會溶於麵團的水分中，藉由烘焙時氣化以增加體積，也會將麵團推壓展開。

因此，與二氧化碳同樣地，因酒精發酵生成的酒精也會因氣化而增大體積，使麵團膨脹。並且，接續酒精後氣化的水，也會因熱膨脹而使麵團膨大起來。

《2》麵團的烤焙彈性

麵團放入高溫的烤箱時，表面會暫時如同薄薄的水膜呈現濡濕的狀態，不會立刻就烘烤成表層外皮。

麵團內部，從50℃左右，酵素開始活性化，而且蛋白質分解酵素分解澱粉後，會使麵團急速軟化。此外，澱粉分解酵素會分解受損澱粉（⇒**Q37**），使麵團呈現流動化。

與之同時，因酵母的酒精發酵，使二氧化碳活躍地生成，麵團會變大膨脹，這就稱為烤焙彈性（oven spring）。

《3》膨脹的麵團烘烤凝固

麵筋組織因熱變性，完全凝固是在75℃左右，但在60℃左右時，結構就已經開始產生變化，保持於其中的水分開始釋出。

另一方面，澱粉在60℃左右開始糊化（α 化），其中水是必要的。所以麵筋組織中釋出的水分被澱粉奪走，澱粉吸收了麵團中的水分，再推進糊化。

終於，麵筋組織在75℃左右完全凝固，麵團停止膨脹，凝固的麵筋組織成為支撐麵包膨脹的骨架。

另一方面，澱粉的糊化，在85℃左右幾乎完全結束，一旦達到85℃以上時，水分從糊化的澱粉中蒸發，變化成麵包組織形狀的半固態結構，形成柔軟內側的鬆軟質地。

接著將澱粉和麵筋組織（蛋白質）的變化，分別更詳盡地陳述。

澱粉的變化

澱粉，是藉由水和熱產生（α 化），負擔起製作出麵包柔軟內側組織的作用（⇒**Q36**）。

麵粉中所含的澱粉，是以顆粒狀存在，顆粒中包含直鏈澱粉（amylose）和支鏈澱粉（amylopectin）2種分子，鏈結後分別成為束狀。

部分澱粉在製粉過程中成為受損澱粉（⇒**Q37**），從攪拌階段開始吸收水分，但大部分的澱粉是所謂的健全澱粉，有規則性且稠密的結構，水份無法進入。因此，澱粉在完成烘焙前爲止，幾乎都不會吸收水分地存在於麵團中。

開始烘焙後，麵團的溫度一旦高過60℃，熱能會切斷這稠密構造的結合，使結構鬆弛，讓水分得以進入其中，也就是水分子進入直鏈澱粉（amylose）和支鏈澱粉（amylopectin）2種分子的束狀之間，產生糊化。

湯汁般的液體因澱粉產生濃稠，因爲有足夠糊化的水，吸收水分的澱粉粒子膨脹、損壞而生成了直鏈澱粉（amylose）和支鏈澱粉（amylopectin）使全部液體呈現黏稠。

但麵團中的水量並不足以使澱粉完全糊化。因此，即使糊化也並不到使粒子完全崩壞的澎潤，某個程度上可以保持粒子狀態地存在於麵團中，與變性硬化的麵筋組織一同支撐麵團。

進行烘焙而產生的澱粉變化

50～70℃	酵素作用活化、受損澱粉被澱粉酶（amylase）（澱粉分解酵素）分解，一直被吸附的水分因而分離，麵團液化成流動性狀態，更容易產生烤焙彈性（oven spring）。受損澱粉中遊離出的水分，之後會被用於澱粉粒子的糊化。並且，受損澱粉被分解出的糊精（dextrin）、部分麥芽糖，在酵母（麵包酵母）因熱度至55℃而死亡滅絕前，都會被利用在酵母的發酵上。
60℃左右	麵團中會產生水分的移動，至此與麵筋組織為首的蛋白質結合的水分，以及麵團中的自由水，都會被用於澱粉的糊化，強制地使澱粉粒子開始吸收。
60～70℃	澱粉連同水分一起被加熱，推進糊化
70～75℃	分散在麵筋薄膜裡的澱粉粒子，因奪取麵筋薄膜中的水分產生糊化，麵筋薄膜本身因蛋白質熱變性而形成表層外皮，麵團的膨脹也開始減緩。
85℃～	澱粉糊化完成。再更高溫時，水分從糊化的澱粉中蒸發，蛋白質的變性與相互作用，變化成麵包組織形狀的半固態結構。

麵筋組織（蛋白質）的變化

麵筋組織，是小麥的2種蛋白質（醇溶蛋白 gliadin、麥穀蛋白 glutenins）與水一起攪拌而形成。麵筋組織在麵團中形成多重層次的薄膜，將澱粉拉入內側，使麵團推展。此時，麵筋組織的蛋白質，會與麵團中約30%的水產生水合。

此時麵筋組織的薄膜，具有彈力同時也能充分延展，能承受保持住產生的二氧化碳，同時伴隨麵團的膨脹，也能平順地延展。

麵團的膨脹，在55℃左右酵母（麵包酵母）死亡滅絕爲止，是酵母藉著酒精發酵產生二氧化碳所引起。另外，因烤箱內的高溫，分散在麵團中的二氧化碳，和溶於麵團中水分的二氧化碳與酒精產生的熱膨脹，部分的水氣化使體積變大，也會造成麵團膨脹。

還有蛋白質，到了75℃左右產生凝固，麵筋組織變性而形成表層外皮，成爲麵包的堅固骨架，也因此麵團停止膨脹。

麵團在形成表層外皮爲止，麵筋組織支撐著麵包的膨脹，但澱粉糊化（α化）時，這個作用就轉至澱粉，相互作用地成爲麵包的主體。

進行烘焙而產生的蛋白質變化

50～70℃	酵素作用活化、麵筋組織因蛋白酶（protease）（蛋白質分解酵素）被分解、軟化。藉由受損澱粉的分解與麵團液化相互作用，麵團流動化也更容易產生烤焙彈性（oven spring）。
60℃左右	麵筋組織的蛋白質會因熱而開始變性，麵筋組織蛋白質結合的水分游離，被澱粉粒子吸收，運用在澱粉的糊化上。
75℃左右～	麵筋組織的蛋白質，會因熱而變性結塊，澱粉粒子因糊化而膨潤，這些相互作用，變化成麵包組織形狀的半固態結構。

《4》麵團的呈色

麵團的表面部分水分蒸發激烈，溫度較內部略高。超過100℃時就會形成表層外皮，最後散發香氣地呈現烘烤色澤。

麵包呈現烘烤色澤，主要是因爲蛋白質、胺基酸和還原糖因高溫加熱，而產生稱爲胺羰反應（amino-carbonyl reaction）（梅納反應）的化學反應，生成名爲含氮類黑素（melanoidin）的物質而形成褐色。

此外，僅以糖類著色引發的焦糖化反應也與之相關。

這些反應，無論哪種都和糖類有關，而且是高溫下產生的反應。這個結果，就會呈現出茶色的烘烤色澤，同時產生香氣，賦予食品美味。胺羰反應（amino-carbonyl reaction）是由糖類、蛋白質、胺基酸一起產生的化學反應，與僅由糖類引起的焦糖化反應，有很大的不同。

烘焙的前半，麵團中水分變成水蒸氣，由麵團表面氣化，因此麵團表面潺濕，溫度低，也未呈現烘烤色澤。

當從麵團蒸發的的水分減少，麵團表面變乾、溫度升高，產生胺羰反應（amino-carbonyl reaction），至160℃左右時開始呈色。

與胺羰反應（amino-carbonyl reaction）有關的蛋白質、胺基酸、還原糖，都是來自麵包材料，其中也有被麵粉和酵母（麵包酵母）等所含的酵素，分解生成的成分。

蛋白質、胺基酸，主要是來自麵粉、雞蛋及乳製品等。蛋白質是幾種胺基酸，以鎖鏈狀結合而成，蛋白質一旦被分解就成爲胺基酸。此外，胺基酸並不僅是蛋白質的構成物質，也可以單獨存在於食品中。

所謂的還原糖，有著高反應性的還原基，葡萄糖、果糖、麥芽糖和乳糖等，都屬於還原糖。構成砂糖大部分的蔗糖，雖然不是還原糖，但是會因酵素被分解成葡萄糖和果糖，所以也與這個反應有所關連。

表面溫度升高至近180℃時，麵團中殘留的糖類會因聚合形成焦糖，產生焦糖化反應，麵包會因此而更加呈色，也會散發出甜香的氣息。

胺羰反應（梅納）反應

焦糖化反應

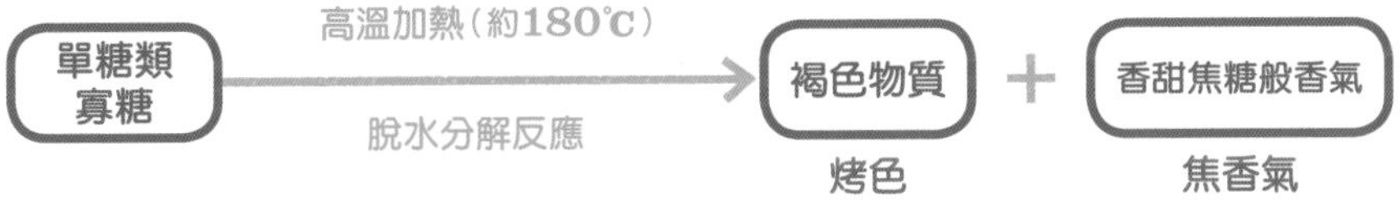

參考⇒Q98

Q 217 為什麼烤箱需要預熱呢？
＝預熱烤箱的意義

A 因為烤箱上升至指定溫度時，麵團的水分會超出必要地流失。

烘焙麵包時，烤箱預先加熱備用的「預熱」是必要的。基本上預熱中的烤箱不會放入任何東西，請在烤箱預熱至烘焙溫度後再放入麵團。

麵包大多會用超過200℃的溫度來烘焙，若不先預熱就開始烘焙麵包，要達到這個溫度爲止，需要相當長的時間。麵包完成烘焙的時間會變長，麵團中的水分也會超出必要量地流失，烘焙出內側乾燥粗糙、表層外皮變厚的麵包。

並且，預熱時會設定較烘焙溫度略高，這是因爲要放入麵團，打開烤箱門時，烤箱內的溫度會向外散失，並且當相對低溫的麵團放入時，也會導致烤箱內溫度下降。預熱時，將溫度設定成較烘焙必要溫度高10 ～ 20℃即可。

Q 218 藉著家庭用烤箱的發酵功能進行麵團的最後發酵時，要如何預熱烤箱呢？
＝家用烤箱的發酵及預熱

A 配合最後發酵結束與烤箱預熱完成的時機。

以家用烤箱進行最後發酵時，提前將最後發酵的麵團取出，剩餘的發酵在烤箱外進行。

從烤箱中取出的麵團，放至接近最後發酵溫度的地方（烤箱附近等），請避免麵團的溫度急遽下降。

但要配合烤箱預熱完成與最後發酵完成的時間確實困難，烤箱預熱所需的時間會因機種而異，因此要在多少時間前結束烤箱內的最後發酵，只能依靠經驗來判斷。

若是麵團在發酵途中變冷、變乾燥，則烘焙完成時的膨脹會變差，務必要多加注意。無法順利調整，因而造成麵包品質不佳時，請試著考慮使用發酵器等。

Q 219 在烘焙前要進行什麼樣的作業呢？
＝烘焙前的作業

A 為能烘焙出美味又漂亮的麵包，進行最後的步驟。

完成最後發酵的麵團，在放入烤箱前進行的步驟，有以下這些。目的是爲了呈現出麵包的體積及光澤、使切紋更清晰漂亮、給予裝飾等。

・噴撒水霧
・刷塗蛋液
・劃入割紋
・篩撒粉類
・其他（擠奶油、擺放水果等）

烘焙前篩撒粉類

Q 220 為什麼要在烘焙前濡濕麵團表面呢？
＝烘焙前濡濕麵團表面的理由

A 延遲麵團表面烘焙出表層外皮，延長麵團的膨脹時間。

幾乎所有的麵包，在烘焙前都會在表面進行「濡濕」的作業。一旦麵團表面濡濕，能抑制麵團表面溫度的急遽升高，因此可以延遲因烤箱的熱度生成的表皮外層，藉此以延長麵團膨脹的烤焙彈性（oven spring），使麵包體積更能膨脹。

麵團表面濡濕的方法，大致可分爲以下2種。

●直接濡濕麵團表面

這個方法主要有2種作法。

① 用噴霧器噴撒水霧

可以溫和穩定地使麵包呈色，表層外皮也會略薄。

② 以毛刷塗刷蛋液

烤色變濃，產生光澤，表層外皮略厚（⇒Q221）。

●使烤箱中噴撒水蒸氣（steam），間接濡濕麵團表面

這個方法主要用於硬質麵包烘焙時，使用有噴撒水蒸氣機能的烤箱來進行。

相較於使用噴霧器，更容易增大麵包的體積，表面也能確實呈現光澤。並且，法國麵包類需要劃切割紋時，藉由這樣的操作可以更容易撐開割紋。

烤箱沒有蒸氣機能時，在最後發酵的麵團表面，可以如上述般同樣地噴撒水霧代用，只是烘焙出的成品會不同於使用蒸氣完成的。

Q 221 為什麼烘焙前的麵團要刷塗蛋液呢？

＝烘焙前刷塗蛋液的作用

A 使麵包體積膨脹、烘焙出具光澤的成品。

麵包烘焙時刷塗蛋液有2個目的。

一個如前述，利用濡濕表面，在烤箱的熱度下能延遲麵團表層外皮形成，藉此拉長麵團可以膨脹的時間，以增加麵包體積。雖然噴撒水霧也具有相同的效果，但刷塗蛋液還有另一個目的，那就是烘焙出金黃色的光澤。

變成金黃色，是因為蛋黃的顏色來自類胡蘿蔔素（carotenoid）的作用，呈現光澤是因為在麵團表面形成薄膜表層，這個部分是蛋白成分的作用。

相較於用水刷塗與雞蛋刷塗，雞蛋的黏性較高，烘烤時雞蛋本身會形成表層，因此表層外皮會略微變厚。另外，想要多呈現金黃色澤時，會使用較多蛋黃，僅想要呈現光澤時，會只使用蛋白。也可以加水稀釋，控制顏色及光澤的效果。

另外，刷塗蛋液會比較容易烤焦，也必須多加注意。為什麼容易烤焦呢？因為雞蛋中含有蛋白質、胺基酸和還原糖，這些物質被高溫加熱時，會引起胺羰（梅納）反應（⇒**Q98**）。

Q 222 為什麼烘焙前刷塗蛋液，會使完成的麵包縮減呢？

＝蛋液的刷塗方法

A 施加過度的力道，麵團被壓扁了。

完成最後發酵的麵團雖然膨脹得很大，但因發酵，麵筋組織軟化，相較於整型時，是麵團對衝擊抵抗較弱的狀態。

給予過度的衝擊時，二氧化碳會釋出而造成體積縮減，因而有塌扁的可能。如此一來，即使放入烤箱後也無法充分膨脹，進而無法烘焙出良好的麵包。

刷塗蛋液時，也可能因刷毛的衝擊而損傷麵團造成縮減塌扁，必須多加注意。

●毛刷的選擇

刷塗蛋液的毛刷，儘可能選用細毛柔軟的製品。

毛刷主要有動物毛，以及尼龍和矽膠等化學材料，哪一種材質都沒有關係。

●毛刷的持拿方法

在毛刷靠近刷毛處，以姆指和食指、中指輕輕夾住般持拿，不需要多餘力道就能刷塗。

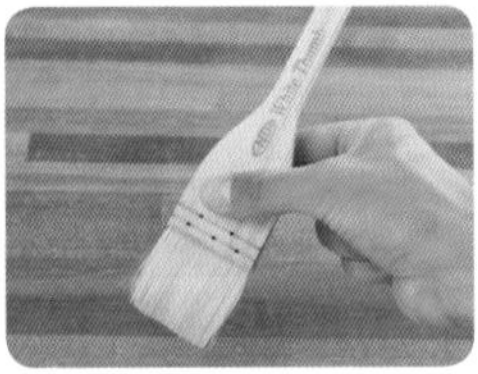

●蛋液的刷塗方法

使毛刷橫躺般地動作，不僅是刷毛的前端，而是以毛刷整體仔細刷塗。

姆指邊和食指中指邊，兩側交替使用，用手腕輕柔往返地刷塗。要注意若毛刷前端刷塗在麵團突出處一旦過度用力，可能會造成麵團縮減塌扁。

●蛋液的製作方法和刷塗的注意重點

最常見的是使用全蛋，一般蛋液的製作方法如下。

首先，要攪斷雞蛋蛋白的繫帶，確實攪散。其次用茶葉濾網等過濾，使其成爲滑順的狀態。

用毛刷吸滿蛋液，在容器邊緣刮落多餘的蛋液。蛋液含量過多時，容易刷塗不均勻，或完成烘焙後殘留蛋液滴垂的痕跡。相反地，若是過少時，刷毛的滑動不良，會損傷麵團表面，這時就要適度的補足蛋液。

太多的蛋液滴落在烤盤上

Q 223 直接烘烤是什麼意思呢？並且，硬質的麵包為什麼要直接烘烤呢？

＝麵包的直接烘烤

A 完成最後發酵的麵團，直接擺放在烤箱內底部（爐床、窯床）烘烤的方法。

以軟質爲首，大部分的麵包，在整型後會放在烤盤上進行最後發酵，完成烘焙前刷塗蛋液等，之後直接放入烤箱內烘焙，完成後連同烤盤一起取出。像這樣，麵團一直放置在烤盤上，可以順利地進行這一連串的作業。

但直接烘烤的麵包，整型後的麵團會放在布巾上、或放入發酵籃內進行最後發酵。之後烘焙，會移至專用入窯設置(slip belt)後再放入烤箱。麵包完成烘烤後，由烤箱中取出時，也必須使用取出麵包的工具。那麼，爲什麼要特地花這些手續進行直接烘烤呢。

最重要的理由是，需要有強大的下火。直接烘烤 LEAN 類配方的硬質麵包，大多是沒有油脂、砂糖的類型，麵團的延展性（易於延展的程度）較差，氣泡較大，因此必須用大火使其確實膨脹。一旦烤盤夾在麵團和烤箱底部時，烤盤下方的熱能不容易傳至麵團，因此，麵團會不容易膨脹。

話雖如此，烘烤麵包之初，是用石頭製成的烤窯，完成最後發酵的麵團會直接放入烘烤。因此，最接近過去製作 LEAN 類配方的硬質麵包，即使是現在，也仍保留過去直接烘烤的方法來製作。

也不是所有的硬質麵包都採直接烘烤的方法，也有使用烤盤和烘烤模型的類型。此外，大量製作法國麵包的麵包店內，也有些會在法國麵包整型後，使用專用烘烤模型，而非直接烘烤。

Q 224 請問完成最後發酵的麵團移至專用入窯設置（slip belt）時需要注意什麼重點。

＝麵團移至專用入窯設置時的注意點

A 完成最後發酵的麵團，在膨脹的同時也會呈現鬆弛且脆弱，因此要仔細小心地處理。

主要是硬質麵包，在烤箱底部（爐床、窯床）直接擺放烘烤，採「直接烘烤」的方法，會將完成最後發酵的麵團放置在稱爲「slip belt」的專用入窯裝置上送入烤箱。

在 slip belt 上擺放麵團，送入烤箱，將 slip belt 拉向自己時，麵團就會落在烤箱底部的裝置

最後發酵完成的麵團，從布巾或發酵籃等移動到專用入窯設置（slip belt）時，有幾個必須注意的重點。

●仔細小心處理麵團

完成最後發酵的麵團膨脹的同時，麵筋組織軟化，呈現鬆弛狀態，變得非常脆弱。

擺放在烤盤上進行最後發酵時，可以直接放入烤箱，因此不太會有麵團塌扁的狀況，但用布巾或發酵籃等進行最後發酵的麵團，移動至專用入窯設置（slip belt）時，若不小心仔細，可能麵團就會縮減塌扁了。

●間隔相等地並排

麵團排放的位置和間隔也必須注意。與麵團排放在烤盤時相同，必須考慮到麵團在烤箱中膨脹的空間。

此外，麵團的間隔若各不相同，會產生烘烤不均的狀況。比照烤盤，以專用入窯設置（slip belt）排放麵團就是重點。

麵團移動至專用入窯設置（slip belt）的方法

●放在布巾上的棒狀麵團

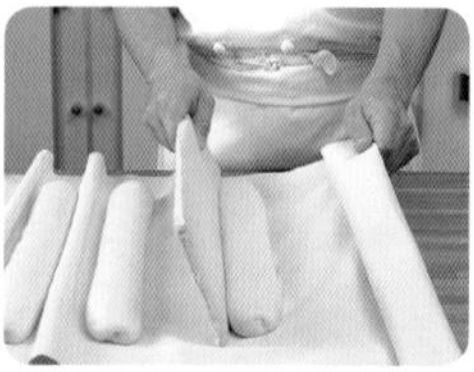

拉平麵團兩側布巾皺摺，取板放在麵團的側邊。

沒有拿取板的手，提起布巾，麵團上下翻面地移至取板上。

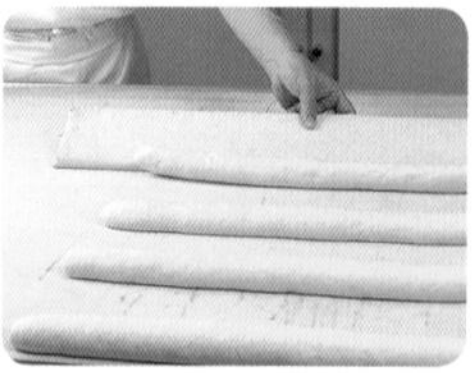

如同麵團上下翻面一般，將擺放在取板上的麵團，由較低的位置再度翻面移至 slip belt 上。

●放在布巾上的圓形麵團

大型麵團用兩手，小型麵團用單手地捧起，移至 slip belt 上。

●放入發酵籃的麵團

從低的位置將發酵籃翻面，使麵團移至專用入窯設置（slip belt）上。

Q 225 為什麼法國麵包要劃入切口（割紋）呢？
＝法國麵包的割紋

A **為使麵包整體能均勻地膨脹，使其均勻充分受熱，同時也能成為麵包的圖紋。**

由法文中劃切意思的「coupe」，延伸成爲在麵團上劃入切口，稱爲「劃入割紋」。

在長棍麵包等硬質麵包上劃入割紋有2大原因。

一是爲使麵包呈現更膨脹的體積。在完成最後發酵的麵團上劃入切口時，麵團表面的緊實張力會部分斷開，如此刻意地使緊實的麵團上形成削弱的部分，在烘焙時這個部分會被撐開，有助於麵包整體的膨脹，也能使膨脹狀況更均勻，藉由劃入切口使麵團充分受熱。

另一個原因是設計性。藉由撐開劃切的部分，呈現出美麗有趣的形狀，讓麵包更具個性化。

並且因劃切割紋，讓麵包的體積隨之改變。割紋撐開呈現膨脹體積的麵包，柔軟內側會是輕盈的口感，若是體積受到抑制，則會形成緊實的內側，口感也較爲紮實。

Q 226 請問法國麵包劃切割紋的時機點。
＝割紋的劃切方法

A **在完成適度最後發酵的麵團上，用銳利好切的割紋刀一氣呵成地劃入。**

法國麵包有棒狀、圓形等各式各樣的形狀與尺寸，劃入割紋的方法也各不相同。在此，以棒狀法國麵包爲例，一起來看看劃入割紋時的注意重點吧。

●適度地進行最後發酵

最重要的就是適度地進行最後發酵。發酵不足的麵團，膨脹小、容易分切，但難以順利劃切割紋，無法烘焙出良好的麵包。反之，過度發酵的麵團，因過度膨脹，劃切時麵團會萎縮且坍垮下來，這樣也無法做出良好的麵包。

●整合麵團表面狀態

適切完成的最後發酵，移至專用入窯設置（slip belt）的麵團，表面略呈濡濕狀態。因此在劃入割紋時，刀子會被牽引，扯動麵團而無法順利劃切。因此，需稍加放置等待濡濕表面略微乾燥。但若過度乾燥，麵團的表面變得過硬，刀刃也會無法順利劃入，同樣會造成麵團的拉扯，必須多加注意。

●使用銳利好切的刀子

完成最後發酵的麵團是鬆弛的，在表面用刀子劃切，對麵團而言是極具負擔的作業。刀子劃切不佳，會對麵包施以不必要的力道，可能會導致縮減、塌扁。預備銳利好切的割紋刀，也是順利劃切割紋必須準備的。

●輕持刀子一氣呵成地劃切

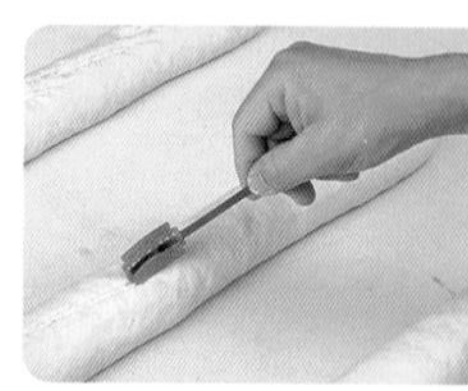

不要過度用力地輕持割紋刀，刀刃以略斜方向地抵住麵團表面，一氣呵成快速地像劃線般，割劃出必要的長度（距離）。劃切的深度，會因麵包的大小、粗細、發酵狀態等而有所不同，但基本上像是要削切1片表皮般，注意不要劃切得過深。

●劃入割紋從麵團一端至另一端

因麵包形狀、大小、粗細不同，劃入的割紋數量和斜度也各異。像長棍麵包般的棒狀麵團，會均等地劃入相同長度的割紋。劃入第2條之後的割紋時，前面割紋後半1/3處與下一條割紋的前半1/3是重疊的，平行錯開地劃入。

圓形麵包劃入割紋時，刀子的刀刃與麵團表面呈直立的垂直狀，一氣呵成地劃切出割紋的長度（距離）。

割紋的劃切方法

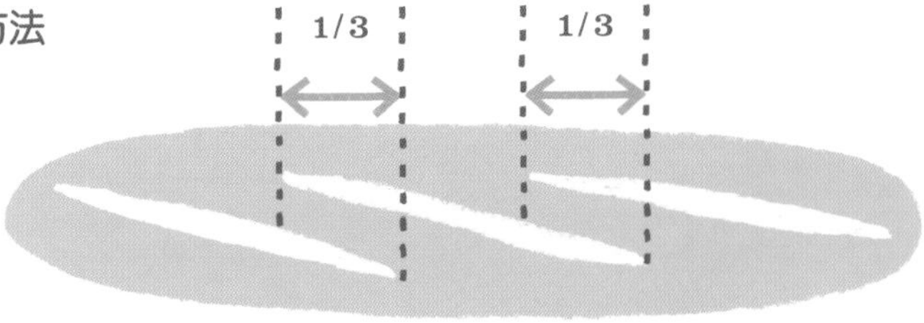

Q 227 因割紋的劃切方法，麵包完成的狀態也會隨之改變嗎?

＝因割紋的劃切方法，烘焙完成時的差異

A 割紋的展開方法，體積和口感也會不同。

像削切麵團般，刀刃斜向劃切與垂直劃切，還有麵團中心線與傾斜的程度等，因割紋的劃切方法差異，烘焙完成時的體積及外觀也會有所不同。尤其是整型成棒狀的法國麵包，特別容易看出割紋劃切方法的不同。

●劃切時不同的角度

像削切般劃切的基本長棍麵包

切面

割紋展開是立體的

相對麵團，垂直劃切的長棍麵包

切面

割紋展開是平面的

切面的比較

像削切麵團般，刀刃斜向劃切（左）可充分膨脹，氣泡大小不均勻。相對麵團垂直劃切的（右），膨脹程度略小，氣泡大小均勻

●因割紋斜傾（距離麵包中心的傾斜程度）的不同

割紋斜傾，較基本斜度略大或略小，烘焙完成時的割紋間隔（帶狀）會變狹窄或寬闊。

基本的傾斜程度（左）、傾斜度小（中）、傾斜度大（右）

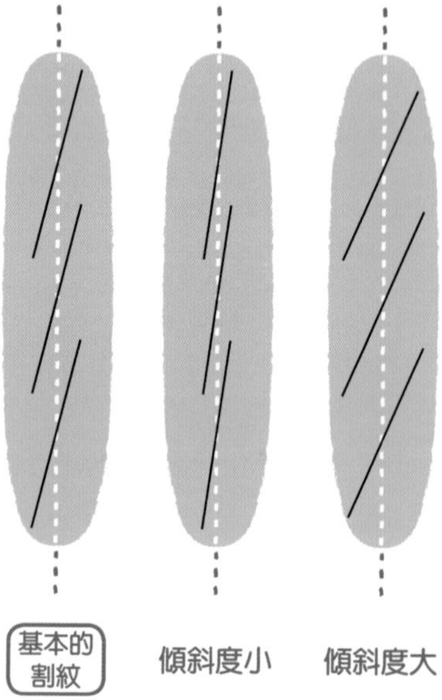

●因割紋重疊程度的不同

割紋的重疊程度，較基本多或少，與割紋長度有關，完成烘焙後的狀態也會不同。

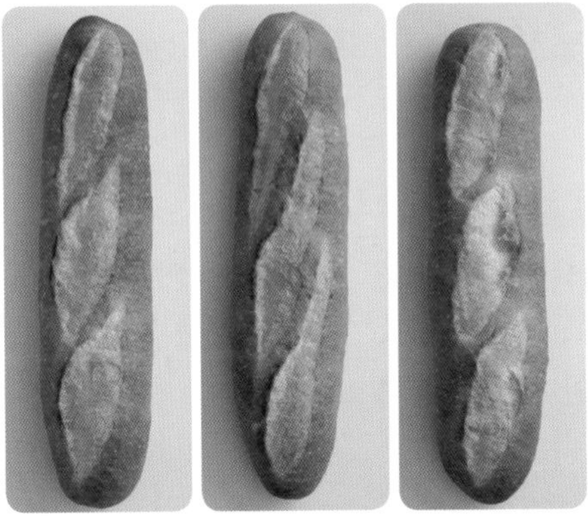
基本的重疊程度（左）、重疊程度多（中）、重疊程度少（右）

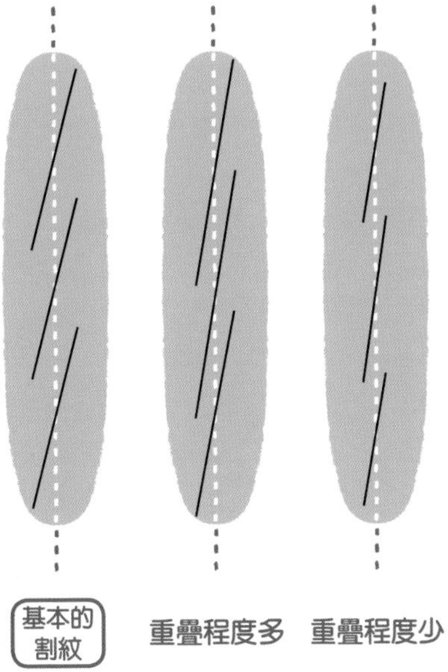

Q228 為什麼法國麵包的表面會有裂紋呢？
＝法國麵包表層外皮產生裂紋的原因

A 因烤箱內溫度與室內溫度的差異，使得柔軟內側的氣泡縮小，完成烘焙時的表層外皮，就會出現裂紋。

麵團因烤箱加熱而膨脹，至中心處受熱全體凝結，完成烘焙的麵包，從烤箱中取出後漸漸冷卻，但剛取出時，會因急遽溫度差，而導致略有收縮的情況。

主要是因熱膨脹的麵團內的氣體（二氧化碳和水蒸氣等），因溫度下降而收縮所產生，此時軟質麵包表面就會產生若干皺紋。

法國麵包相較於軟質麵包，是 LEAN 類配方，並且採高溫長時間烘烤，因此表層外皮乾燥、變厚。也因缺乏柔軟性，因而產生的不是皺紋而是裂紋。

但若在烤箱中無法充分膨脹，也有不會產生裂紋的狀況。反之，過度膨脹體積變大時，表層外皮容易變薄變脆弱，因而也會產生深且細的裂紋，麵包冷卻後，表層外皮會有剝落的狀況。

Q 229 吐司完成烘焙，脫模後表層外皮會凹陷下去。為什麼？
=吐司的塌陷

A 剛出爐麵包的水蒸氣濡濕表層外皮，側面的中心部位就會凹陷。

烘焙完成後，麵包的側面會朝內側凹陷的現象稱為「caving攔腰彎折」。側面彎曲凹陷，常見於吐司麵包等放入深模型烘焙的大型麵包。

側面彎曲凹陷的吐司麵包

麵包是從受熱的外側開始烘烤，慢慢將熱傳至內部，最後完成全體的烘焙。在完成烘焙時，麵包的表層外皮是乾燥，且穩定支撐著麵包全體。但柔軟內側（麵包的內部）仍殘留許多熱的水蒸氣，糊化（α化）的澱粉等還是很柔軟，組織的構造仍是柔弱的狀態。麵包內部的水蒸氣會藉由表層外皮向外釋放。因此，外層表皮會隨著時間吸取水蒸氣後變軟。

像吐司麵包等使用深模型的麵包，麵包的側面和底部在模型包覆的狀態下進行烘焙。因此，水蒸氣難以往外釋出，外層表皮也難以乾燥。並且因麵包的重量，會使中心部分容易成為凹陷的形狀。所以在完成烘焙後至麵包冷卻前，外層表皮會吸收許多水蒸氣而變軟，進而無法支撐麵包全體，導致側面中央附近會往內側折入地凹陷，產生稱為側面彎曲凹陷（caving）的現象。

為了防止這個情況，完成烘焙取出後，會立即連同模型敲扣在工作檯上，給予衝擊，並馬上脫模。如此一來，充滿在麵包內的水蒸氣就能盡快往外散出，可以使側面彎曲凹陷不容易發生。

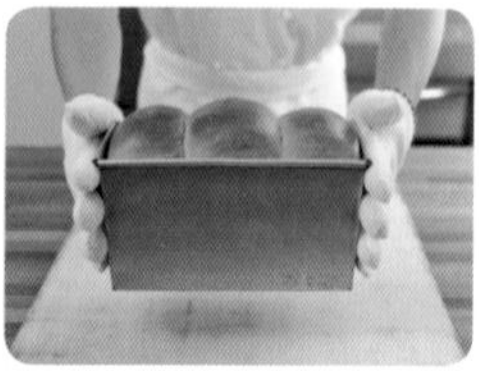
模型在工作檯上敲扣，使麵團中的水蒸氣散出，盡快取出麵包

但即使在工作檯上敲扣模型，但外層表皮吸收麵包內部散出水分的麵包性質，及吐司麵包的形狀等因素，要完全防止側面彎曲凹陷有其困難。並且側面彎曲凹陷也有可能是因為最後發酵太過，導致麵團過於鬆弛、或是烘焙不足等情況而產生，這些也都必須注意。

Q230 想要用完美狀態保存完成烘焙的麵包，該怎麼做才好呢？
＝麵包的保存方法

A 室內常溫若為25℃以下，可放入塑膠袋等保存，以防止麵包變乾燥。

烘焙完成的麵包，只要從烤箱取出，就會釋出多餘的水分及酒精並冷卻。基本上是在室溫（25℃左右）以下冷卻。若用強風等吹拂急速使其冷卻，麵包的表面就會出現皺摺、或是變成乾燥口感，必需多加注意。

軟質類麵包，為了避免水分過度的蒸發，會放入塑膠袋內，但若在冷卻之前放入袋中，袋子內部的水滴反而會沾濕麵包，也容易孳生黴菌等繁殖，請務必注意。

冷卻前放入塑膠袋的吐司麵包，塑膠袋內側出現水滴

Q231 剛完成烘焙的麵包要如何切得漂亮呢？
＝切開烘焙好麵包的時間點

A 麵包冷卻後就能切得漂亮。

烘焙完成剛由烤箱取出的熱騰騰麵包，外層表皮因水分蒸發變硬，柔軟內側因含有較多熱的水蒸氣而呈現柔軟狀態。此時若用刀子分切麵包，表皮外層很難切入，柔軟內側部分會變成糰子狀地壓扁。

麵包切得漂亮的秘訣，就是讓麵包在室溫（25℃左右）冷卻再行分切。麵包內部的水蒸氣，在冷卻的過程中會經由外層表皮，某種程度向外釋出。藉由這個釋出，堅硬的外層表皮會適度地變軟，過度柔軟的麵包內側，也會呈現適當的硬度。

以料理為例，「剛起鍋」的意思，就是「剛做好」「熱騰騰」的印象，讓人有光是聽著就「好吃」的感覺。但是，若用於麵包，這個「剛烘焙完成熱騰騰」＝「好吃」的情況，是不適用的。這是因為，試著食用剛完成烘焙、熱騰騰的麵包時，會發現嚼感和口感都不好。

即使勉強趁熱切開，也絕不會好吃，因此請等待冷卻後，容易分切又能美味品嚐的狀態，再來分切吧。

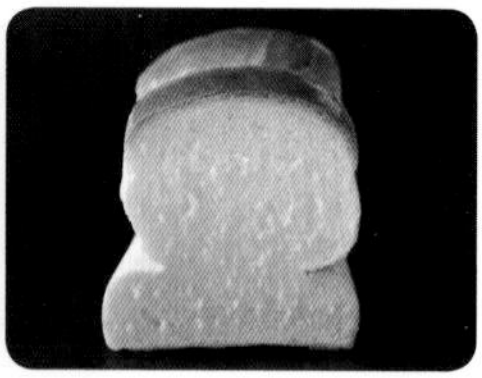

山形吐司趁熱切開後，柔軟內側就被壓扁成糰子狀（左），麵包本身就坍扁了（右）

Q 232 保存麵包時，冷藏和冷凍哪個比較好呢？
＝麵包的保存方法

A 無法一次吃完時請放冷凍保存。

最好是盡快食用完畢，然而無論如何都必須保存麵包時，冷凍保存會比較好吃。

麵包若常溫保存，隨著時間推移水分會蒸發，麵包就變硬、失去彈力。這是因爲加熱使糊化（α 化）的澱粉，會隨著時間而流失水分，進而老化（β 化）所產生的現象（⇒**Q38**）。

冷藏室冷藏的溫度範圍爲 0 ～ 5℃，容易促進澱粉的老化，並且，冷藏也有可能會有發霉的情況，因此並不適合作爲保存方法。

冷凍時需要注意的是，爲避免溫度下降過程中麵包水分流失，要確實以保鮮膜等仔細包覆，盡速降低至冷凍溫度（-20℃）。若能確實執行溫度管理的冷凍室，就能長期保存。

Q 233 包裝中需要放入乾燥劑和沒必要放的麵包，請問有何不同？
＝乾燥劑的必要性

A 除了不喜歡濕氣的麵包棒（grissini）、法國麵包脆餅（rusk）等之外，都不放乾燥劑。

一般而言，麵包是不能使其乾燥的。麵包一旦乾燥就會變硬，風味、口感都會變差，所以保存時不放乾燥劑。

若需要放乾燥劑，就是確實揮發水分製作的義大利麵包棒（grissini），硬脆口感的製品，或是像法國麵包脆餅（rusk）般烘焙乾燥製作，保持乾燥狀態的產品。

但這些產品，若長時間放入乾燥劑，導致太過乾燥時，產品也會脆裂而使得口感變差。

麵包的製程
Science Chart

「為什麼麵包會膨脹？」

這個答案是麵團中產生的化學性、生物性質變化，幾乎非我們肉眼可見。因此在製作麵包時，要能在腦海中產生印象，在麵團中麵粉及其他材料的成分、酵母、乳酸菌等細菌各有哪些作用，麵團會是什麼樣的狀態，會對技術上有更深的助益。一個製程中，會同時有幾個變化的產生，各有其相關處。邊想像這些變化，邊進行麵包製作步驟，在此用簡單的圖解來介紹。

1 攪拌 緊實張力

▼

2 發酵 鬆弛緩和

壓平排氣 緊實張力

▼

3 分割

▼

4 滾圓 緊實張力

▼

5 中間發酵 鬆弛緩和

▼

6 整型 緊實張力

▼

7 最後發酵 鬆弛緩和

▼

8 烘焙完成

1 攪拌 緊實張力

Science Chart

Start ▶▶▶

步驟製程及狀態

〈開始攪拌〉

麵團沾黏，幾乎沒有連結

〈完成攪拌〉

彈力變強，出現光澤且變得滑順

〈完成後的麵團狀態〉

取部分麵團延展時，能均勻延展成薄膜狀態

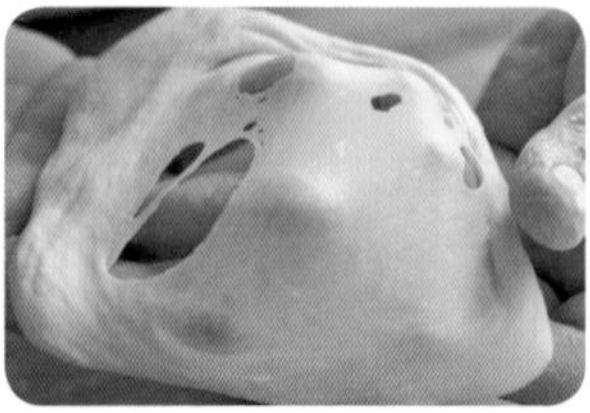

結構的變化

〈麵筋組織的形成〉

麵筋組織沾黏有彈性，形成網狀結構

醇溶蛋白（gliadin）、麥穀蛋白（glutenins）（麵粉的蛋白質）

＋

水

強烈物理性刺激：揉和 →
作用成細密的網狀結構：鹽 →

↓

麵筋組織

⇩

〈麵筋組織的強化〉

麵筋組織的緊實張力

越是揉和（加入強烈的物理性刺激）麵筋組織的網狀結構越是細密，強度增加

⇩

〈麵筋組織的薄膜形成〉

麵筋組織在麵團中展開，逐漸形成層次，包覆住澱粉和其他成分（糖蛋白、磷脂質等）同時形成薄膜狀。

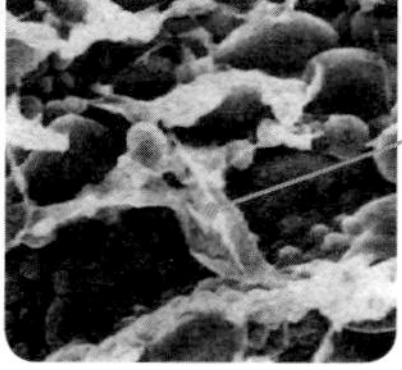

麵粉麵團中的麵筋組織和澱粉（摘自掃描型電子顯微鏡）（長尾、1989）

在內部產生的變化

〈酵母的活性化〉

酵母（麵包酵母）分散在麵團中，吸收水分開始活性化

〈糖的分解〉

麵粉和糖中含有碳水化合物（糖）。麵粉、酵母、砂糖一旦與水混合，麵粉和酵母的酵素活性化後，會階段性地分解這些碳水化合物，成為酵母酒精發酵時可利用的狀態

◎藉由澱粉酶分解

受損澱粉（麵粉的澱粉）

↓ 分解 ← 澱粉酶（麵粉的酵素）

麥芽糖

◎藉由轉化酶分解

蔗糖（砂糖的主要成分）

↓ 分解 ← 轉化酶（酵母的酵素）

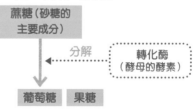

葡萄糖　果糖

2 發酵 （鬆弛緩和）

步驟製程及狀態

〈發酵開始〉

以發酵器（25 ～ 30℃）進行發酵

〈發酵結束〉

充分膨脹，出現因發酵生成的香氣及風味

結構的變化

〈在麵團中產生二氧化碳〉

麵團中的酵母（麵包酵母）產生了無數的二氧化碳氣泡

〈麵團因二氧化碳而膨脹〉

二氧化碳氣泡體積變大，將麵團推壓展開使全體膨脹

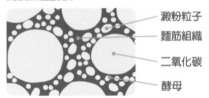

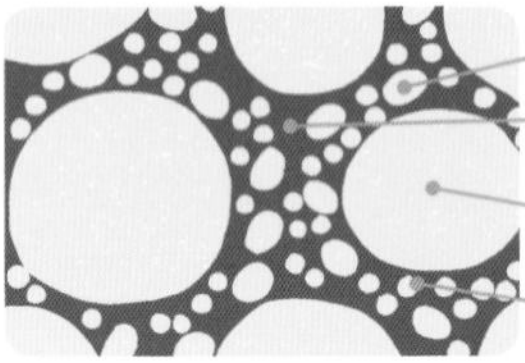

麵筋組織的鬆弛和緩

〈麵筋組織軟化的傾向〉

因麵團的膨脹，使麵筋組織被拉扯延展，受到這樣的刺激，麵筋組織的黏性與彈力少量逐次地變強。同時，相反的反應是藉由酵母的副產物（酒精和有機酸），引發了麵筋組織的軟化。

麵筋組織的強化

↑ 因麵團的膨脹使麵筋組織被拉扯延展（加以微弱的物理性刺激）

↓ 酒精和乳酸等，因發酵生成的有機酸產生作用

麵筋組織的軟化

〈成為能滑順延展的麵團〉

麵團產生延展性(易於延展的程度),能滑順延展且大大地膨脹

在內部產生的變化

〈有機酸的生成〉

藉由乳酸發酵和醋酸發酵生成了乳酸和醋酸等有機酸。這些使麵團的麵筋組織軟化,同時也成為香氣及風味的來源。

◎乳酸發酵

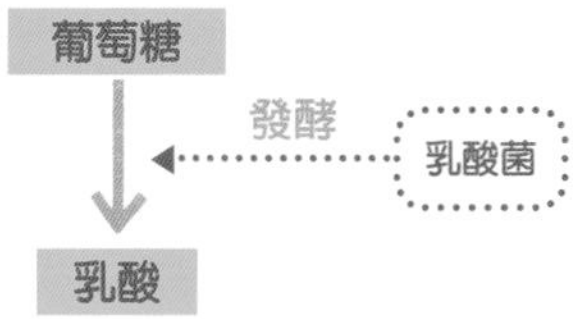

◎醋酸發酵

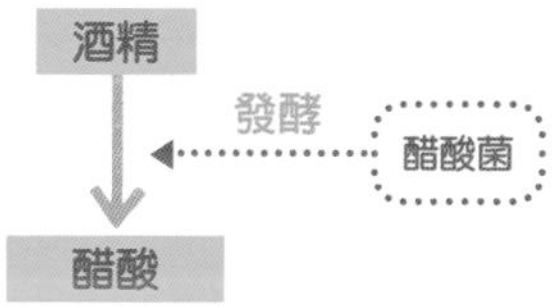

〈因酵母產生的二氧化碳〉

藉由酵母菌體表面的通透酶(permease),將糖類吸收至酵母菌體內。被吸收的糖類會在菌體內被運用在酒精發酵上,而生成二氧化碳和酒精。二氧化碳使麵團膨脹,酒精則能軟化麵筋組織,並成為香氣及風味的來源。

◎酵母菌體內的酒精發酵

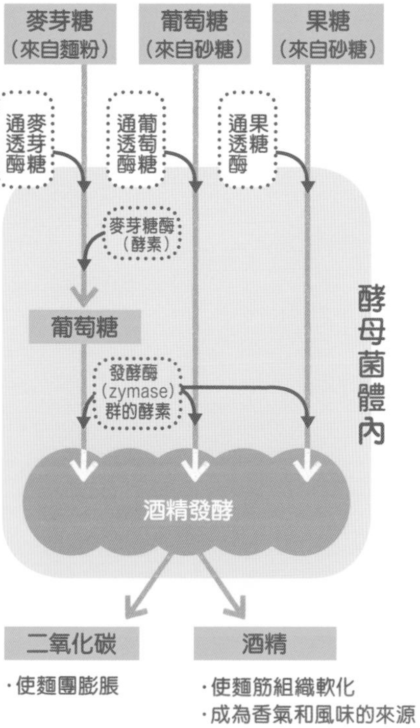

壓平排氣 緊實張力

步驟製程及狀態

〈壓平排氣前〉

因發酵使膨脹達到顛峰狀態

〈壓平排氣〉

用手按壓、折疊，以排出麵團內的二氧化碳和酒精等

〈壓平排氣後〉

放回發酵器內，使其再次發酵

結構的變化

〈氣泡變細〉

壓扁二氧化碳的大氣泡，使其變細小且分散。藉此使完成烘焙的麵包柔軟內側，質地更細緻

〈麵筋組織的強化〉

麵筋組織的緊實張力

藉由壓平排氣（強烈的物理性刺激），使麵筋組織的網狀更細密，增加強度

〈強化麵團的黏性和彈力〉

強化麵團的黏彈性（黏性和彈力），提升抗張力（拉扯張力的強度）。藉此，使因發酵鬆弛的麵團能緊實，保持住更多的二氧化碳

在內部產生的變化

〈酵母的活性化〉

酵母（麵包酵母）再次活躍地進行酒精發酵，產生二氧化碳

壓平排氣前

發酵巔峰壓平排氣前，酵母本身產生的酒精濃度升高，活性減弱的狀態

↓

壓平排氣

發酵中產生的酒精從麵團中排出，氧氣混入麵團中

↓

壓平排氣後

酵母活性化

3 分割

步驟製程及狀態

〈分割〉

依照想製作的麵包重量分切麵團

⇩

〈分割後〉

切口被按壓破壞，呈現沾黏狀態

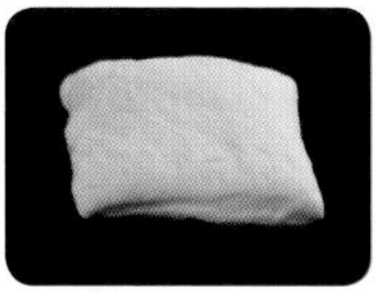

結構的變化

〈切口的麵筋組織紊亂〉

切口的麵筋組織，因被切開使網狀結構變成紊亂狀態

4 滾圓 緊實張力

步驟製程及狀態

〈滾圓開始〉

切口朝麵團內部收入，使表面平順光滑地滾圓

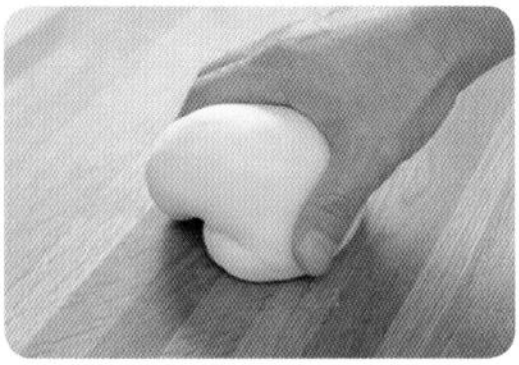

〈滾圓結束〉

麵團表面緊實具張力地滾圓

〈完成滾圓的麵團狀態〉

表面平順光滑且具彈力和張力

結構的變化

麵筋組織的緊實張力

〈麵筋組織的強化〉

藉由麵團表面緊實具張力地滾圓（強烈的物理性刺激），使麵筋組織的網狀更細密，增加強度

〈增強麵團的黏性和彈力〉

麵團的黏彈性（黏性和彈力）增強，抗張力（拉扯張力的強度）提升，麵團收縮緊實

5 中間發酵 鬆弛緩和

步驟製程及狀態

〈中間發酵開始〉

靜置麵團約10～30分鐘

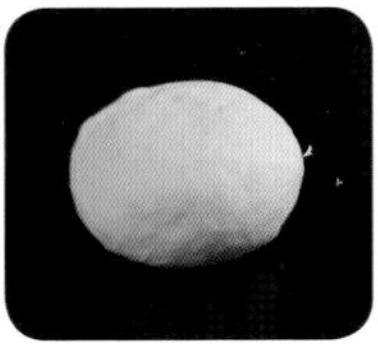

〈中間發酵結束〉

麵團大了一圈地膨脹鬆弛，原本的球狀變得略平

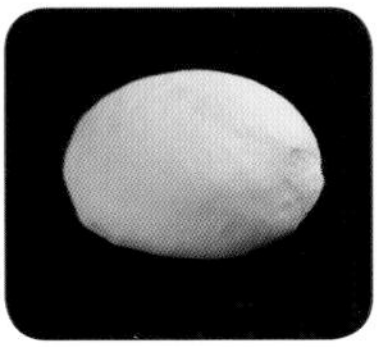

結構的變化

〈麵筋組織的軟化與再次排序〉

麵筋組織的鬆弛和緩

酒精、乳酸等有機酸使麵筋組織軟化，並且麵筋組織的網狀結構中，被勉強拉扯延展部分的排序會自然重整

〈成為可平順延展的麵團〉

麵團產生延展性（易於延展的程度），成為容易整型的麵團

在內部產生的變化

〈有機酸的產生〉

藉由乳酸發酵和醋酸發酵，產生乳酸和醋酸等有機酸。這些能使麵筋組織軟化，成為香氣和風味的來源。但是，發酵和最後發酵時不會產生太多

◎乳酸發酵　◎醋酸發酵

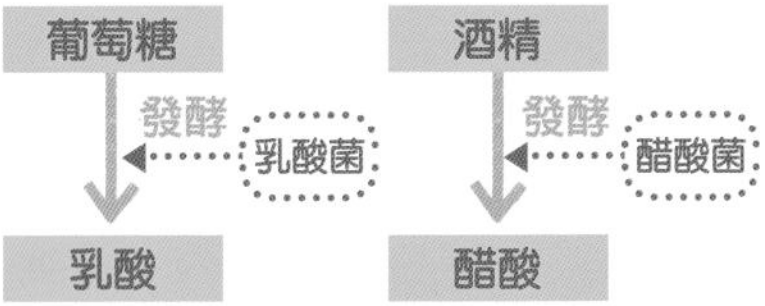

〈因酵母產生的二氧化碳〉

在酵母菌體內，酒精發酵少量逐次地進行著，產生少量的二氧化碳和酒精

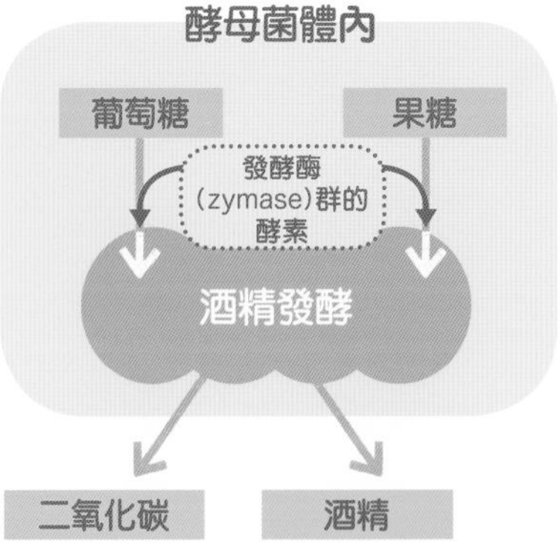

・使麵團膨脹

・使麵筋組織軟化
・成為香氣和風味的來源

6 整型 緊實張力

步驟製程及狀態

〈整型〉

擀壓、折疊、捲起，整型成完成時的形狀

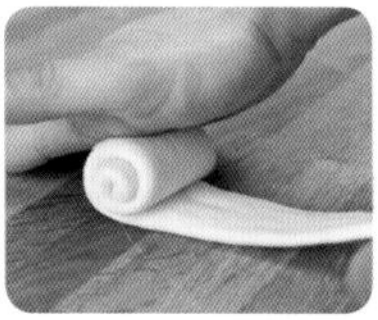

⇩

〈整型結束〉

成為完成時的形狀，麵團表面具張力地整合成形

結構的變化

麵筋組織的緊實張力

〈麵筋組織的強化〉

藉由麵團表面緊實具張力地整型（強烈的物理性刺激），使麵筋組織的網狀結構更細密，增加強度

⇩

〈增強麵團的黏性和彈力〉

麵團表面的黏彈性（黏性和彈力）增強，抗張力（拉扯張力的強度）提升，因而在最後發酵時麵團不會坍垮，能保持膨脹的形狀

7 最後發酵 鬆弛緩和

步驟製程及狀態

〈最後發酵開始〉

在發酵器（30 ～ 38℃）內使其發酵

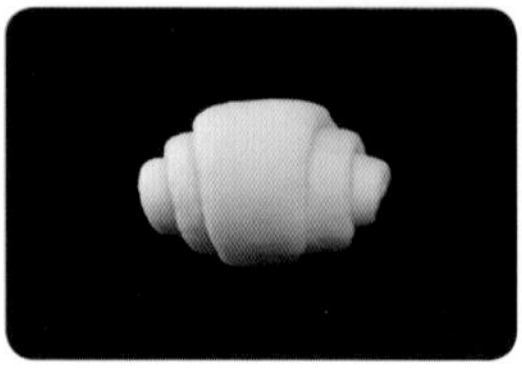

⇩

〈最後發酵結束〉

膨脹至完成烘焙時的 7 ～ 8 成為止，因發酵而出現香氣及風味

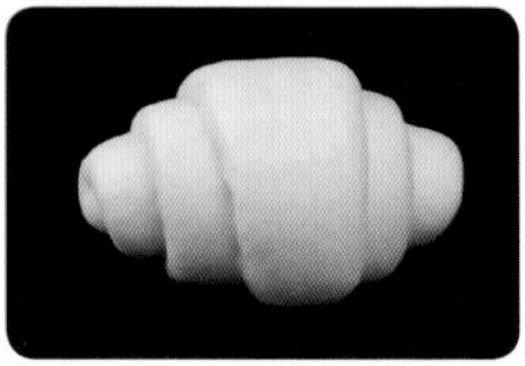

結構的變化

〈在麵團中產生二氧化碳〉

麵團中的酵母(麵包酵母)產生的二氧化碳氣泡增加，體積變大，氣泡周圍的麵團被推展按壓使全體膨脹

⇩

麵筋組織的鬆弛和緩

〈麵筋組織軟化的傾向〉

藉由發酵的副產物(酒精和有機酸)，引發了麵筋組織的軟化

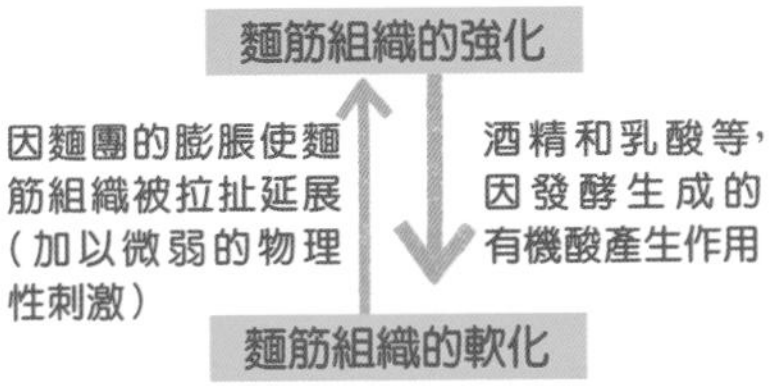

⇩

〈成為能滑順延展的麵團〉

麵團產生延展性(易於延展的程度)，使烘焙時能成為易產生烤焙彈性(oven spring)的麵團

在內部產生的變化

〈有機酸的產生〉

藉由酸乳發酵和醋酸發酵，產生乳酸和醋酸等有機酸。這些能使麵筋組織軟化，成為香氣和風味的來源

◎乳酸發酵　◎醋酸發酵

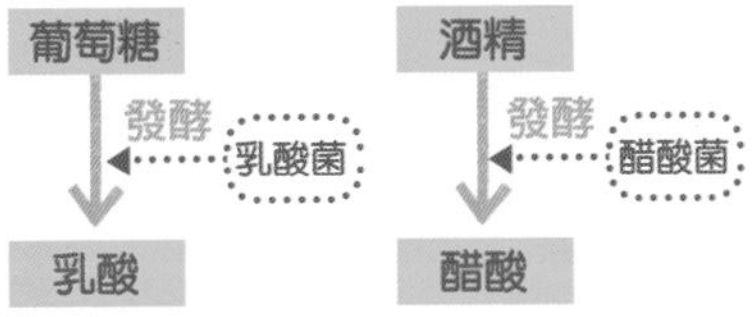

〈因酵母產生二氧化碳〉

接近酵母活動最適當溫度，引發活躍的酒精發酵，產生大量二氧化碳和酒精

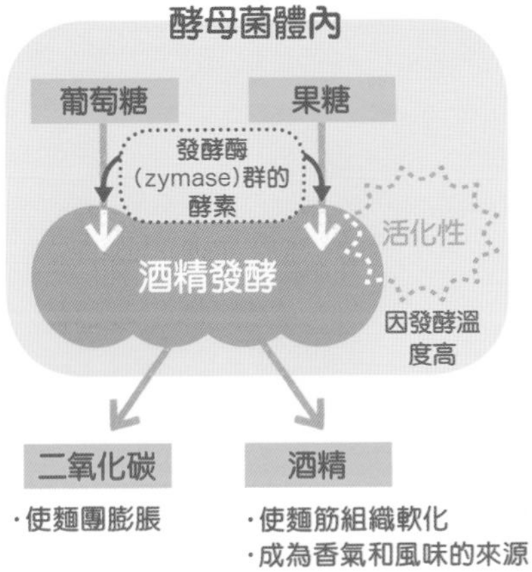

8 烘焙完成

步驟製程及狀態

〈烘焙完成前〉

以烤箱（180～240℃）進行烘焙

〈烘焙完成後〉

烘焙完成時，會更加膨脹且呈現烘烤色澤，散發焦香味

結構的變化

〈柔軟內側的形成〉

因酵母（麵包酵母）而產生的酒精發酵，因熱而使二氧化碳、酒精、水的氣化和膨脹，使麵團大大地膨脹起來。之後，麵筋組織因熱而形成表層外皮，澱粉糊化（α化）完成柔軟內側。麵團內部在近100℃時，停止溫度上升。

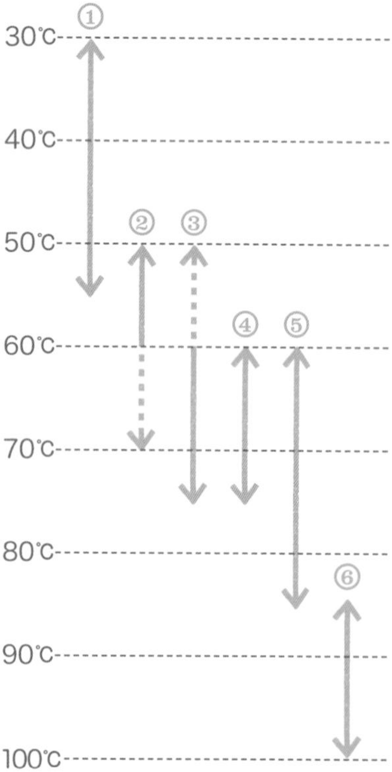

①30～55℃
〈二氧化碳多（產生）〉

因酵母的酒精發酵，二氧化碳產生量變多，氣泡周圍的麵團被推壓展開而膨脹，巔峰約是40℃

②50～70℃
〈麵團的液化〉

因受損澱粉的分解、麵包組織的軟化，使得麵團液化，也變得更容易產生烤焙彈性（oven spring）

③50～75℃
〈麵團因熱而膨脹〉

麵團中二氧化碳的熱膨脹、溶於水中的二氧化碳與酒精的氣化，以及水持續地氣化，使麵團膨脹

④60～75℃
〈麵筋組織的熱變性〉

麵筋組織從60℃開始產生凝固，至75℃時完全生成表層外皮（＝蛋白質的變性）。這個溫度以後，膨脹也開始和緩

⑤60～85℃
〈澱粉的糊化〉

澱粉從60℃開始吸水，至85℃會成為柔軟且黏性的狀態

⑥85～100℃
〈柔軟內側的完成〉

水分從糊化的澱粉中蒸發，蛋白質的變性與之相互作用，成為海綿狀的柔軟內側

〈表層外皮的形成〉

因熱使得表面乾燥，形成表層外皮後並呈色，焦香氣是由2種反應（胺羰（梅納）反應、焦糖化反應）所引起的

◎胺羰（梅納）反應

蛋白質
胺基酸
＋
還原糖

約160℃ ↓ 高溫加熱

類黑素
（烤色）

芳香物質
（焦香氣）

◎焦糖化反應

單糖類 寡糖

約180℃ ↓ 高溫加熱

褐色物質
（烤色）

焦糖般香氣
（焦香氣）

在內部產生的變化

〈因酵母產生二氧化碳〉

接近酵母活動最適當溫度，引發活躍的酒精發酵，二氧化碳和酒精的產生量達到最大

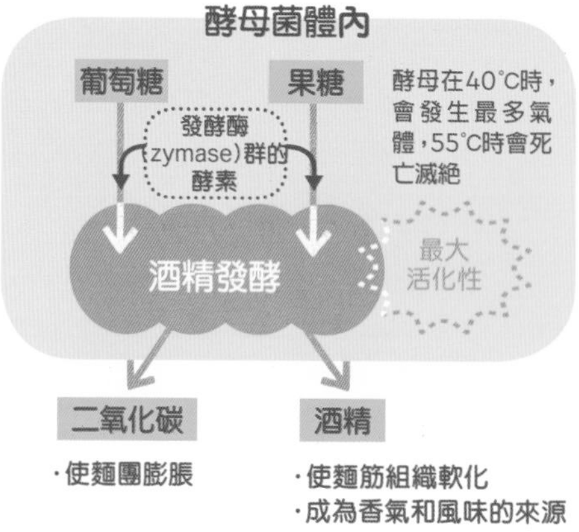

〈因高溫加熱使麵團膨脹〉

因高溫加熱，麵團中的二氧化碳、酒精、水的體積變大，使麵團全體膨脹起來

◎使麵團膨脹的要素

- 二氧化碳的熱膨脹、溶於水中的二氧化碳氣化
- 酒精的氣化
- 水的氣化

Chapter 7

TEST BAKING

TEST BAKING 開始之前

「Test Baking（試烤）」直接翻譯「測試烘焙」。在日本會直接翻譯成「試験焼き」、或用片假名念出英文發音「テストベーキング」的名稱。那麼 Test Baking，到底是什麼呢？

所謂測試烘焙，原本是用於烤箱等烘焙產品（主要爲麵包、糕點類等）製程相關的測試或實驗。實際上，是調查樣品的麵包或糕點等，在烘焙中及完成烘焙後的特性，根據其結果從材料的選擇、配方、製法、麵團製程至烘焙方法進行調整。並且，在新機器（烤箱等）開始使用之前，會試著實際烘烤麵包或糕點等，調查新烤箱烘焙時的習性（上火、下火的烘烤面、或因烤箱底部位置烘烤不均等），都被稱爲測試烘焙（Test Baking）。

本章節中，對於第3章和第4章，說明過的麵包製作基本材料和副材料，爲使能更進一步瞭解各材料的特徵和特性，設定出能用照片對照比較的條件，進行測試烘焙。例如，在基本的配方（右頁）中加入特定材料，再根據用量的不同或種類，在經過各個製程後，麵團會有何種變化，分別烘焙簡單的圓形麵包，觀察其外觀及內部狀態，最後歸納從中瞭解到的結果和考察。

另外，本章的測試烘焙（Test Baking），是以瞭解材料的特徵和特性爲目的，每個項目會優先以同一條件來進行。因此，對於麵團而言也可能並非是最佳狀態。在實際製作麵包時，也有可能差異不如此次試驗的結果般明顯，但是閱讀本章，並深入瞭解各材料的特徵及特性，在選擇考量材料及配方時，必定會有所助益。

基本配方、製程

本章在 TEST BAKING時，使用的麵團配方及步驟如下述。
依照測試的主題，適度地變化材料及配方。
※以下的表格、TEST BAKING的內文中記載數值（%），都採烘焙比率

麵團的配方	高筋麵粉（蛋白質含量11.8%、灰分含量0.37%）……100% 砂糖（細砂糖）……5% 鹽（氯化鈉含量99.0%）……2% 脫脂奶粉……2% 酥油……6% 新鮮酵母（常規型）……2.5% 水……65%
攪拌（直立式攪拌機）	1速3分鐘⇒2速2分鐘⇒3速4分鐘⇒放入油脂⇒2速2分鐘⇒3速9分鐘
揉和完成溫度	26℃
發酵條件	時間60分鐘／溫度28～30℃／濕度75%
分割	量杯用300g、圓形麵包用60g
中間發酵	15分鐘
最後發酵條件	時間50分鐘／溫度38℃／濕度75%
烘焙條件	時間12分鐘／溫度 上火220℃、下火180℃

TEST BAKING 1

麵粉麵筋量與性質

比較高筋麵粉與低筋麵粉的麵筋含量及性質

使用麵粉 高筋麵粉（蛋白質含量11.8%）
低筋麵粉（蛋白質含量7.7%）

麵筋的萃取

1 麵粉100g中加入水55g，確實揉和製作麵團。
2 在裝滿水的缽盆中搓洗。過程中，換幾次水，持續至水不再混濁為止。
3 在水中流出的物質就是澱粉及其他水溶性物質。殘留的就是麵筋（濕麵筋 wet gluten）。
4 檢查比較重量及拉扯延展狀態。

麵筋的加熱乾燥

1 濕麵筋（wet gluten）以上火220℃、下火180℃加熱30分鐘。
2 之後，漸漸將溫度下降，乾燥6小時。
3 檢查比較膨脹狀態及重量。

※ 此次的簡便實驗雖然欠缺正確性，但還是能以視覺比較出，高筋麵粉與低筋麵粉的麵筋量及性質差異。

麵筋量的比較（155g的麵團中）

	高筋麵粉	低筋麵粉
濕麵筋	37g	29g
乾燥麵筋	12g	9g

麵筋的萃取

高筋麵粉

低筋麵粉

◎ 結果

高筋麵粉可萃取出較多的濕麵筋（高筋麵粉37g、低筋麵粉29g）。並且，高筋麵粉的麵筋黏性及彈力較強，拉扯延展時需要用力，不易斷裂。另一方面，低筋麵粉的麵筋黏性和彈力較弱，簡單就能拉扯延展。

◎ 考察

高筋麵粉的麵筋來源，蛋白質含量較低筋麵粉多，因此形成的麵筋較多。此外，高筋麵粉中含有的蛋白質所形成的麵筋，較低筋麵粉形成的麵筋，黏性和彈力較強是特徵，因此拉扯延展時的強度也更強。

麵筋的加熱乾燥

高筋麵粉

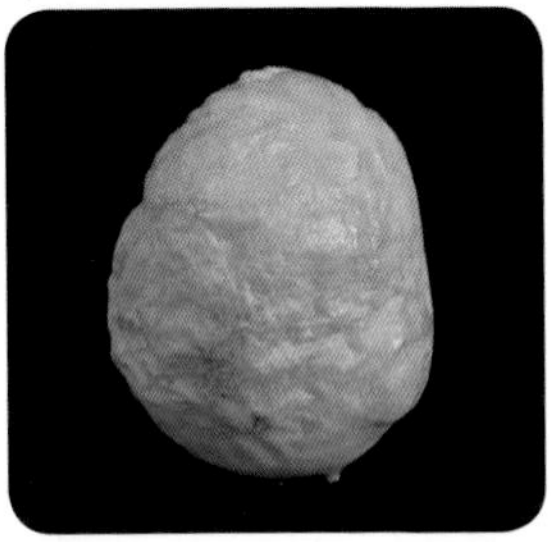

低筋麵粉

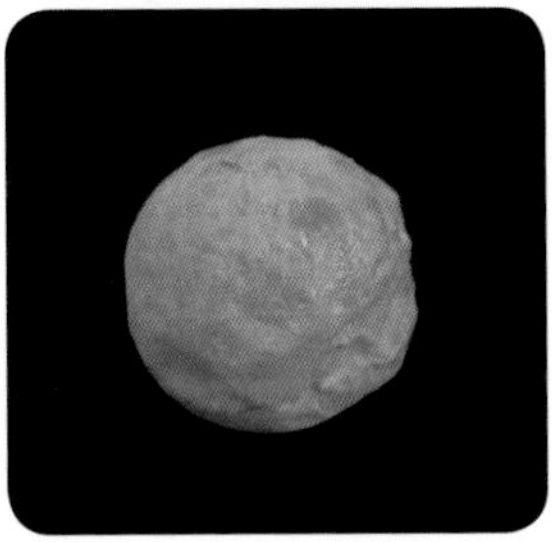

◎ 結果

濕麵筋加熱乾燥後，高筋麵粉的麵筋較低筋麵粉的麵筋大且膨脹。

◎ 考察

濕麵筋一旦加熱，麵筋中水分會變成水蒸氣，混入的空氣因熱而膨脹，體積變大，加熱後無論是哪一種，濕麵筋都是膨脹的狀態。相較於低筋麵粉，高筋麵粉的麵筋黏性和彈力更強，因此隨著濕麵筋內，水和空氣的體積變大，而保持此狀態展延，全體就會變大且膨脹。

TEST BAKING 2

麵粉蛋白質含量

驗證麵粉的蛋白質含量，
對麵團膨脹與製品的影響

使用麵粉 高筋麵粉（蛋白質含量11.8%）
低筋麵粉（蛋白質含量7.7%）

量杯測試　基本配方、步驟（p.289），麵粉用上述材料製成2種麵團，進行比較驗證。

圓形麵包測試　用上述2種麵團製作的圓形麵包，進行比較驗證。

量杯測試

	高筋麵粉	低筋麵粉
發酵前		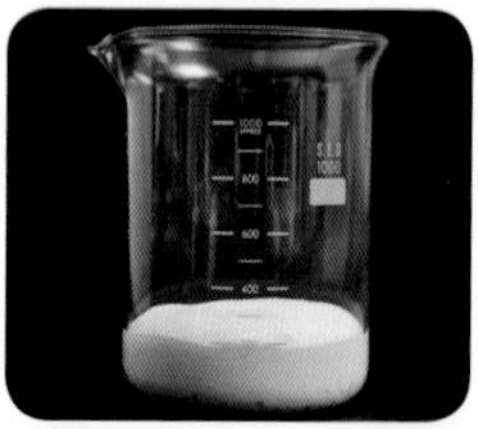
60分鐘後		

◎ 結果（60分鐘後）

高筋麵粉的麵團，較低筋麵粉的麵團大且膨脹。

◎ 考察

相較於低筋麵粉，高筋麵粉的蛋白質含量較多，形成更多具強力黏性和彈力的麵筋。因此，攪拌後的低筋麵粉麵團沾黏，高筋麵粉麵團確實結連成團，在發酵時也更能充分膨脹。由此可知，麵粉的蛋白質含量越多，保持住酵母（麵包酵母）所產生之二氧化碳的能力越好。

圓形麵包測試

	高筋麵粉	低筋麵粉
最後發酵前		
最後發酵後		
完成烘焙後		
切面		

◎ 結果（完成烘焙後）

高筋麵粉的麵團向上膨脹，體積變大、柔軟內側的氣泡也變大。另一方面，低筋麵粉的麵團，體積略小、底部也略扁平，麵團坍垮地完成烘焙，氣泡小且略緊實。

◎ 考察

最後發酵前的高筋麵粉麵團緊實，最後發酵後也能膨脹且增加體積，具高度。另一方面，低筋麵粉麵團無論是最後發酵前或後，都是坍垮的狀態，這狀態關係到烘焙完成後的結果。由此可知，麵粉的蛋白質含量越多，麵團的膨脹越良好。

TEST BAKING 3

麵粉的灰分含量①

麵粉的灰分含量，對麵粉顏色影響之驗證
（目視測驗 Pecker test）

使用麵粉 麵粉A（灰分含量0.44%）
麵粉B（灰分含量0.55%）
麵粉C（灰分含量0.65%）

目視測驗（Pecker test）的方法

1 將想要比較的麵粉，並排擺放在玻璃或塑膠的板子上，以專用抹刀從上方按壓粉類。
2 連同板子一起輕輕的放入水中，浸泡10～20秒，再輕輕拉起板子。
3 剛浸水後水尚未均勻在粉中擴散，因此稍待一下再比較粉的顏色。

浸水前

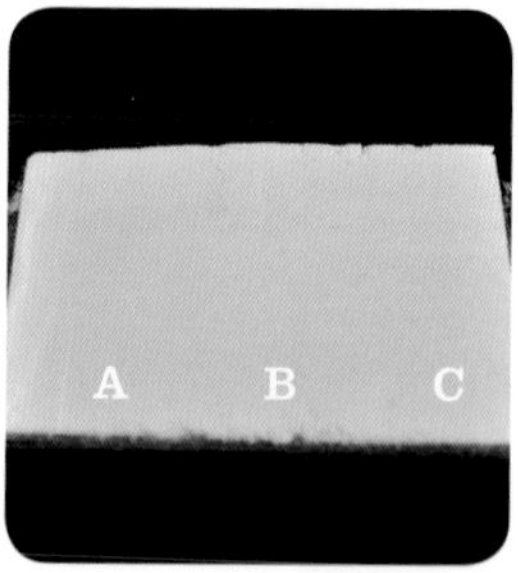

剛浸過水後

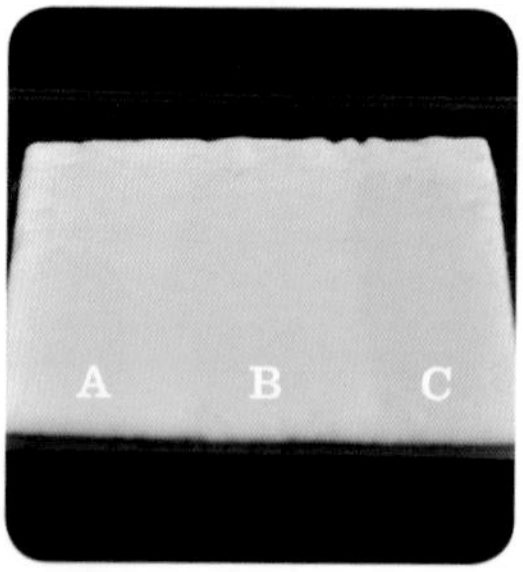

稍待一下的狀態

由左起各別是麵粉A、麵粉B、麵粉C

◎ 結果

隨著時間的推移，色差變得清楚且容易辨別。最後，麵粉A是略呈奶油色的白色、B是淡黃土色、C是淡茶色（可以確認散佈在其中，顏色較濃的粒狀）。

◎ 考察

麵粉的灰分含量越多，在目視測驗時，就能看出顏色的暗沉濃重。

TEST BAKING 4

麵粉的灰分含量②

麵粉的灰分含量，對柔軟內側顏色影響之驗證

使用麵粉 麵粉A(灰分含量0.44%)
麵粉B(灰分含量0.55%)
麵粉C(灰分含量0.65%)

基本配方、步驟(p.289)，麵粉用上述材料變化3種麵團，進行比較驗證。

麵粉A　　麵粉B　　麵粉C

※此次使用的麵團中，並沒有使用會直接影響柔軟內側顏色的材料(蛋黃、黑砂糖等會呈色的糖、奶油或乳瑪琳等油脂)。會對柔軟內側顏色產生差異的要素，只有麵粉中的灰分含量。

※即使是相同配方的麵包，膨脹不良、柔軟內側的氣泡緊密，則顏色會顯暗沈，但本測試中是為驗證麵粉灰分含量對顏色的影響，因此未討論麵包膨脹程度對顏色的影響。

◎ 結果

麵粉A的柔軟內側呈明亮的奶油色。B是略帶黃色、C是略微的暗黃色，顏色較暗沈。

◎ 考察

可知麵粉的灰分含有量越少，烘焙完成後的麵包柔軟內側顏色越是明亮。但其中的差異，以目視測驗(Pecker test)(參考左頁)可知，並沒有像麵粉的顏色一樣明顯呈現。像法國麵包，不添加副材料的LEAN配方時，如TEST BAKING，麵粉顏色的不同會更直接地呈現在柔軟內側的色差上。

TEST BAKING 5

新鮮酵母配方用量

新鮮酵母的配方量，
對麵團膨脹與製品影響之驗證

使用酵母（麵包酵母） 新鮮酵母（常規型）

量杯測試 基本配方、製程（p.289），以變更新鮮酵母配方量的4種麵團進行比較驗證。以 **C**(配方量3%)為評價基準。

圓形麵包測試 用上述4種麵團製作的圓形麵包，進行比較驗證。

量杯

＊黃底色是評價基準

	A（新鮮酵母0%）	B（1%）	C（3%）	C（5%）
發酵前				
60分鐘後				

◎ 結果（60分鐘後）

A是完全不會膨脹。**B**、**C**、**D**隨著酵母配方量的增加，麵團也越發膨脹。

◎ 考察

本次測試的配方量（0～5%），酵母量越是增加，酒精發酵產生的二氧化碳量也隨之變多，麵團也越發膨脹。但配方量變成3倍、5倍時，並不是單純地膨脹力就會增加成3倍或5倍。

圓形麵包測試

＊黃底色是評價基準

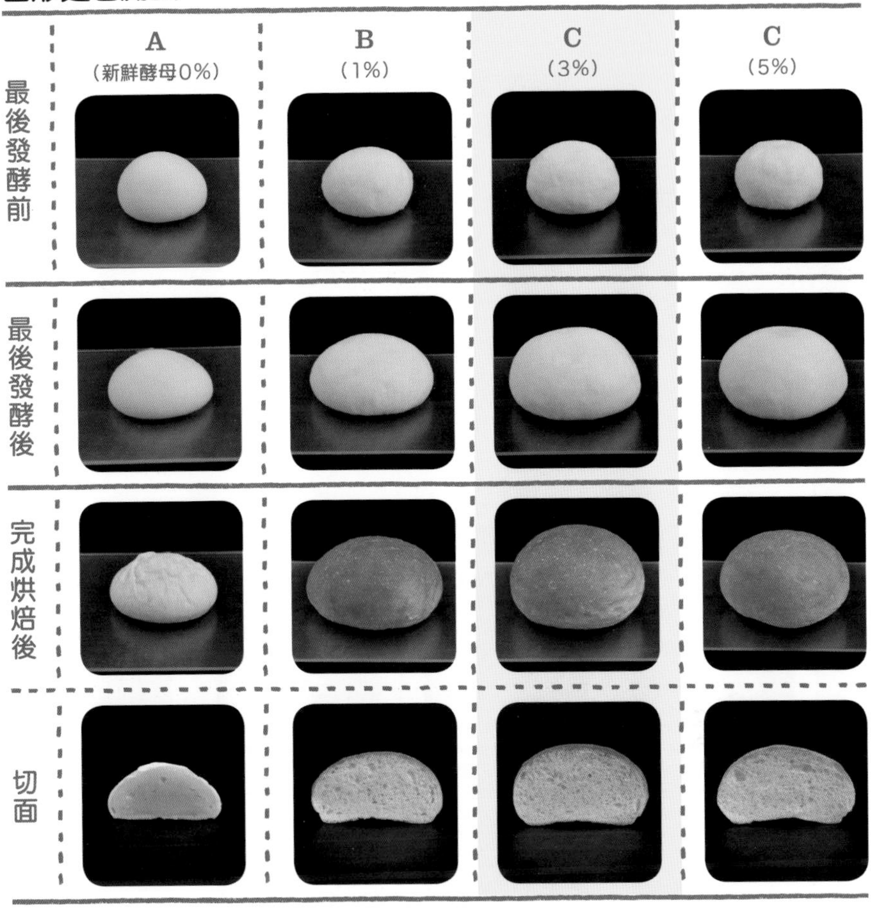

◎ 結果（完成烘焙後）

A受熱不良、半生熟、並未膨脹，烘烤完成時也沒有呈色，沒有形成表層外皮。**B**的膨脹不良，表層外皮顏色略深，柔軟內側的氣泡緊密，食用時口感不佳。**C**是充分膨脹，表層外皮的烘烤色澤也很良好，柔軟內側的氣泡縱向延展，食用時口感良好。**D**是坍軟，使得底部變大，而沒有上方體積，表層外皮的顏色較淡，嚼感不佳，乾燥粗糙。

◎ 考察

配方量3%（**C**），烘焙完成時的狀況最良好。0%、1%（**A**、**B**）則發酵不足。5%（**D**）是酒精發酵過度，一旦酒精發酵過度時，會產生較多的二氧化碳，也會產生較多的酒精。因此隨著麵團的軟化，張力會消失，也會無法保持住氣體並膨脹。另外，酵母（麵包酵母）過度地進行酒精發酵時，麵團內的糖分就會被使用，而難以呈色。

TEST BAKING
6

即溶乾燥酵母的配方用量

即溶乾燥酵母的配方量，
對麵團膨脹與製品影響之驗證

使用酵母（麵包酵母） 即溶乾燥酵母（低糖用）

量杯測試 基本配方、製程（p.289），以上述產品取代新鮮酵母，並改變配方量製成的4種麵團進行比較驗證。以 **C**（配方量1.5%）為評價基準。

圓形麵包測試 用上述4種麵團製作的圓形麵包，進行比較驗證。

量杯

＊黃底色是評價基準

A	B	C	D
（即溶乾燥酵母0%）	（0.5%）	（1.5%）	（2.5%）

發酵前

60分鐘後

◎ 結果（60分鐘後）

A是完全不會膨脹。**B**、**C**、**D**隨著即溶乾燥酵母配方量的增加，在攪拌時麵團緊實，在發酵時麵團會大大地膨脹起來。

◎ 考察

本次測試的配方量（0～2.5%），酵母量越是增加，酒精發酵產生的二氧化碳量也隨之變多，麵團也越發膨脹。但配方量變成3倍、5倍時，並不是單純地膨脹力就會增加成3倍或5倍，並且即溶乾燥酵母中添加了維生素C，能更強化麵筋組織的結合，所以配方量越增加，麵團越收縮，緊實變硬。

圓形麵包測試

＊黃底色是評價基準

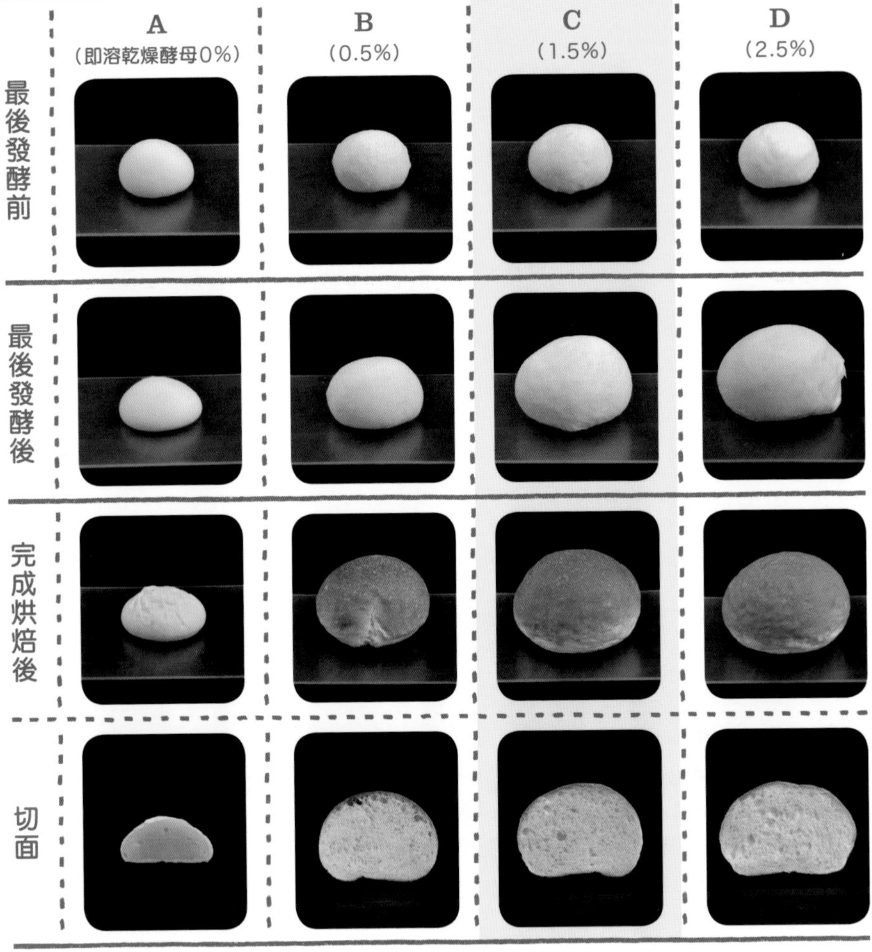

◎ 結果(完成烘焙後)

A半生熟，並未膨脹，沒有呈色也未形成表層外皮。**B**的膨脹不良，表層外皮顏色略深，柔軟內側的氣泡緊密，食用時口感不佳，還可以看到裂縫或裂紋。**C**是充分膨脹，表層外皮的烘烤色澤也很良好，柔軟內側的氣泡縱向展延，食用時口感良好。**D**的膨脹也還好，但表層外皮的呈色略淡，柔軟內側的氣泡較粗，嚼感還好但乾燥，也可以看見裂縫或裂紋。

◎ 考察

配方量1.5%(**C**)的發酵狀況良好，也是烘焙完成時狀況最良好的，即溶乾燥酵母因添加了維生素C，能強化麵筋組織，因此即使是配方量0.5%發酵不足的(**B**)，麵團也不會沾黏。配方量2.5%的(**D**)，即使過度發酵麵團也不會坍垮，麵團底部緊實，完成烘焙時會產生裂縫或裂紋，但因過度的酒精發酵，使用掉麵團內大多的糖分，難以呈現烘烤色澤。

TEST BAKING 7

麵包酵母的耐糖性

酵母的種類及砂糖的配方量，對麵團膨脹影響之驗證

使用酵母(麵包酵母) 新鮮酵母(常規型)2.5%
即溶乾燥酵母(低糖用)1%
即溶乾燥酵母(高糖用)1%
※ 調整發酵力同樣的新鮮酵母，與即溶乾燥酵母的配方比率

基本配方、製程(p.289)，新鮮酵母用上述材料替換，砂糖配方量也變更地用12種麵團進行比較驗證。**B**(砂糖5%)為評價基準。

量杯:新鮮酵母(常規型)

＊黃底色是評價基準

	A (砂糖0%)	B (5%)	C (10%)	D (20%)
發酵前				
60分鐘後		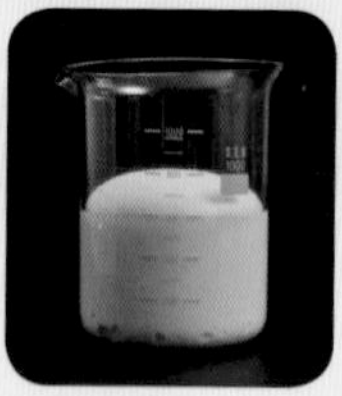		

◎ 結果(60分鐘後)

B的膨脹最甚，**C**、**A**、**D**依序膨脹變小。

◎ 考察

本次測試的配方量，新鮮酵母的發酵力在砂糖配方量5%(**B**)為最高，隨著砂糖配方量越增加，膨脹越衰減，並且可以得知配方量0%的(**A**)也會發酵。除此之外，砂糖配方量增加，麵筋組織會有點難以形成，麵團會變軟並少量逐次地影響膨脹，因為配方20%的**D**較0%的**A**膨脹更小。

量杯：即溶乾燥酵母（低糖用）

＊黃底色是評價基準

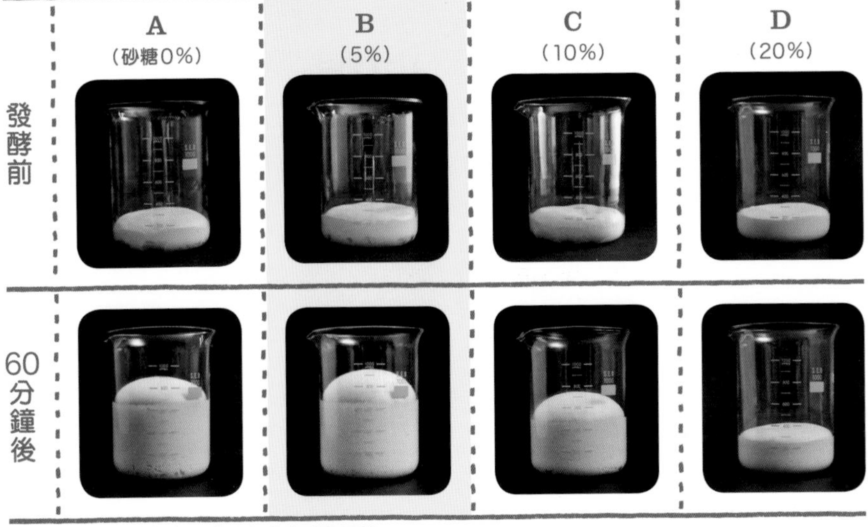

量杯：即溶乾燥酵母（高糖用）

＊黃底色是評價基準

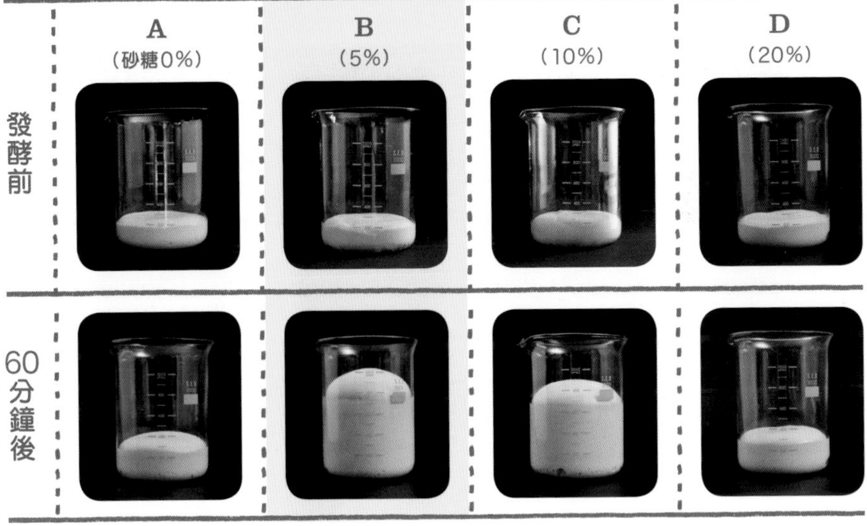

◎ 結果（60分鐘後）

低糖用酵母 **B** 的膨脹最甚，**A** 雖不及 **B** 但仍充分膨脹。**C**、**D** 隨著砂糖配方量增加，膨脹變小。即使是高糖用酵母，也是 **B** 的膨脹最甚，**C** 雖不及 **B** 但仍充分膨脹，其餘的 **D**、**A** 依序膨脹變小。

◎ 考察

低糖用酵母，砂糖配方0～5%（**A**、**B**），高糖用酵母，砂糖配方5～10%（**B**、**C**）的發酵最活躍。一般低糖用酵母在砂糖5～10%、高糖用酵母在砂糖5%以上可以使用，但兩者都能使用的範圍是5～10%內，此次配方的狀況，使用高糖用酵母會比較容易膨脹。

TEST BAKING 8

水的pH值

水的pH值對麵團膨脹及製品影響之驗證

使用水 水**A**(pH值6.5)
水**B**(pH值7.0)
水**C**(pH值8.6)

量杯測試 以基本配方、製程(p.289)製作，用pH值不同的3種水製成麵團，進行比較驗證。**B**(pH值7.0)為評價基準。

圓形麵包測試 用上述3種麵團製作的圓形麵包，進行比較驗證。

量杯測試

＊黃底色是評價基準

	A (pH值6.5)	**B** (7.0)	**C** (8.6)
發酵前			
60分鐘後			

◎ 結果(60分鐘後)

幾乎看不出其差異，**B**(pH值7.0)的膨脹略大。

◎ 考察

水的pH值不同，發酵階段幾乎無法用目測呈現其不同。

圓形麵包測試

＊黃底色是評價基準

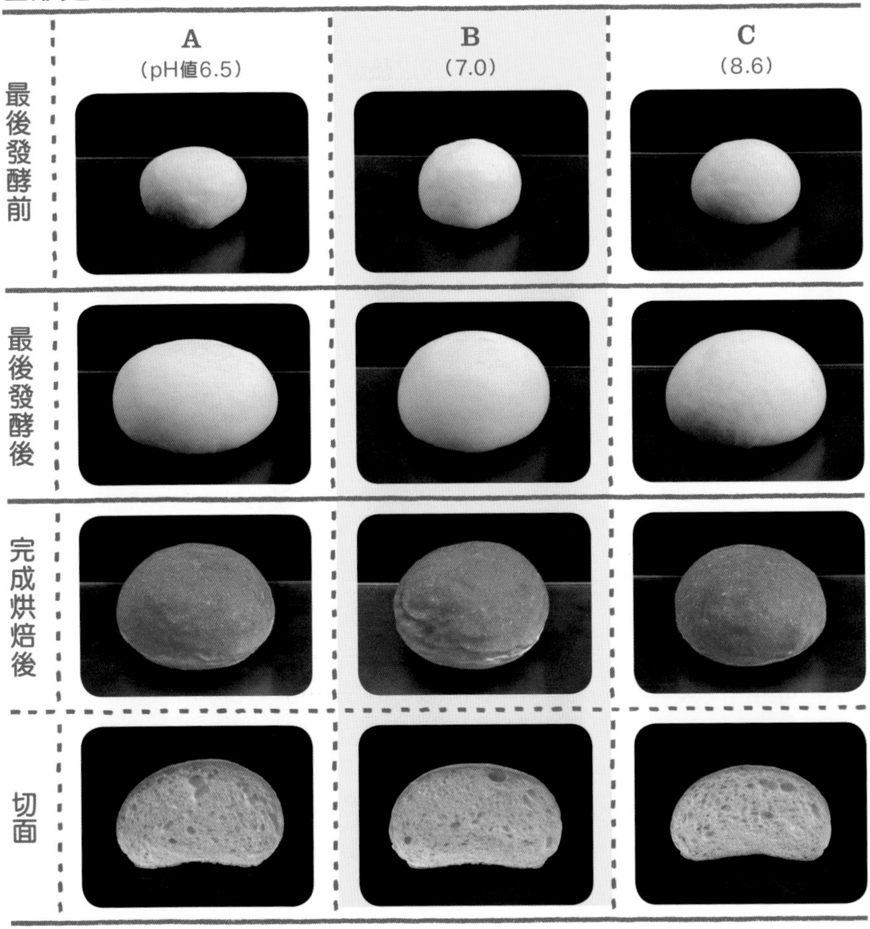

◎ 結果（完成烘焙後）

A和**B**充分膨脹，也看不出特別的差異。**C**略為扁平、體積較小，以切面來看，柔軟內側的氣泡粗，成為大氣泡。

◎ 考察

水pH值6.5（**A**）和pH值7.0（**B**）的麵團充分膨脹，是因為麵團在pH值6.0～6.5保持弱酸性時，酵母（麵包酵母）會活躍地作用，並且麵筋組織適度軟化，而能充分延展之故。另一方面，pH值8.6（**C**），麵團的pH值傾向鹼性，在酵母的發酵力減弱之同時，麵筋組織被過度強化，使麵團的延展變差。因此完成烘焙時體積會變小。

TEST BAKING 9

水的硬度

水的硬度，
對麵團膨脹與製品影響之驗證

使用水 水**A**(硬度0mg/ℓ)
水**B**(硬度50mg/ℓ)
水**C**(硬度300mg/ℓ)
水**D**(硬度1500mg/ℓ)

量杯測試 基本配方、製程(p.289)，用硬度不同的水製成4種麵團，進行比較驗證。**B**(硬度50mg/ℓ)為評價基準。

圓形麵包測試 用上述4種麵團製作的圓形麵包，進行比較驗證。

量杯測試

＊黃底色是評價基準

	A (硬度0mg/ℓ)	**B** (50mg/ℓ)	**C** (300mg/ℓ)	**D** (1500mg/ℓ)
發酵前				
60分鐘後				

◎ 結果(60分鐘後)

A最為膨脹，**B**、**C**、**D**看不出特別的差異。

◎ 考察

攪拌時，水的硬度越高，麵團越是緊實。

使用硬度0mg/ℓ的**A**，麵筋組織的連結較弱，麵團沾黏，即使膨脹起來也會坍垮。在此因有量杯支撐著麵團，因此很難看出坍垮狀況。

圓形麵包測試

＊黃底色是評價基準

	A （硬度0mg/ℓ）	B （50mg/ℓ）	C （300mg/ℓ）	D （1500mg/ℓ）
最後發酵前				
最後發酵後				
完成烘焙後				
切面			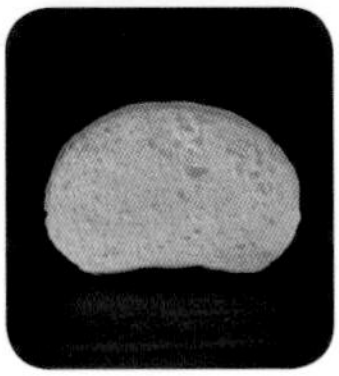	

◎ 結果（完成烘焙後）

一看切面，就能明白 **A** 是坍垮地完成烘焙，氣泡膜破壞後連結成幾個大氣泡，嚼感差，吃起來有點黏牙的口感。**B** 的柔軟內側氣泡狀況良好，嚼感也好。**C** 具高度、有小氣泡、嚼感差。**D** 具高度，但體積略小，氣泡小、柔軟內側的彈力會變強，嚼感也會變差。

◎ 考察

硬度50mg/ℓ的 **B**，完成烘焙的狀態十分良好。相對於此，硬度較低的 **A**，麵筋組織的結合較弱，麵團沾黏，烘焙出的是略有坍垮的成品。相反的，硬度高的 **C**、**D**，因麵筋組織緊實，麵團變硬，柔軟內側的氣泡也小。但此次測試的硬度範圍，無論哪一種都不影響食用，沒有太大的問題。

TEST BAKING 10

鹽的配方用量

鹽的配方量對麵團膨脹和製品影響之驗證

使用鹽 鹽（氯化鈉含量99.0%）

量杯測試 基本配方、製程（p.289），變化鹽的配方量，製成4種麵團進行比較驗證。**C**（配方量2%）為評價基準，但 **B**（1%）也是在適當範圍內。

圓形麵包測試 用上述4種麵團製作的圓形麵包，進行比較驗證。

量杯測試

＊黃底色是評價基準

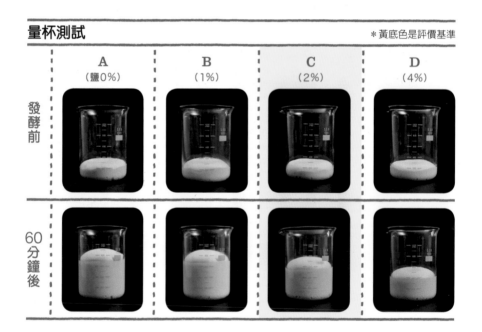

	A（鹽0%）	B（1%）	C（2%）	D（4%）
發酵前				
60分鐘後				

◎ 結果（60分鐘後）

隨著鹽的配方量增加，膨脹也會變小。

◎ 考察

鹽的配方量越是增加，會抑制酵母（麵包酵母）的酒精發酵，二氧化碳產生量因而減少。此外，鹽會強化麵筋組織，麵團緊實、增加彈力。配方量0%的 **A**，因麵筋組織較弱，變成沾黏的麵團，本來應該膨脹的麵團卻成為坍軟狀態，在此因量杯撐住，所以能保持膨脹狀態。

圓形麵包測試

＊黃底色是評價基準

	A（鹽0%）	B（1%）	C（2%）	D（4%）
最後發酵前				
最後發酵後				
完成烘焙後				
切面				

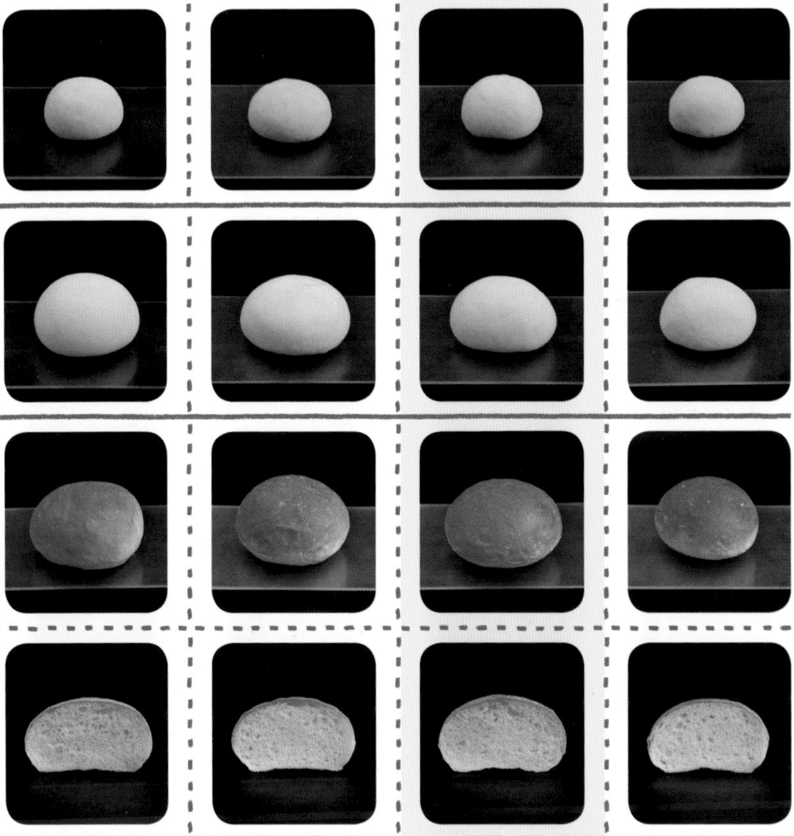

◎ 結果（完成烘焙後）

A的烘烤色澤略淡，有坍軟感，嚼感還好但麵包粗糙，沒有鹹度、味道不好。**B**沒有太大問題，嚼感好，略微粗糙，鹹度略淡，風味佳。**C**的柔軟內側狀態、彈力、鹹味、風味都好。**D**的體積小，烘烤色澤深濃，柔軟內側的氣泡緊密，彈力過強、嚼感不佳，鹹度相當強，味道差。

◎ 考察

配方量2%的**C**狀態最佳，1%的**B**也在適度的範圍內。鹽會使麵筋的結構更加細密，有適度抑制酒精發酵的作用。因此，沒有配方鹽的**A**，麵筋組織難以形成，並且酒精發酵過度，因生成的酒精軟化麵團而坍軟。反之，超過適度用量的**D**，麵團彈力過度強化，因鹽抑制了酒精發酵，不止膨脹變差，麵團中殘留的糖類也會使烘烤色澤過濃。

TEST BAKING 11

鹽的氯化鈉含量

鹽的氯化納含量，
對麵團的膨脹和成品影響之驗證

使用鹽 鹽**A**（氯化鈉含量71.6%）
鹽**B**（氯化鈉含量99.0%）

量杯測試 基本配方、製程（p.289），以氯化鈉含量不同的鹽，製作的2種麵團進行比較驗證。

圓形麵包測試 用上述2種麵團製作的圓形麵包，進行比較驗證。

量杯測試

A
（氯化鈉含量71.6%）

B
（99.0%）

發酵前

60分鐘後

◎ 結果（60分鐘後）

A 較 **B** 略為膨脹，但差異很小。

◎ 考察

含量71.6%的 **A** 雖然有略為膨脹，但因鹽的氯化鈉含量少，因此麵團的結合較弱，藉由酵母（麵包酵母）產生的二氧化碳，也能更容易地將麵團推壓延展。

圓形麵包測試

	A（氯化鈉含量71.6%）	B（99.0%）
最後發酵前	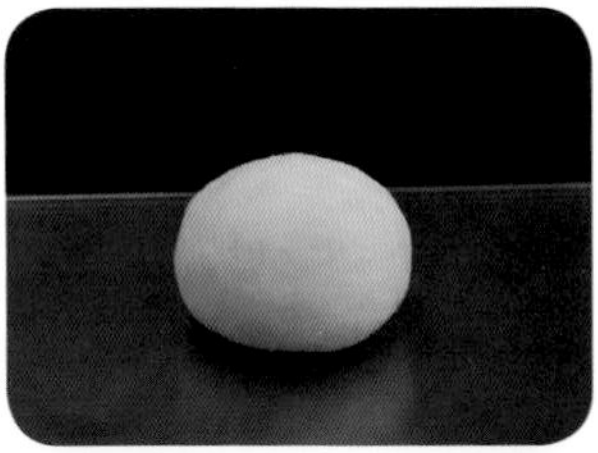	
最後發酵後		
完成烘焙後		
切面		

◎ 結果（完成烘焙後）

看切面即可知道，**A**略為扁平，柔軟內側的氣泡略大。**B**較有高度，麵團向上延展，柔軟內側的氣泡狀態良好。

◎ 考察

使用的鹽，氯化鈉含量較多時，麵團充分膨脹，因氯化鈉可強化麵筋組織，使其能保持住二氧化碳，並保持膨脹狀態。

TEST BAKING 12

砂糖的配方用量

砂糖的配方量，
對麵團的膨脹和成品影響之驗證

使用甜味劑 細砂糖

量杯測試 基本配方、製程（p.289），變更砂糖配方量製成的4種麵團，進行比較驗證。**B**（配方量5%）為評價基準。

圓形麵包測試 用上述4種麵團製作的圓形麵包，進行比較驗證。

量杯測試

＊黃底色是評價基準

	A（細砂糖0%）	B（5%）	C（10%）	D（20%）
發酵前				
60分鐘後				

◎ 結果（60分鐘後）

B最為膨脹，**C**、**A**、**D**膨脹依序變小。

◎ 考察

本次測試配方中，新鮮酵母的發酵力，是砂糖配方量5%的**B**為最高，隨著砂糖配方量越增加，而膨脹越衰落。並且可知砂糖配方量0%的**A**也會發酵。

圓形麵包測試

＊黃底色是評價基準

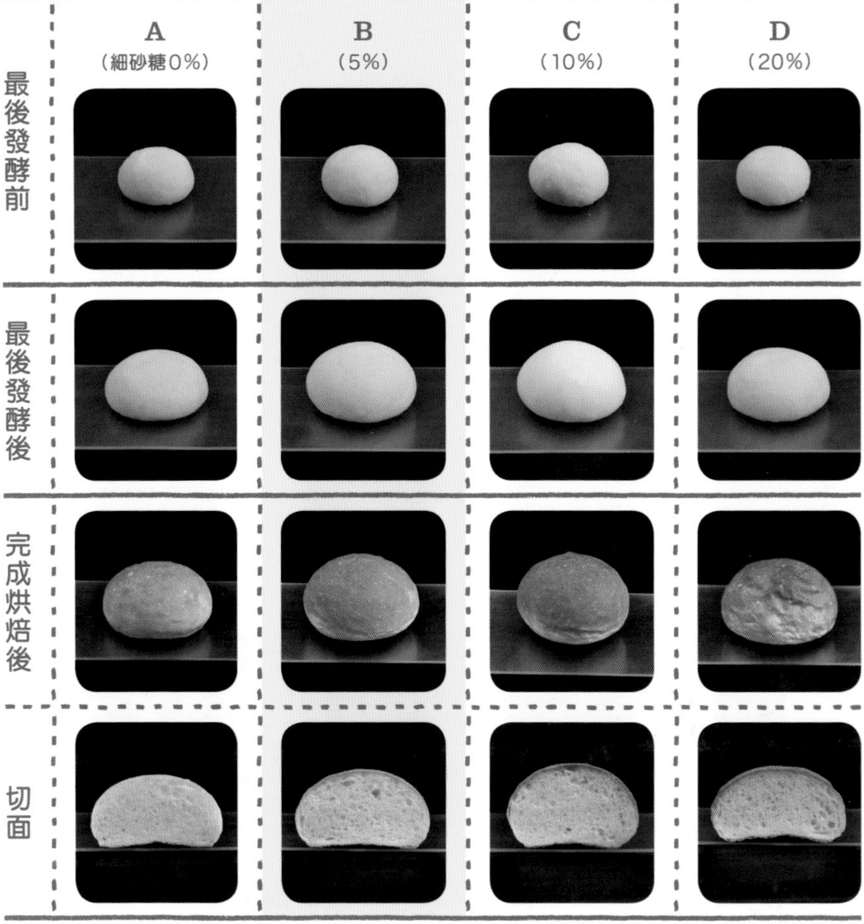

◎ 結果（完成烘焙後）

A的體積小、坍軟且扁平，柔軟內側的氣泡緊密，嚼感差。B充分膨脹，表層外皮呈色佳，柔軟內側的氣泡良好，嚼感好且甜味少。C充分膨脹，麵包高度也沒有問題，顏色略深濃，柔軟內側的質地及嚼感都很好，有恰到好處的甜味。D形狀扁平，受熱不良、表面出現皺紋，柔軟內側的氣泡緊實，嚼感差，甜味過重。

◎ 考察

此次測試配方中，砂糖配方量5%（B）是最好的成品，10%（C）也在適度的範圍內。20%的（D），麵團中的滲透壓過高，酵母（麵包酵母）細胞內的水分被奪走，因此發酵力衰落。此外，砂糖配方量越高，會促進胺羰（梅納）反應和焦糖化反應，使麵包更容易呈現烤色。

TEST BAKING 13

甜味劑的種類

不同的甜味劑，
對麵團的膨脹和成品影響之驗證

使用甜味劑

細砂糖
上白糖
蔗糖
黑糖
蜂蜜

量杯測試　基本配方、製程（p.289），甜味劑如左側列出，配方量10%的變更製作出5種麵團，進行比較驗證。**A**（細砂糖）為評價基準。

圓形麵包測試　用上述5種麵團製作的圓形麵包，進行比較驗證。

量杯測試

＊黃底色是評價基準

	A（細砂糖）	B（上白糖）	C（蔗糖）	D（黑糖）	E（蜂蜜）
發酵前					
60分鐘後					

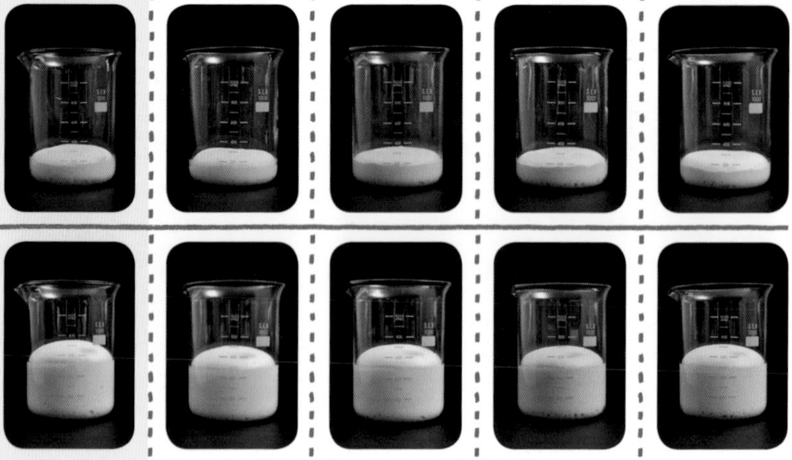

◎ 結果（60分鐘後）

雖然看不出有太大的不同，但**A**最為膨脹，其他依序是**C**和**E**，再其次是**B**和**D**。

◎ 考察

因甜味劑的種類不同，特徵也隨之而異，在發酵階段無法覺察。

圓形麵包測試

＊黃底色是評價基準

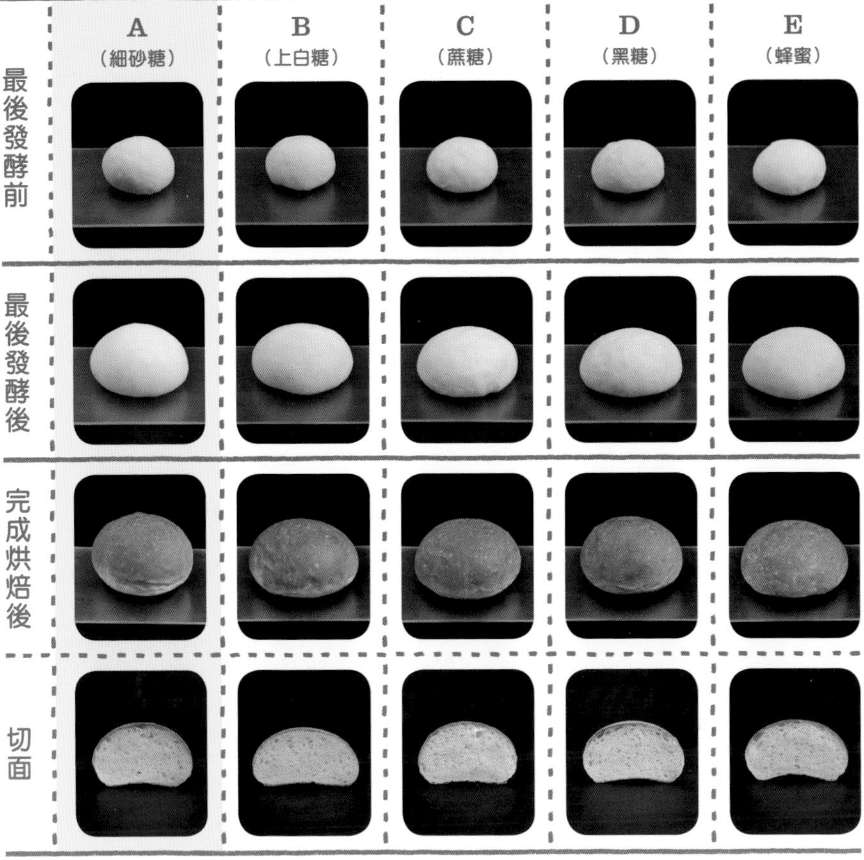

◎ 結果（完成烘焙後）

關於甜味，細砂糖（A）清爽且沒有特殊味道。上白糖（B）濃郁，甜味紮實。蔗糖（C）、黑砂糖（D）、蜂蜜（E）能感覺到各不相同的香甜風味。外觀、口感上，A的膨脹程度、表層外皮的呈色、柔軟內側之狀態、嚼感都很好。B略扁平，但表層外皮和柔軟內側都沒有問題，潤澤、嚼感略差。C和A幾乎相同。D的表層外皮略帶黑，柔軟內側紮實，嚼感略差。E的色澤良好，但氣泡緊密，嚼感不佳。

◎ 考察

依甜味劑不同，甜味的感覺、濃郁及風味不同，也各有其特徵。視B～E的成分，無論哪種轉化糖都多於細砂糖。因轉化糖具有吸濕性及保水性，所以特別是B、D、E，麵團都會沾黏，烘焙成略大且扁平的形狀，柔軟內側潤澤，嚼感較差。

TEST BAKING 14

油脂的種類

不同的油脂，
對麵團的膨脹和成品影響之驗證

使用油脂　奶油
酥油
沙拉油

量杯測試　基本配方、製程（p.289），油脂如左側註明，配方量10%，變更製成3種麵團進行比較驗證。

圓形麵包測試　用上述3種麵團製作的圓形麵包，進行比較驗證。

量杯測試

A（奶油）　B（酥油）　C（沙拉油）

發酵前

60分鐘後

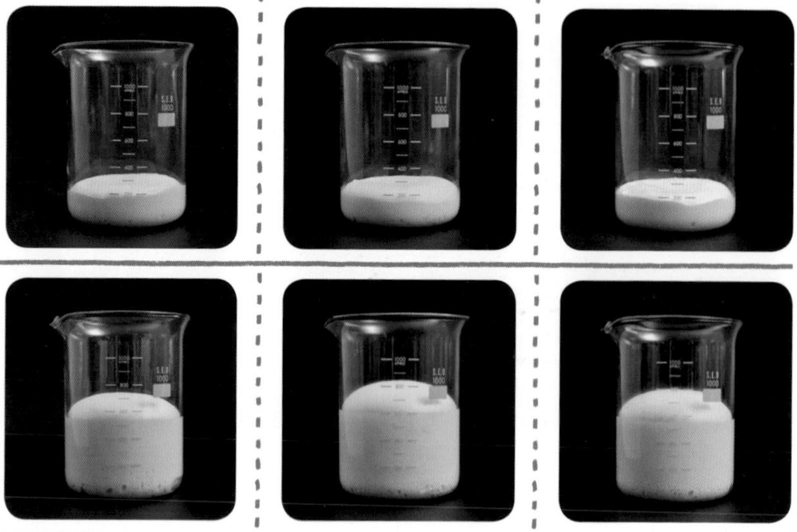

◎ 結果（60分鐘後）

B最為膨脹，其次依序是**C**、**A**。

◎ 考察

酥油具有使麵包膨脹，柔軟、嚼感佳的特性，因此使用酥油的麵團（**B**）充分膨脹，酥油和沙拉油的成分是100%的脂質，但奶油的脂質是83%，其餘幾乎都是水分。奶油配方的麵團（**A**），膨脹不如酥油和沙拉油的麵團（**C**），是因為即使油脂的配方量相同，但因其中所含的脂質量較少的原故。

圓形麵包測試

	A （奶油）	B （酥油）	C （沙拉油）
最後發酵前			
最後發酵後			
完成烘焙後			
切面	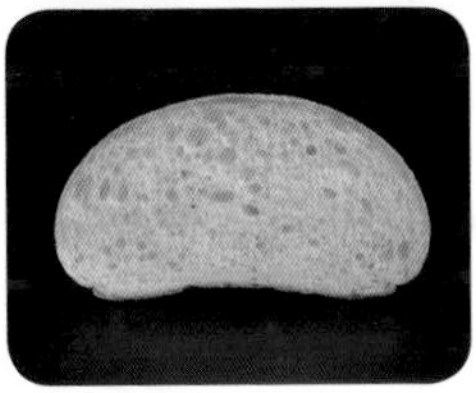		

◎ 結果（完成烘焙後）

A的表層外皮、柔軟內側都良好地完成，潤澤且柔軟，具奶油特有的香味。B的表層外皮呈色、柔軟內側的狀態也很好，感覺柔軟嚼感也很好，清爽風味是其特徵。C相較於A和B，膨脹較早結束，因此無法呈現出體積，形狀扁平。烘烤色澤也略淡，氣泡不均勻地縮緊，嚼感差且油膩。

◎ 考察

奶油（A）和酥油（B）的麵團狀態都良好，味道及風味上，奶油香醇濃郁，酥油無臭無味，沙拉油（C）則感覺油膩。口感上，已可知奶油柔軟，酥油柔軟且嚼感佳，沙拉油是液態油脂，不具可塑性，因此膨脹不佳，也無法烘焙出體積。

TEST BAKING 15

奶油的配方用量

奶油的配方量，
對麵團的膨脹和成品影響之驗證

使用油脂 奶油

量杯測試 基本配方、製程（p.289），變更奶油配方量，製成4種麵團進行比較驗證。**B**（配方量5%）為評價基準。

圓形麵包測試 用上述4種麵團製作的圓形麵包，進行比較驗證。

量杯測試

＊黃底色是評價基準

A（奶油0%） **B**（5%） **C**（10%） **D**（20%）

發酵前

60分鐘後

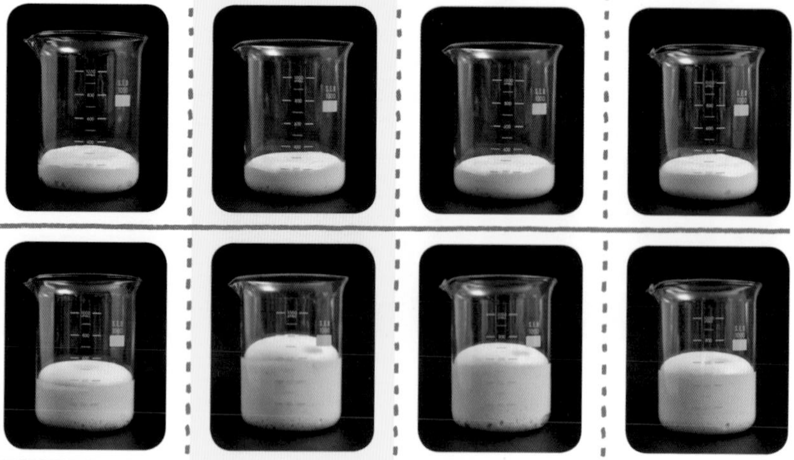

◎ 結果（60分鐘後）

B最為膨脹，**C**、**D**、**A**膨脹依序變小。

◎ 考察

麵團中一旦添加奶油，會沿著麵筋薄膜擴散，使麵團變得容易延展，也變得容易膨脹。這次測驗配方中，配方量5%的（**B**）體積最大，配方量更多時，麵團會因坍垮，反而體積變小。

圓形麵包測試

＊黃底色是評價基準

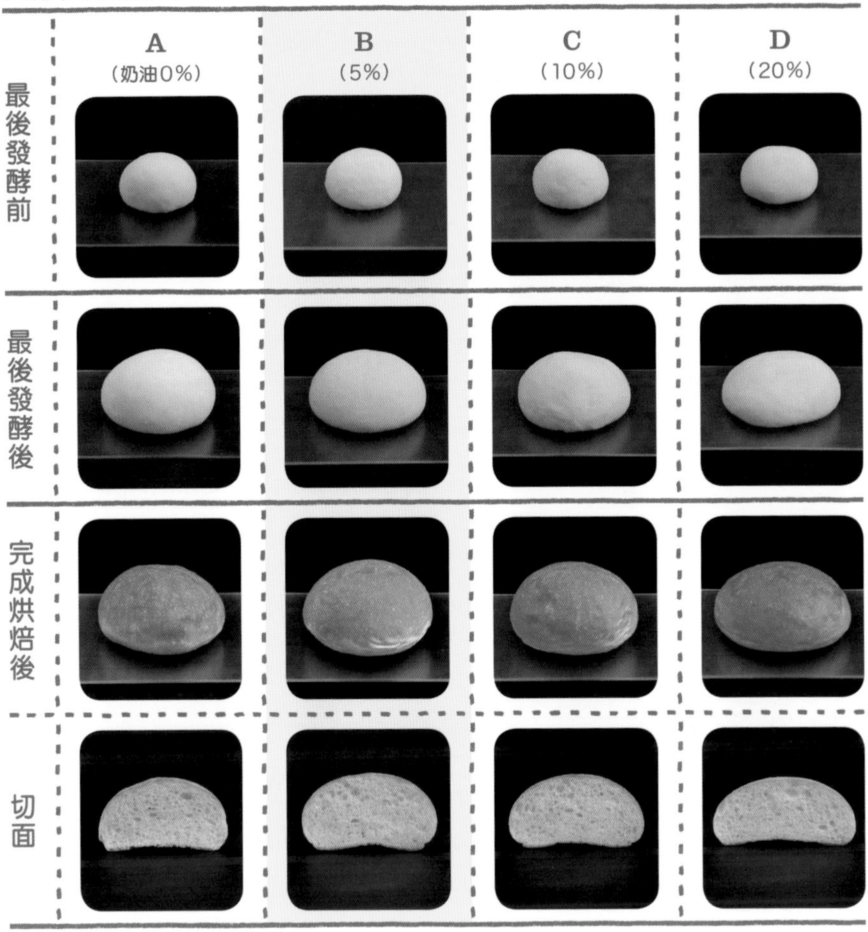

◎ 結果（完成烘焙後）

A形狀略扁平，烘烤色澤不均，柔軟內側的氣泡紮實，嚼感差。**B**最為膨脹，表層外皮的呈色良好，氣泡略粗，但嚼感好風味佳。相較於**B**，**C**的膨脹略差一點，呈色雖好但略重，內側潤澤柔軟，能確實感受到奶油風味。**D**因坍垮、形狀扁平，呈色最濃，柔軟內側的氣泡紮實，彈力及嚼感差，奶油風味最重。

◎ 考察

配方中奶油的第一目的，是想要呈現出奶油的特殊風味。另外，若增加奶油，就能增加膨脹，也能變柔軟。但奶油的配方量超過5%（**B**）時，麵團會坍垮使得膨脹變差，也會損及口感。另外，奶油配方量增加時，會促進胺羰（梅納）反應和焦糖化反應，更容易呈現烤色。

TEST BAKING 16

雞蛋的配方用量①（全蛋）

全蛋的配方量，
對麵團的膨脹和成品影響之驗證

使用蛋 全蛋 ※為使麵團硬度均勻，雞蛋配方量的不同會以水來調整

量杯測試 基本配方（p.289）中追加全蛋，再變更配方量，製作3種麵團進行比較驗證。**A**（配方量0%）為評價基準。

圓形麵包測試 用上述3種麵團製作的圓形麵包，進行比較驗證。

量杯測試

＊黃底色是評價基準

	A（全蛋0%）	**B**（5%）	**C**（15%）
發酵前			
60分鐘後			

◎ 結果（60分鐘後）

感覺不出太大的差異。

◎ 考察

添加全蛋的麵團延展性（易於延展的程度）會變好，能提高對酵母（麵包酵母）生成氣體的保持力，但也並不是配方量越多，就越有效果。

圓形麵包測試

＊黃底色是評價基準

	A （全蛋0%）	B （5%）	C （15%）
最後發酵前			
最後發酵後			
完成烘焙後			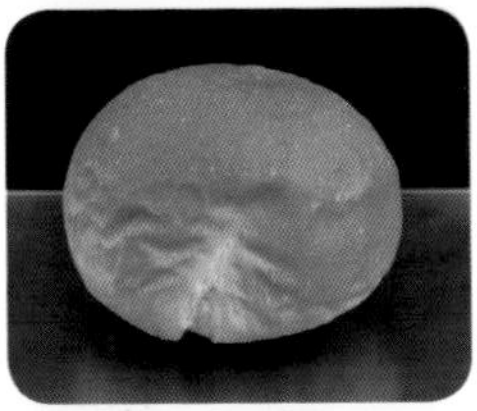
切面			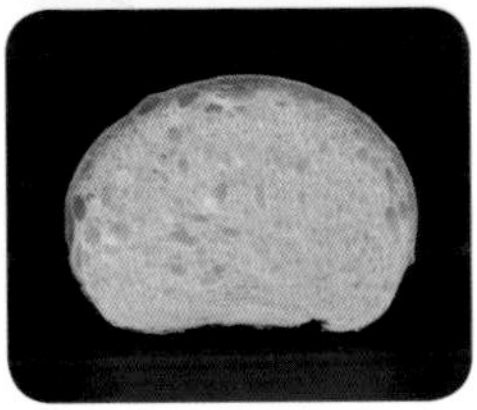

◎ 結果（完成烘焙後）

A表層外皮的呈色良好，柔軟內側略有乾燥粗糙，但嚼感佳。B的表層外皮與A相同，柔軟內側多少帶有黃色，嚼感佳，可以略微嚐到雞蛋風味。C的體積變大，烘焙完成時下方有裂縫，烤色略深濃，柔軟內側呈黃色，氣泡略紮實。彈力變強，嚼感差，可以嚐出雞蛋的風味。

◎ 考察

隨著雞蛋配方量的增加，體積變大。這是因蛋黃的乳化性，使麵團延展變好，也變得容易膨脹，以及麵團因加熱膨脹時，蛋白的熱凝固可以固定組織造成。但若增加全蛋的配方量，蛋白量也會增加，結果會導致麵包變硬，像C一般產生裂縫。

TEST BAKING 17

雞蛋的配方用量②（蛋黃、蛋白）

蛋黃或蛋白配方量，
對麵團的膨脹和成品影響之驗證

使用蛋 蛋黃
蛋白
※為使麵團硬度均勻，雞蛋配方量的不同會以水來調整

量杯測試 基本配方（p.289）中追加蛋黃或蛋白，再變更配方量製作出4種麵團，進行比較驗證。

圓形麵包測試 用上述4種麵團製作的圓形麵包，進行比較驗證。

量杯測試

A（蛋黃5%） B（蛋黃15%） C（蛋白5%） D（蛋白15%）

發酵前 / 60分鐘後

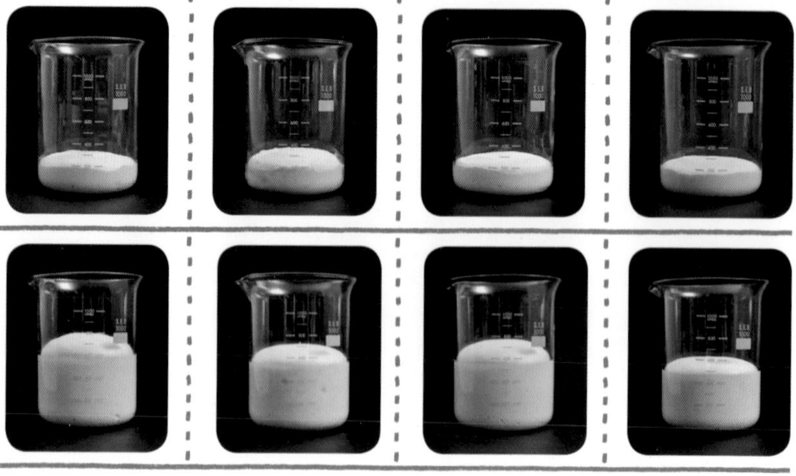

◎ 結果（60分鐘後）

A和**C**充分膨脹，膨脹量其次的是**B**，膨脹隆起略少。**D**的膨脹最差，膨脹高度最低。

◎ 考察

蛋黃、蛋白會對麵團的黏合及延展程度造成影響，配方量多的麵團會沾黏，但可以得知，若攪拌後的麵團形成連結，就能保持住酵母（麵包酵母）產生的氣體。

圓形麵包測試

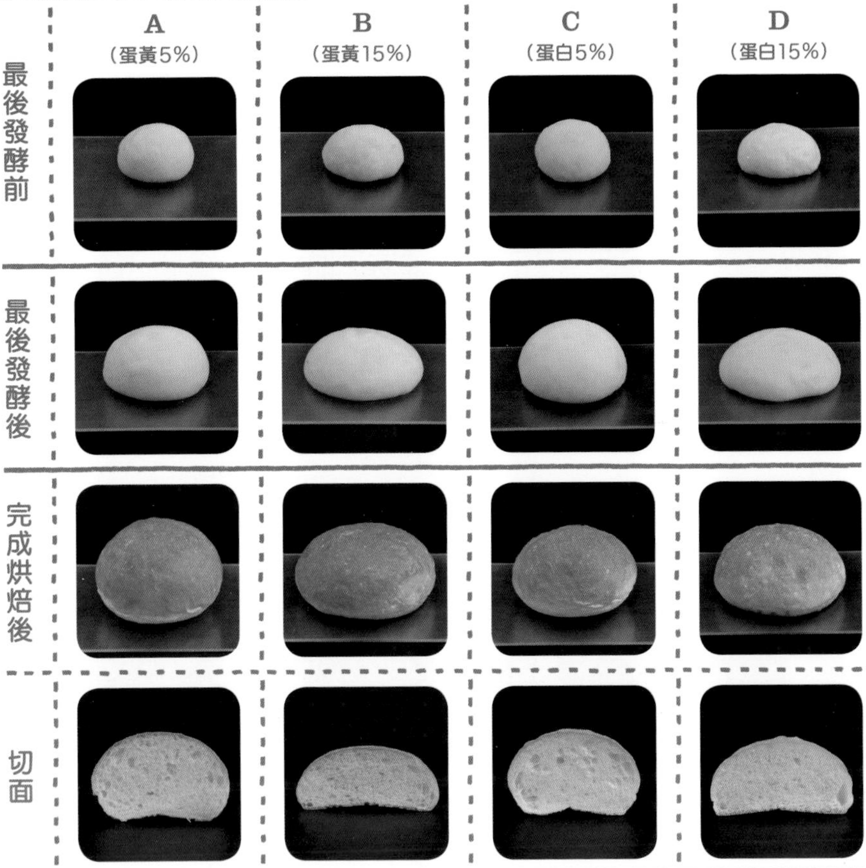

◎ 結果（完成烘焙後）

A 充分膨脹，表層外皮呈色良好，柔軟內側略帶黃色，雖略有粗糙但嚼感佳，也能嚐出雞蛋的風味。**B** 形狀扁平，柔軟內側的顏色黃且粗糙，乾而脆，可以強烈感覺到雞蛋風味。**C** 能烘焙出具高度的麵包，表層外皮的烘烤色澤略淡，柔軟內側顏色略白，氣泡紮實具彈力，嚼感差，感覺不到雞蛋風味。**D** 坍垮形狀扁平，表層外皮的顏色差，柔軟內側白，氣泡紮實，嚼感十分差，柔軟，有雞蛋腥味。

◎ 考察

麵包中添加雞蛋的主要目的，是想要增添雞蛋風味、賦予蛋黃的顏色以及強化營養。蛋黃配方5%的 **A** 膨脹很好的原因，是配方中的蛋黃，藉由乳化作用使麵團延展性變好，也有使質地更細緻等作用。此外，蛋白一旦加熱，會像果凍般凝固，因此完成烘焙時，能補強膨脹起來的麵團骨架。但無論是蛋黃還是蛋白，**B** 和 **D** 配方量過多時，都會使麵團坍垮，膨脹狀況變差。

TEST BAKING 18

脫脂奶粉的配方用量

脫脂奶粉的配方量，
對麵團的膨脹和成品影響之驗證

使用乳製品 脫脂奶粉

量杯測試 基本配方、製程（p.289），變更脫脂奶粉配方量，製成3種麵團進行比較驗證。**B**（配方量2%）為評價基準。

圓形麵包測試 用上述3種麵團製作的圓形麵包，進行比較驗證。

量杯測試

＊黃底色是評價基準

	A （脫脂奶粉0%）	B （2%）	C （7%）
發酵前			
60分鐘後			

◎ 結果（60分鐘後）

脫脂奶粉的配方量越多，麵團的膨脹越小。

◎ 考察

隨著麵團的發酵推進，pH值會降低成為酸性，而更接近酵母（麵包酵母）活躍作用的pH值。但麵包中配方若含脫脂奶粉，會因緩衝作用使pH值不易降低，而使酵母的發酵力低落。此外，麵筋組織不易軟化，麵團變硬、膨脹不易，都是其中的原因。

圓形麵包測試

＊黃底色是評價基準

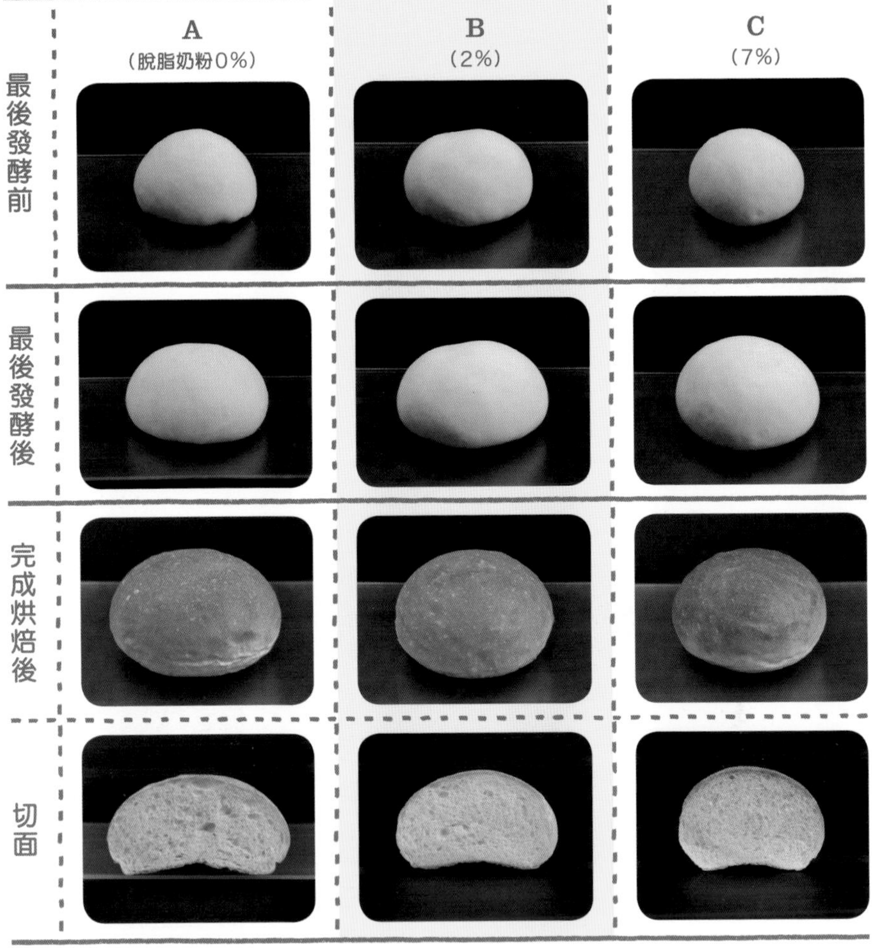

◎ 結果（完成烘焙後）

A形狀扁平，烘烤色澤略淡，口感粗糙。**B**烘焙完成狀況良好。**C**具高度，表層外皮顏色深濃，柔軟內側氣泡紮實、彈力強，可以強烈感覺到牛乳的風味。

◎ 考察

脫脂奶粉的配方量越是增加，則酵母（麵包酵母）的發酵力越是低下，麵團緊實，成品具高度。此外，烘烤色澤變濃，這是因為脫脂奶粉中含乳糖，沒有被運用在酵母的酒精發酵，至烘焙時都殘留在麵團中，因而促進了胺羰（梅納）反應和焦糖化反應。配方添加脫脂奶粉主要目的是增添風味、強化營養，烘烤色澤變深也是其中的優點，但也請理解，配方量過多時，因緩衝作用反而會損及麵包的製作性。

TEST BAKING 19

乳製品的種類

不同種類的乳製品，
對麵團的膨脹和成品影響之驗證

使用乳製品 脫脂奶粉
牛乳

※使脫脂奶粉和牛乳中所含水分之外的成分，同等地進行換算，牛乳中所含的水分，以配方用水來調整。

量杯測試 基本配方、製程（p.289），乳製品以上述標示，調整水分製成的2種麵團進行比較驗證。

圓形麵包測試 用上述2種麵團製作的圓形麵包，進行比較驗證。

量杯測試

	A（脫脂奶粉7%）	B（牛乳70%）
發酵前		
60分鐘後		

◎ 結果（60分鐘後）

A的膨脹略好一點。

◎ 考察

脫脂奶粉是由牛乳除去幾乎所有的脂肪成分和水分製成。因此，調整脫脂奶粉和牛乳的水分量，在此次測試中，可知膨脹程度幾乎沒有太大的差異。

圓形麵包測試

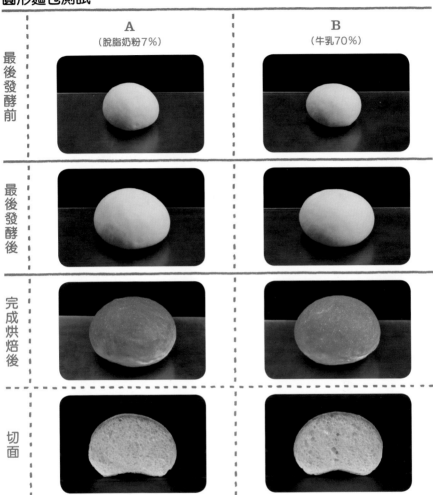

	A （脫脂奶粉7%）	B （牛乳70%）
最後發酵前		
最後發酵後		
完成烘焙後		
切面		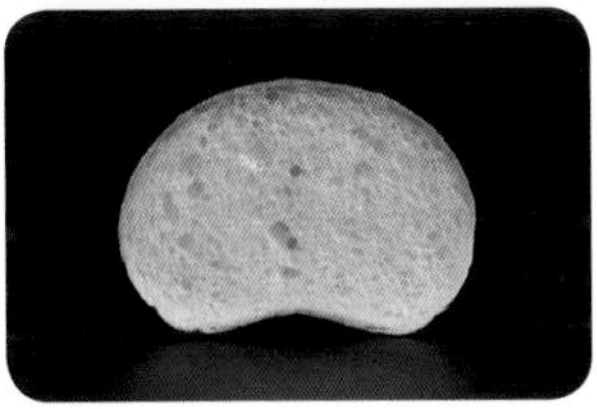

◎ 結果（完成烘焙後）

A充分膨脹具高度，烘烤色澤略濃重，柔軟內側氣泡紮實、彈力強，可以感覺到牛乳的風味。**B**與**A**同樣的膨脹，但柔軟內側的氣泡略粗大，嚼感佳，較**A**更能強烈感覺牛乳風味。

◎ 考察

在麵包中使用乳製品的主要目的，是增添風味並賦予營養成分。此外，烘焙時會促進胺羰（梅納）反應和焦糖化反應，麵包會更容易呈現烘烤色澤，這是配方中含乳製品的麵包特徵。在此比較脫脂奶粉和牛乳的麵團後，可知除了牛乳風味的強弱之外，完成的麵包並沒有太大的區別。

索引

A-Z

1-5劃

6-10劃

16-20劃

21劃以上

本書中使用的呈現與用語

麵包的美味，不僅源於味道（味覺），還包括香氣（嗅覺）、口感及嚼感（觸覺）、咀嚼時的聲音（聽覺）、顏色及外觀（視覺）等，是動員身體五感得到的美味。在此針對本書當中用於呈現美味的字彙、為了更容易瞭解麵團狀態地使用技術性、化學性用詞的表達涵意，加以說明。

關於麵包的表現

口感：享用時，味道、口感、咀嚼等感覺。

風味：不僅是用舌頭感覺味道，還有連同由口至鼻感受到的香氣滋味。

潤澤：含有適度水分濕潤的狀態。

軟質：柔軟的狀態。

體積：麵包的膨脹、大小。

柔軟膨脹：柔軟膨脹的樣貌。不僅是外觀，也能用於口感。

輕盈膨鬆：輕盈柔軟膨脹的樣貌。飽含空氣般輕盈柔軟的口感。

沈甸甸、Q軟彈牙：潤澤或鬆軟當中，含有如麻糬般恰到好處的黏性與彈力，有適度嚼感的狀態。

酥鬆：即不花力氣就能輕易咬斷的狀態。

香脆、爽脆：脆弱易碎的脆口食品咀嚼時，發出輕快爽利聲音的狀態。

嚼感良好：咀嚼食物時，易咀嚼咬斷的樣貌。

Q勁強：具有彈力，不易拉斷。難以咬斷咀嚼。與嚼感不佳相同意思。

入口即化：在口中立刻溶成滑順的狀態。

軟黏：（柔軟內側塌坍般）口感差，很難融入口中的樣貌。像是咀嚼軟糖或口香糖般的口感。

濃郁：風味、香氣強烈。或是用於高脂肪成分時。

清淡：風味、香氣清爽。清淡。

麵團狀態的表達用語

製作麵包適性：麵包製作的容易程度。

麵團塌軟：麵團張力鬆弛，失去收縮緊實的狀態。

吸濕性：水分吸收、附著的性質。

保水性：保持水分的性質。

流動性：不固定流動的性質。

黏彈性：具有黏性和彈力的性質。

延展性：易於延展的性質。延展良好程度。

抗張性：延展拉開的強度

可塑性（於油脂）：在固態油脂上施以外力使其變形，待除去外力後，再還原成原來狀態的性質。

酥油性（於油脂）：油脂會阻礙麵團的麵筋組織形成，藉由防止麵筋黏合，使烘焙完成的食品呈現鬆脆易碎口感之性質。

〈引用文献〉

◎顕微鏡写真（36、275ページ）…長尾精一：小麦の機能と科学／朝倉書店／2014／101ページ

◎顕微鏡写真（39ページ）…長尾精一：調理科学22／1989／261ページ

◎表（23、112、123ページ）…文部科学省科学技術・学術審議会資源調査分科会：日本食品標準成分表（八訂）／2020（一部抜粋）

◎表（30ページ）…一般財団法人製粉振興会（編）：小麦・小麦粉の科学と商品知識／2007／48ページ（一部抜粋）

◎表（97ページ）…高田明和、橋本仁、伊藤汎（監修）、公益社団法人糖業協会、精糖工業会：砂糖百科／2003／132、136ページ（一部抜粋）

◎図表（133ページ）…全国飲用牛乳公正取引協議会 資料（一部抜粋）

※顕微鏡写真および図表（本書収録ページ）…編著者：引用文献／版元／発行年／引用該当ページの順

〈参考文献〉

◎竹谷光司（著）：新しい製パン基礎知識／パンニュース社／1981

◎日清製粉株式会社、オリエンタル酵母工業株式会社、宝酒造株式会社（編）：パンの原点・発酵と種／日清製粉株式会社／1985

◎田中康夫、松本博（編）：製パンプロセスの科学／光琳／1991

◎田中康夫、松本博（編）：製パン材料の科学／光琳／1992

◎レイモン・カルベル（著）、安部薫（訳）：パンの風味・伝承と再発見／パンニュース社／1992

◎高田明和、橋本仁、伊藤汎（監修）、公益社団法人糖業協会、精糖工業会：砂糖百科／2003

◎松本博（著）：製パンの科学・先人の研究、足跡をたどる・こんなにも興味ある研究が…／2004

◎財団法人製粉振興会（編）：小麦・小麦粉の科学と商品知識／2007

◎長尾精一（著）：小麦の機能と科学／朝倉書店／2014

◎井上直人（著）：おいしい穀物の科学・コメ、ムギ、トウモロコシからソバ、雑穀まで／講談社／2014

※編著者：参考文献，版元，発行年の順

〈資料提供・協助〉

◎オリエンタル酵母工業株式会社
顕微鏡写真（64ページ）、図（60、61、217ページ）

◎雪印メグミルク株式会社
図表（137ページ）

◎日本ニーダー株式会社
写真（16、216ページ）

◎株式会社J-オイルミルズ

◎ケベック・メープル製品生産者協会

作者介紹

梶原慶春（Kajihara Yoshiharu）

日本辻製菓專門學校 麵包製作教授。1984年畢業於辻調理師專門學校。曾於德國奧芬堡（Offenburg）的「Café Kochhaus」研習。著有『麵包製作教科書』（柴田書店）、共同著作『麵包製作困惑時的讀本』（池田書店）。「試著從1次、甚至是10次、或試做上百次。必定會從中明白的道理！而確實地思考為何會如此？更是其中最重要的事」，是每天向學生傳承的中心思想。

木村万紀子（Kimura Makiko）

1997年畢業於奈良女子大學，家政學部食物學科，再由辻調理師專門學校畢業。經歷辻靜雄料理教育研究所的工作後，自立門戶。現在於該校擔任講師職務，同時也在調理科學領域執筆著作。共同著作有『用科學方式瞭解糕點的「為什麼?」』（中譯版大境文化）、『西式料理之訣竅』（角川ソフィア文庫）。活用在烹調現場經驗中習得的技術和知識，運用在更深入考量烹調科學，以結合兩者為主要的活躍重點。

麵包製作的工作人員

浅田紀子（Asada Noriko）
尾岡久美子（Ooka Kumiko）
中村紘尉（Nakamura Hiroyasu）
柴田倫美（Shibata Tomomi）
桒村遼（Kuwamura Ryo）
桒村綾（Kuwamura Aya）

系列名稱 / EASY COOK
書名 / 用科學瞭解麵包的「為什麼?」全彩圖解版
作者 / 梶原慶春・木村万紀子
監修 / 日本辻製菓專門學校
出版者 / 大境文化事業有限公司
發行人 / 趙天德
總編輯 / 車東蔚
翻譯 / 胡家齊
文 編・校 對 / 編輯部
美編 / R.C. Work Shop
地址 / 台北市雨聲街 77 號 1 樓
TEL /(02)2838-7996
FAX /(02)2836-0028
初版日期 / 2023 年 3 月
定價 / 新台幣 620 元
ISBN / 9786269650804
書號 / E129
讀者專線 /(02)2836-0069
www.ecook.com.tw
E-mail / service@ecook.com.tw
劃撥帳號 / 19260956 大境文化事業有限公司

國家圖書館出版品預行編目資料
用科學瞭解麵包的「為什麼?」全彩圖解版
梶原慶春 / 木村万紀子　共著：
-- 初版 -- 臺北市
大境文化，2023　352 面；15.3×21.6 公分 .
(EASY COOK：E129)
ISBN / 9786269650804
1.CST：點心食譜　2.CST：麵包
427.16　111016548

請連結至以下表單填寫讀者回函，將不定期的收到優惠通知。

攝影　エレファント・タカ
設計、插畫　山本 陽(エムティ クリエイティブ)
校正　萬歲公重
編集　佐藤順子、井上美希